航天科学与工程教材丛书

航天器制导理论与方法

泮斌峰　编著

科学出版社
北　京

内 容 简 介

本书较系统地介绍航天器制导的基本理论、方法和应用。全书共 10 章，主要内容为运载火箭主动段制导、近地航天器轨道机动制导、深空探测器自主制导、航天器再入制导和航天器神经网络智能制导的基本原理与方法。本书注重理论联系实际，叙述深入浅出，同时给出多个制导方法的仿真实例和 MATLAB/Python 仿真代码，适合于初学者学习。

本书可作为高校飞行器设计与工程、探测制导与控制、航空航天工程等专业方向的高年级本科生教材，也可供航天器制导等相关领域的科研与工程技术人员阅读和参考。

图书在版编目（CIP）数据

航天器制导理论与方法 / 泮斌峰编著. —北京：科学出版社，2023.3
(航天科学与工程教材丛书)
ISBN 978-7-03-074229-2

Ⅰ. ①航…　Ⅱ. ①泮…　Ⅲ. ①航天器-制导-教材　Ⅳ. ①V448.23

中国版本图书馆 CIP 数据核字（2022）第 235640 号

责任编辑：宋无汗 / 责任校对：崔向琳
责任印制：张　伟 / 封面设计：陈　敬

科学出版社 出版
北京东黄城根北街 16 号
邮政编码：100717
http://www.sciencep.com
北京中石油彩色印刷有限责任公司 印刷
科学出版社发行　各地新华书店经销
*
2023 年 3 月第　一　版　开本：787×1092　1/16
2023 年 3 月第一次印刷　印张：14
字数：332 000

定价：75.00 元

（如有印装质量问题，我社负责调换）

前　　言

航天器制导是指引导和控制航天器按照一定的规律飞向目标或预定轨道的技术和方法。对于航天器而言，制导技术直接关系到航天器是否能够成功完成预定任务、达到预定目标，是航天器系统的“大脑”。

“航天器制导理论与方法”是飞行器设计与工程、探测制导与控制等专业的骨干课程，是从事航天器总体设计、飞行动力学、制导控制系统研发等工作必不可少的专业知识。本书较为系统地介绍航天器制导理论的内涵和重要意义、运载火箭主动段制导、近地航天器轨道机动制导、行星/小行星等深空探测器自主制导、航天器再入制导、一级火箭垂直回收制导及基于机器学习的航天器智能制导等内容。

本书共 10 章，其中：

第 1 章主要介绍航天器制导理论与方法的基本内涵、基本分类、重要意义等内容；

第 2 章为最优控制与数值优化基础，主要介绍最优控制问题、直接法/间接法等数值优化方法及数值优化软件包，是后续章节的基础；

第 3 章介绍人工智能与机器学习基础，主要包括人工智能与机器学习的基本概念及神经网络模型等内容，是后续航天器智能制导方法的基础；

第 4～6 章主要介绍运载火箭主动段摄动制导、迭代制导和数值优化闭环制导的基本原理与方法；

第 7、8 章着重介绍空间飞行器制导，其中第 7 章为近地航天器轨道机动制导，第 8 章具体介绍深空探测器的中途修正自主制导、月面软着陆显式制导、小行星绕飞制导等内容；

第 9 章介绍航天器再入制导的基本概念、方法及基于序列凸优化的一级火箭垂直回收制导原理；

第 10 章以基于神经网络模型的月面软着陆制导为例，介绍航天器神经网络智能制导的基本原理与基本过程。

感谢西北工业大学本科专业建设项目、西北工业大学航天学院和科学出版社对本书出版给予的大力支持。

限于作者学识和水平，书中疏漏与不足在所难免，敬请读者批评指正。

泮斌峰

2023 年 1 月

目　录

前言
第 1 章　绪论……1
1.1　控制理论……1
1.1.1　经典控制理论……1
1.1.2　现代控制理论……2
1.1.3　智能控制理论……3
1.2　航天器制导理论……4
1.2.1　自动制导理论……5
1.2.2　自主制导理论……7
1.2.3　智能制导理论……8
1.3　导航、制导与控制系统……10
1.4　航天器制导方法的基本分类……11
1.5　航天器制导系统性能评估……12
思考题……14
第 2 章　最优控制与数值优化基础……15
2.1　最优控制问题……15
2.2　最优控制理论……16
2.2.1　变分法……17
2.2.2　庞特里亚金极大/极小值原理……20
2.2.3　贝尔曼动态规划法……21
2.3　最优控制问题求解方法……25
2.4　CasADi 数值优化求解器……26
2.4.1　符号框架……26
2.4.2　函数对象……36
2.4.3　生成 C 代码……40
2.4.4　DaeBuilder 类……41
2.4.5　最优控制问题求解……43
2.4.6　Opti stack 辅助类……49
2.4.7　二次开发软件包……50
思考题……54
第 3 章　人工智能与机器学习基础……57
3.1　人工智能基本概念……57
3.2　机器学习基本概念……58

3.3 Linux 操作系统与机器学习算法软件包 …… 59
3.3.1 Linux 操作系统 …… 59
3.3.2 Python …… 59
3.3.3 TensorFlow …… 60
3.3.4 Keras …… 61
3.3.5 Pytorch …… 62
3.3.6 Google colab …… 63
3.4 神经网络与激活函数 …… 65
3.5 神经网络类型 …… 70
3.5.1 前馈神经网络 …… 70
3.5.2 反馈神经网络 …… 72
思考题 …… 74
第 4 章 运载火箭主动段摄动制导 …… 75
4.1 摄动制导的基本原理 …… 75
4.1.1 运载火箭导航、制导与控制系统功能 …… 75
4.1.2 外干扰补偿方法 …… 76
4.1.3 摄动制导方法 …… 76
4.2 摄动方法基础 …… 77
4.2.1 正则摄动和奇异摄动 …… 77
4.2.2 渐近级数 …… 79
4.2.3 轨道摄动方法 …… 80
4.3 弹道摄动方程 …… 85
4.3.1 标准条件与标准弹道 …… 85
4.3.2 被动段摄动方程 …… 87
4.3.3 主动段弹道摄动方程 …… 89
4.4 射程控制方案 …… 91
4.4.1 按时间关机的射程控制 …… 91
4.4.2 按速度关机的射程控制 …… 91
4.5 摄动制导计算 …… 94
4.5.1 横向导引计算 …… 95
4.5.2 法向导引计算 …… 96
思考题 …… 96
第 5 章 运载火箭主动段迭代制导 …… 97
5.1 显式制导的基本原理 …… 97
5.1.1 近似处理方法 …… 97
5.1.2 预设控制函数方法 …… 100
5.1.3 最优控制方法 …… 101

5.2 迭代制导方法 ······ 103
5.3 运载火箭运动方程的简化 ······ 104
5.4 最优控制的推导 ······ 106
5.5 火箭姿态角的计算 ······ 110
5.6 入轨点轨道根数约束的转化 ······ 111
5.7 入轨点纬度幅角的迭代计算 ······ 112
5.8 剩余时间的迭代计算 ······ 112
思考题 ······ 113
第 6 章 运载火箭主动段数值优化闭环制导 ······ 114
6.1 数值优化闭环制导的基本原理 ······ 114
6.2 动力学模型及其无量纲化 ······ 116
6.3 线性重力假设模型 ······ 117
6.4 最大推力推进的数值优化闭环制导 ······ 118
6.4.1 最优控制问题描述 ······ 118
6.4.2 终端条件化简 ······ 120
6.4.3 数值求解方法 ······ 122
6.5 含无动力推进的数值优化闭环制导 ······ 122
6.5.1 最优控制问题描述 ······ 122
6.5.2 滑行段开关函数解析判断 ······ 124
思考题 ······ 125
第 7 章 近地航天器轨道机动制导 ······ 126
7.1 轨道机动的基本概念 ······ 126
7.2 航天器轨道拦截制导 ······ 127
7.2.1 Lambert 问题 ······ 127
7.2.2 多圈 Lambert 问题 ······ 132
7.2.3 轨道拦截制导策略 ······ 138
7.3 航天器轨道交会对接制导 ······ 141
7.3.1 轨道交会对接制导的基本原理 ······ 141
7.3.2 C-W 相对运动动力学模型 ······ 143
7.3.3 C-W 双脉冲交会制导 ······ 149
思考题 ······ 151
第 8 章 深空探测器自主制导 ······ 153
8.1 深空探测技术 ······ 153
8.1.1 深空探测发展历程 ······ 153
8.1.2 深空探测的关键技术 ······ 155
8.2 深空探测自主制导典型任务 ······ 157
8.3 深空中途修正自主制导 ······ 158
8.3.1 中途修正的线性制导方法 ······ 158

8.3.2 以位置和速度为终端参数的制导方法 …… 159
8.3.3 深空任务中途修正案例 …… 160
8.4 月面软着陆显式制导 …… 160
8.4.1 月面软着陆动力学模型 …… 161
8.4.2 E 制导 …… 162
8.4.3 动力下降制导 …… 164
8.5 小行星绕飞制导 …… 165
8.5.1 小行星引力场模型 …… 166
8.5.2 简化动力学模型 …… 168
8.5.3 基于 LQR 的绕飞制导 …… 168
思考题 …… 174
第 9 章 航天器再入制导 …… 175
9.1 再入过程 …… 175
9.2 再入航天器分类 …… 176
9.2.1 弹道式再入航天器 …… 177
9.2.2 弹道-升力式再入航天器 …… 177
9.2.3 升力式再入航天器 …… 178
9.3 航天器再入制导方法 …… 179
9.3.1 标称轨迹制导 …… 179
9.3.2 预测校正制导 …… 179
9.3.3 数值优化闭环制导 …… 180
9.4 基于序列凸优化的一级火箭垂直回收制导原理 …… 180
9.4.1 凸优化方法 …… 180
9.4.2 动力学模型 …… 181
9.4.3 最优控制问题及其序列凸化 …… 182
思考题 …… 186
第 10 章 航天器神经网络智能制导 …… 187
10.1 月面软着陆制导最优控制问题 …… 187
10.2 能量最优和燃料最优问题数值优化求解 …… 188
10.2.1 能量最优问题数值优化求解 …… 188
10.2.2 燃料最优问题数值优化求解 …… 192
10.3 训练数据生成 …… 194
10.4 神经网络学习 …… 196
10.5 神经网络智能制导 …… 198
思考题 …… 199
参考文献 …… 200
附录 …… 202
附录 A 飞行仿真环境模型 …… 202

A.1　地球模型 …… 202
A.2　大气模型 …… 203
附录 B　常用坐标系及坐标转换 …… 207
B.1　常用坐标系定义 …… 207
B.2　常用欧拉角定义 …… 209
B.3　坐标系之间的转换 …… 210

第 1 章

绪　论

航天器一般是指在地球大气层以外的宇宙空间，基本按照天体力学的规律运动的各类飞行器，又称空间飞行器。与自然天体不同的是，航天器可以在人的控制下改变其运行轨道。航天器为了完成航天任务，必须有发射场、运载器、航天测控和数据采集系统、用户台站以及回收设施的配合。航天器有多种分类方式，按是否载人可以分为无人航天器和载人航天器两种类别；根据是否环绕地球运行，无人航天器分为近地航天器和深空探测器等。

除上述航天器的传统定义外，广义的定义是将执行探索、开发、利用太空和天体等特定任务的各类飞行器都统称为航天器。根据广义定义，运载火箭和再入飞行器都属于航天器的范畴。因此，本书所介绍的航天器制导理论与方法，除包括近地航天器制导和深空探测器制导外，也包括了运载火箭的主动段制导和航天器的再入制导。

1.1　控制理论

1948 年，维纳出版了专著《控制论》，标志着控制论作为科学的一门重要分支正式诞生。维纳的控制论是关于怎么把机械元件与电气元件组合成稳定的并且具有特定性能的系统科学，其突出特点是不考虑能量、热量和效率等因素。1954 年，钱学森出版专著《工程控制论》，开拓并发展了控制理论的内涵与应用。工程控制论是控制论的分支，是研究控制论这门科学中能够直接用在工程上设计被控制系统或被操纵系统的技术科学，是自动控制和自动调节系统的基础理论。

1948 年至今，控制理论经历了 70 多年的迅猛发展，取得了极为丰硕的理论成果，并得到了广泛应用。纵观其发展历史，可以分为经典控制理论、现代控制理论和智能控制理论三个时期。

1.1.1　经典控制理论

经典控制理论形成于 20 世纪 40 年代，是在传递函数、根轨迹图、波特图和奈奎斯特图等方法的基础上发展起来的，如图 1-1 所示。早期的基础理论主要是来自于奈奎斯特、伯德、维纳等的著作。第二次世界大战以后，众多学者在总结以往实践和反馈理论、频率响应理论并加以发展的基础上，形成了较为完整的自动控制系统设计的频率法理论。在 1948 年根轨迹法提出后，经典控制理论的发展才得以基本完成。

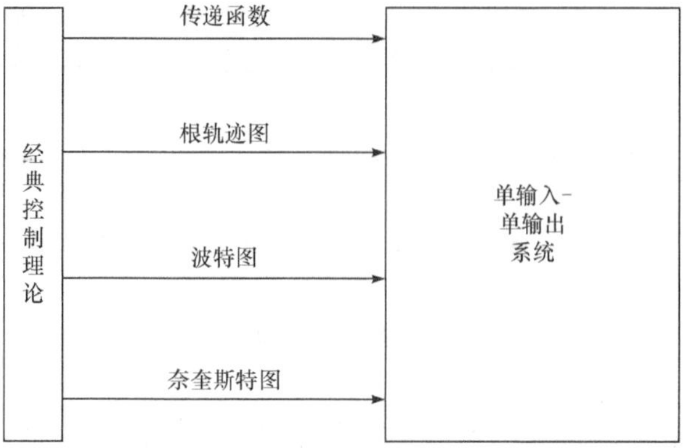

图 1-1 经典控制理论的基本特点

经典控制理论以微分方程、拉氏变换、传递函数为数学工具，以单输入-单输出的线性定常系统为主要的研究对象。其主要方法是时域法、频域法、根轨迹法等，主要将描述系统的微分方程或差分方程变换到复数域中，得到系统的传递函数，并以此作为基础在频率域中对系统进行分析和设计，确定控制器的结构和参数。经典控制理论通常是采用反馈控制构成闭环控制系统。

经典控制理论具有明显的局限性，其突出的问题是难以有效地应用于时变系统、多变量系统，也难以揭示系统更为深刻的特性。当推广到更为复杂的系统时，经典控制理论就显得无能为力了，这是由它的以下几个特点所决定[1]：

(1) 经典控制理论只限于研究线性定常系统，即使对最简单的非线性系统也无法处理。

(2) 经典控制理论只限于分析和设计单变量系统，采用系统的单输入-单输出描述方式，从本质上忽略了系统结构的内在特性，也不能处理输入和输出皆大于 1 的系统。

(3) 经典控制理论采用试探法设计系统，即根据经验选用合适的、简单的、工程上易于实现的控制器，然后对系统进行分析，直至找到满意的结果为止。虽然这种设计方法具有实用等很多优点，但实际过程繁琐，控制性能通常也不具有最优性。

1.1.2 现代控制理论

现代控制理论形成于 20 世纪 60～70 年代，其主要理论基石是状态空间法、卡尔曼滤波、最优控制、能控性和能观性等，如图 1-2 所示。在 20 世纪 50 年代蓬勃兴起的航空航天技术的推动和计算机技术飞速发展的支持下，控制理论在 1960 年前后有了重大的突破和创新。在此期间，现代变分理论的发展、庞特里亚金极大值原理和贝尔曼动态规划法的相继提出，使得最优控制理论得到了跨越式发展；此外，卡尔曼系统地把状态空间法引入到控制理论中，并提出了能控性、能观性的概念和新的滤波理论，从而共同构成了现代控制理论的发展起点和基础。同时，为满足从理论到应用以及解决实际中所提出控制问题的需要，现代控制理论的发展促使非线性系统、最优控制、自适应控制、辨识与估计理论、卡尔曼滤波、鲁棒控制等发展为成果丰富的独立学科分支。

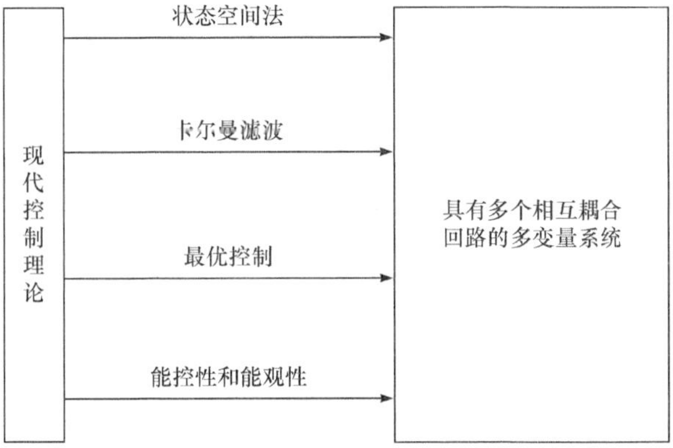

图 1-2 现代控制理论的基本特点

现代控制理论具有以下几个特点[2]：

(1) 控制对象的转变。控制对象从经典控制理论所研究的单输入-单输出系统转变为多输入-多输出系统，控制对象结构由简单的单回路模式向多回路模式转变。与经典控制理论相比，现代控制理论的研究对象要广泛得多，原则上讲，它既可以是单变量的、线性的、定常的、连续的，也可以是多变量的、非线性的、时变的、离散的。

(2) 研究工具的转变。现代控制理论以线性代数和微分方程为主要的数学研究工具，以状态空间法为基础。其中，研究方法从积分变换法向矩阵理论、几何方法转变，由频率法转向状态空间法；此外，计算工具也由传统的手工计算转向电子计算机计算。

(3) 建模手段的转变。由机理建模向统计建模转变，开始采用参数估计和系统辨识的统计建模方法。

1.1.3 智能控制理论

智能控制理论是 20 世纪 70 年代开始发展的新的控制理论，是现代控制理论的发展和延伸。如图 1-3 所示，智能控制理论内容丰富、涵盖面广，包括了模糊控制、神经网络、进化计算等方法。“智能控制”一词在 1967 年首次使用，这一术语的出现要比“人工智能”晚 11 年。但直到 1985 年，IEEE 在纽约召开了第一届全球智能控制学术讨论会，才标志着智能控制作为一个学科分支正式被学术界接受。智能控制理论作为一门新的学科，为解决传统控制无法解决的问题找到了一条新途径，并促进了控制论向着更高水平发展[3]。

根据 IEEE 的定义，智能控制必须具有模拟人类学习和自适应的能力，即智能控制是控制论与人工智能学科的交叉。智能控制理论具有以下几个特点[4]：

(1) 智能控制理论能为复杂系统(如非线性、快时变、多变量、强耦合、不确定性等)进行有效的全局控制，并具有较强的容错能力。

(2) 智能控制理论是定性决策和定量控制相结合的多模态组合控制理论。

(3) 智能控制理论的基本目的是从系统的功能和整体优化的角度来分析和综合系统，以实现预定的目标，并应具有自组织能力。

(4) 智能控制理论是同时具有以知识表示的非数学广义模型和以数学表示的数学模

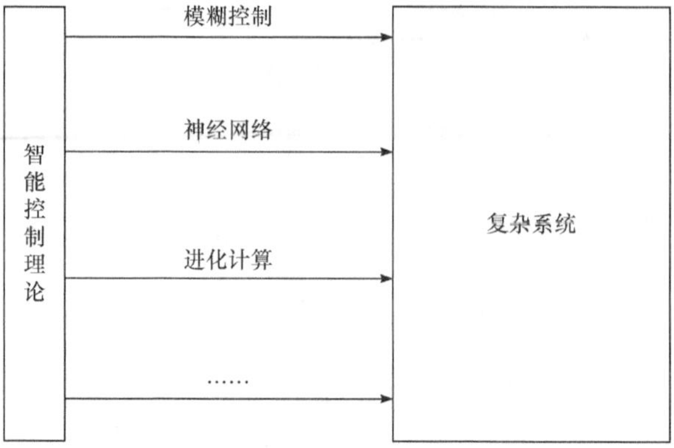

图 1-3 智能控制理论的基本特点

型的混合控制理论，系统在信息处理上，既有数学运算，又有逻辑和知识推理。

智能控制理论是新兴的边缘交叉学科和研究领域，无论在理论上，还是在实践上都尚不成熟、不完善，需要进一步发展和完善[5]。

1.2 航天器制导理论

制导理论是工程控制论的重要分支，按其研究对象的不同可以分为航天器制导理论、导弹制导理论、无人机制导理论、水下航行器制导理论等多个类别。航天器制导理论是工程控制论在航天器系统应用过程中逐渐产生并不断总结所得到的理论与方法体系，其发展过程经历了自动制导理论、自主制导理论和智能制导理论三个时期。

自动、自主与智能的关系如图 1-4 所示，其中：

(1) 自动是指在没有人直接参与的情况下，利用外加的设备或装置，使机器、设备或生产过程的某个工作状态或参数自动地按照预定规律运行的能力。自动控制是相对于人工控制概念而言的。

(2) 自主是在没有人的干预下，把自主系统的感知能力、决策能力、协同能力和行动能力有机地结合起来，在非结构化环境下根据一定的策略自我决策并持续执行一系列控制功能完成预定目标的能力。自主是自动的子类，自主的必然是自动的，但自动的未必是自主的。

(3) 智能是在没有人的干预下，具有智能信息处理、智能信息反馈和智能控制决策的能力。智能是自主的子类，智能的必然是自主的，但自主的未必是智能的。

由上叙述可知，严格意义上，自主制导是自动制导的子类，而智能制导是自主制导的子类。因此，将制导理论划分为自动制导、自主制导和智能制导三个阶段的方式并不精确，本质上自主制导和智能制导都属于自动制导的范畴。严谨的描述应该是将其划分为不具有自主能力的自动制导、具有自主能力但不具有智能能力的自动制导和具有智能能力的自动制导三个阶段。但上述描述过于繁琐，在不引起误解的前提下，分别将其简称为自动制导、自主制导和智能制导。

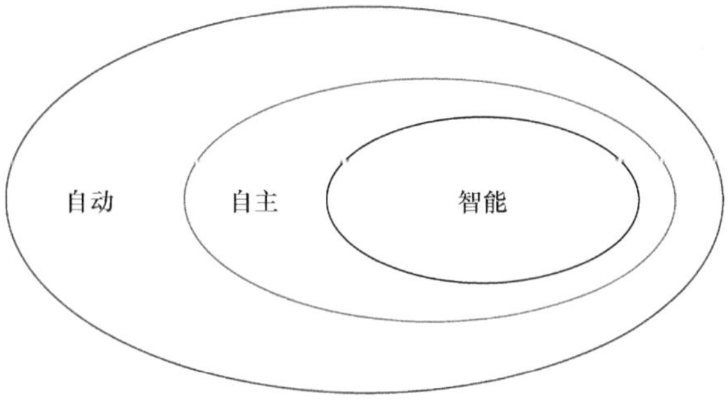

图 1-4 自动、自主与智能的关系

1.2.1 自动制导理论

20 世纪 40～50 年代是基于经典控制的自动制导理论时期。这一时期的主要特点是基于反馈控制等经典控制理论，结合航天器系统及其任务需求的特点，发展了以比例导引制导、摄动制导等为代表的自动制导方法，并在导弹武器系统的末制导、运载火箭的主动段制导等问题中得到了成功而广泛的应用。自动制导方法大多基于经验设计，航天器载设备根据地面预设的程序和流程严格执行预定任务，以完成任务为第一要素，具有容易理解、容易执行和形式简单等优点。其不足之处是要求任务场景与制导律设计场景基本一致，当两种场景存在较大差异时，自动制导方法的性能可能会急剧下降，甚至有可能会导致制导任务的失败；此外，自动制导方法一般也不具有最优性。

大多数航天器自动制导方法是经典控制理论和制导问题相结合所产生的应用方法，下面举例予以说明。

1) PID 控制

比例、积分、微分(proportional, integral, derivative，PID)控制是最早发展起来的控制策略之一，由于其算法简单、鲁棒性好和可靠性高，被广泛应用于工业过程控制，尤其适用于可建立精确数学模型的确定性控制系统。常规的 PID 控制结构框图如图 1-5 所示，其中 PID 控制器和被控对象共同组成了 PID 控制系统。

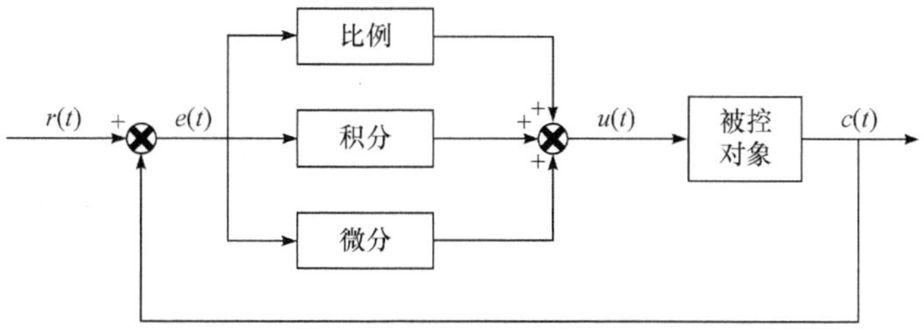

图 1-5 PID 控制结构框图

图 1-5 中，$r(t)$ 为控制系统给定值，$c(t)$ 为控制系统的实际输出值，给定值和实际输出值构成控制偏差 $e(t)$：

$$e(t)=r(t)-c(t) \tag{1-1}$$

式中，$e(t)$ 为 PID 控制器的输入值。$u(t)$ 为 PID 控制器的输出值和被控对象的输入值。

因此，可以得到 PID 控制器的控制规律：

$$u(t)=K_{\mathrm{p}}e(t)+K_{\mathrm{i}}\int_0^t e(t)\mathrm{d}t+K_{\mathrm{d}}\frac{\mathrm{d}e(t)}{\mathrm{d}t} \tag{1-2}$$

式中，K_{p} 为比例系数；K_{i} 为积分系数；K_{d} 为微分系数。其中：

(1) 比例环节成比例地反映控制系统的偏差 $e(t)$，偏差一旦产生，控制器立即产生控制作用，以减小偏差。当仅有比例控制时，系统输出存在稳态误差。比例系数越大，比例作用越强，动态响应越快，消除误差的能力越强。

(2) 积分环节控制器的输出与输入偏差的积分成正比关系。积分环节控制器主要用于消除静差，提高系统的无差度。积分作用的强弱取决于积分系数，积分系数越大，积分作用越强，反之则越弱。引入积分作用可以消除静差，以使被控的 $c(t)$ 值最后与给定值一致。其缺点是会影响系统的稳定性，使系统的稳定裕度减小。

(3) 微分环节反映偏差信号的变化趋势，并能在偏差信号变得太大之前，在系统中引入一个有效的早期修正信号，从而加快系统响应速度，减少调节时间。在微分控制中，控制器的输出与输入偏差信号的微分(即误差的变化率)成正比关系。微分环节的优点是使系统的响应速度变快，超调减小，振荡减轻，对动态过程有“预测”作用。

2) 比例导引制导方法

考虑拦截器拦截目标飞行器的相对运动，常采用极坐标 (r,q) 系统来表示拦截器和目标的相对位置，如图 1-6 所示。图 1-6 中，r 表示拦截器与目标之间的相对距离，当拦截器命中目标时，$r=0$。拦截器和目标的连线 $\overline{MT}$ 称为目标瞄准线，简称目标线或瞄准线。q 表示目标瞄准线与攻击平面内某一基准线 $\overline{Mx}$ 之间的夹角，称为目标线方位角(简称视角)，从基准线逆时针转向目标线为正。σ 和 σ_T 分别表示拦截器速度向量、目标速度向量与基准线之间的夹角，从基准线逆时针转向速度向量为正。当攻击平面为铅垂平面时，σ 就是弹道倾角 θ；当攻击平面是水平面时，σ 就是弹道偏角 ψ_V。η 和 η_T 分别表示拦截器速度向量、目标速度向量与目标线之间的夹角，称为拦截器前置角和目标前置角。速度向量逆时针转到目标线时，前置角为正。

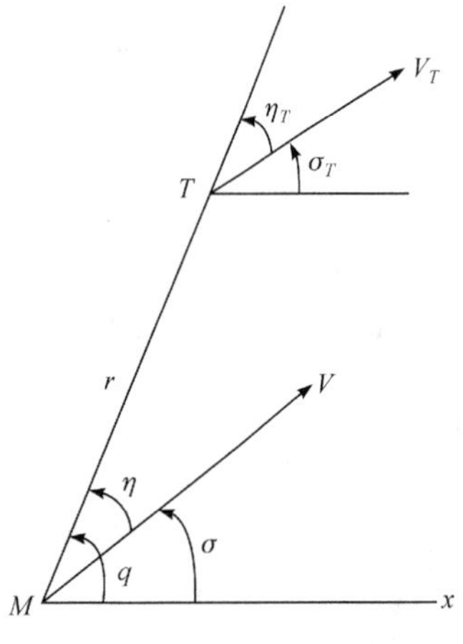

图 1-6 拦截器与目标的相对关系

拦截问题的相对运动方程组如下所示：

$$\begin{cases}\dot{r}(t)=V_T(t)\cos\eta_T(t)-V(t)\cos\eta(t)\\ r(t)\dot{q}(t)=V(t)\sin\eta(t)-V_T(t)\sin\eta_T(t)\\ q(t)=\sigma(t)+\eta(t)\\ q_T(t)=\sigma_T(t)+\eta_T(t)\\ \varepsilon_1(t)=0\end{cases} \tag{1-3}$$

式中，$\varepsilon_1(t)=0$ 是导引关系式。

比例导引制导方法是指拦截器飞行过程中速度向量 V 的转动角速度与目标线的转动角速度成比例的一种导引方法。其导引关系式为

$$\varepsilon_1(t)=\dot{\sigma}(t)-K\dot{q}(t)=0 \tag{1-4}$$

式中，K 为比例系数，又称导航比。由式(1-4)可以得到

$$\dot{\sigma}(t)=K\dot{q}(t) \tag{1-5}$$

根据 PID 控制结构框图(图 1-5)，令控制系统给定值 $r(t)=0$，控制系统的输出 $c(t)=-\dot{q}(t)$，则控制偏差 $e(t)$ 为

$$e(t)=r(t)-c(t)=\dot{q}(t) \tag{1-6}$$

令控制系统的输出 $u(t)=\dot{\sigma}(t)$，则 PID 控制中的比例控制可以表示为

$$\dot{\sigma}(t)=Ke(t)=K\dot{q}(t) \tag{1-7}$$

显然，式(1-7)和式(1-5)完全一致，由此可知，比例导引制导方法本质上属于 PID 控制中的比例控制。

1.2.2　自主制导理论

20 世纪 60 年代之后，基于现代控制的自主制导理论快速发展。该阶段的主要特点是基于变分法、庞特里亚金极大值原理和动态规划法等现代控制理论，结合航天任务及航天动力学模型的近似简化等方法，发展了以迭代制导、有动力下降制导等为代表的自主制导方法，并在飞行器最速爬升制导、运载火箭真空段迭代制导、载人航天月面软着陆有动力下降制导等问题中成功应用。下面以飞行器最速爬升制导为例予以简单介绍。

最速爬升制导是最优控制理论在飞行器制导问题中应用的经典之作。20 世纪 60 年代，最优控制理论取得了突破性的进展，但在工程应用过程中仍然存在较大的困难，其中一个主要的原因是最优控制理论所得到的制导律通常不易直观理解。20 世纪 60 年代，美国哈佛大学 Bryson 研究了飞行器水平起飞，以最快时间爬升到给定高度的最优控制问题，即

$$\begin{aligned}&\min\quad J=t_{\mathrm{f}}\\&\text{s.t.}\quad\begin{cases}\dot{h}(t)=v(t)\sin\alpha(t)\\\dot{v}(t)=\dfrac{T\cos\alpha(t)-D}{m(t)}\\\dot{\gamma}(t)=\dfrac{T\sin\alpha(t)+L}{m(t)v(t)}+\left(\dfrac{v(t)}{r(t)}-\dfrac{\mu}{v(t)r^2(t)}\right)\cos\gamma(t)\\\dot{m}(t)=-\dfrac{T}{g_0I_{\mathrm{sp}}}\end{cases}\end{aligned} \tag{1-8}$$

其初始约束和终端约束分别为

$$\begin{cases} h(0)=0\text{m} \\ v(0)=129.314\text{m/s} \\ \gamma(0)=0\text{rad} \\ m(0)=19050.864\text{kg} \end{cases} \tag{1-9}$$

$$\begin{cases} h(t_{\text{f}})=19994\text{m} \\ v(t_{\text{f}})=295.092\text{m/s} \\ \gamma(t_{\text{f}})=0\text{rad} \end{cases} \tag{1-10}$$

通过求解上述最优控制问题，可以得到其数值优化解。最速爬升问题中高度 $h(t)$ 的优化轨迹如图 1-7 所示。由图 1-7 可以发现，飞行器在快速爬升后有一段明显的向下俯冲阶段，这一结果在当时受到了美国空军的质疑。根据人们的经验，最速爬升高度轨迹理应是单调递增的，向下俯冲会明显增加飞行时间。为此，美国空军执行了实际飞行测试，飞行结果恰恰验证了数值优化结果的正确性。

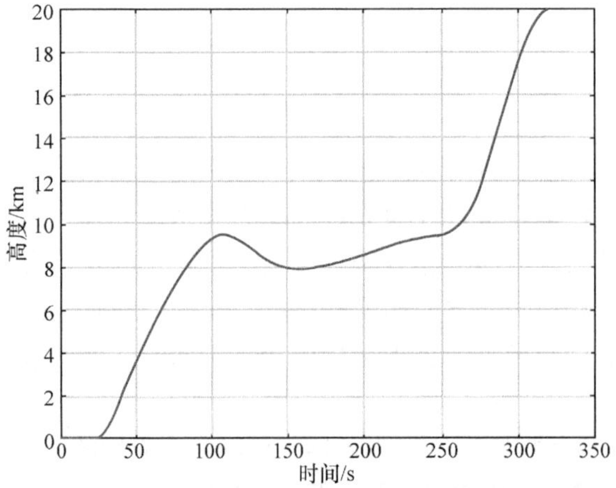

图 1-7 最速爬升问题高度优化轨迹

如图 1-8 所示，自主制导主要是针对模型和环境确定性问题，基于数学方法设计使飞行器具备可摆脱外界影响做出自主选择的能力，主要执行信息基本完全、环境基本确定、低动态的相对简单任务。自主制导方法大多基于模型推导和优化等方法得到，除完成任务外，通常要求具有最优性，但存在形式复杂、执行困难等问题。因此迄今为止，自主制导方法在航天器制导任务中并未被广泛使用，目前仍处于快速发展与应用阶段。近年，美国太空探索技术公司(SpaceX)成功实现了一级火箭的回收，其所采用的回收制导就是基于自主制导理论所发展的。

1.2.3 智能制导理论

20 世纪 70 年代，基于智能控制的智能制导理论开始得到关注。早期的智能制导理论主要探索人工神经网络等方法在制导问题中的应用，但由于机器学习方法本身所存在

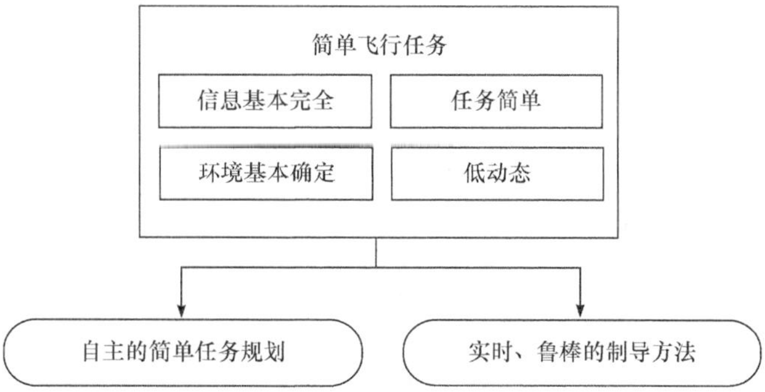

图 1-8 自主制导任务特点

的局限性，存在“不能用、不好用”等问题。2011 年，随着大数据、云计算、深度学习的兴起，机器学习技术实现了从“不能用、不好用”到“能用、好用”的技术突破，迎来爆发式增长的新高潮。在这一背景下，机器学习技术也被更广泛地应用到航天器制导领域的多个方面。

与自主制导不同，智能制导是针对模型和环境不确定性问题，基于人工智能技术设计使飞行器具备与人类相似的能力，能够执行信息不完全、环境不确定、高动态的复杂任务，如图 1-9 所示。在航天技术发展初期及深空探测任务中，航天器制导技术主要采用自动技术、小规模的遥控技术和自主技术。例如，阿波罗登月舱的月面着陆过程中，动力下降段采用的是自主技术方式，其着陆段则采用航天员手动操控方式；美国的“好奇号”火星车、我国的“玉兔号”和“玉兔二号”月球车(即巡视器)在火星/月球表面巡视时也主要采取地面遥操作方式。目前航天器制导技术尚处于从自动化向自主化发展的阶段，智能化的研究和应用更为初步。但随着航天器技术的不断发展，未来的航天器不仅面临任务种类多、协调要求高、执行难度大等难题，而且可能涉及空、地、海等多个任务执行环境，对现有自动技术、自主技术构成了严峻挑战。近年来，人工智能技术得到了极其快速的发展，在这一背景下，发展智能制导技术的时机也日趋成熟。智能制导是自主制导的高级阶段，可以预见，不依赖于科研人员或航天员人工干预的、具有对环境自主学习能力的智能制导技术将成为未来的主要制导方式。

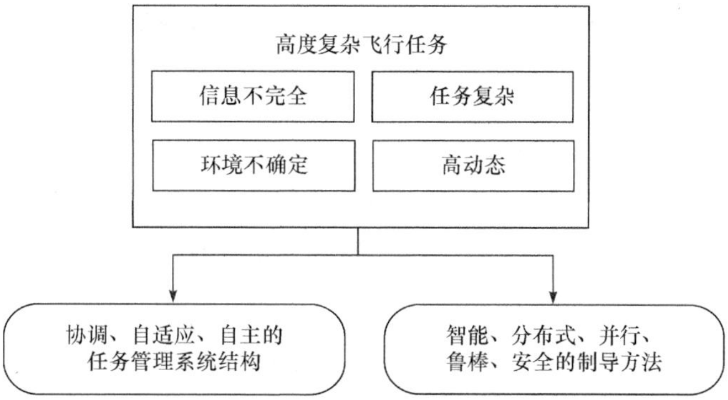

图 1-9 智能制导任务特点

由上分析可知，航天器制导理论的发展阶段在时间线上基本与控制理论重叠，几乎是伴随着控制理论的突破同步发展的。但不同之处在于控制论的第二阶段已基本发展成熟，但航天器制导理论的第二阶段尚处于发展当中。其主要原因在于从控制理论的角度来看，以变分法、庞特里亚金极大值原理和动态规划法等为基石的现代控制理论与其方法体系已基本成熟和完善，而作为其工程应用的航天器制导理论，由于行业技术水平等限制，目前尚处于发展中期。

1.3 导航、制导与控制系统

导航、制导与控制系统是航天器的几个关键子系统之一，其主要担负着航天器运动状态测量、飞行轨迹制导与控制、姿态控制与稳定、故障管理等任务[6]。需要说明的是，国际航天领域习惯称之为制导、导航与控制(guidance navigation & control，GNC)系统。为方便起见，在本书中中文仍按“导航、制导与控制系统”叙述，而其英文缩写遵循国际惯例，使用“GNC 系统”。

航天器的导航、制导与控制系统是一个可靠性要求高，由硬件和软件构成的信息采集、测量、决策、执行系统，并控制着航天器的实际运动，以使航天器能成功完成各项既定的任务。GNC 系统主要由导航系统、制导系统和控制系统三部分共同组成，其中：

(1) 导航系统的主要功能是测量当前飞行器所处的位置、姿态和速度等运动状态参数。导航系统主要有惯性导航系统、卫星导航系统、天文导航系统、无线电远程和近程导航系统等。

(2) 制导系统的主要功能是根据飞行任务产生可行或最优的制导指令。航天器每一次飞行通常都担负着许多预定的任务，此时制导系统用于告诉航天器“运动的下一个目标点是哪里”，即制导系统担负着“指引”飞行器运动的职责。通常情况下，制导系统主要由制导算法组成，制导算法运行于航天器载计算机中，通过航天器载计算机解算产生制导指令。

(3) 控制系统的主要功能是执行制导指令，控制航天器的执行机构以使航天器始终保持在预定运动状态参数附近工作。控制系统的功能是根据已有的控制算法，对制导系统传来的制导指令及导航系统反馈过来的飞行器实际运动状态参数进行处理，并产生相应的控制命令以控制执行机构的动作。

不同航天器的 GNC 系统的实际组成可能存在一定的差异，但一个完整的 GNC 系统必定包含导航系统、制导系统和控制系统这三个子系统，以及子系统之间的信息传输和转换部件。如图 1-10 所示，这三个子系统之间紧密配合来控制航天器的运动。首先制导设备和软件计算满足任务要求的运载器各运动参数；其次导航系统追踪运载器的实际运动参数，并把结果输入到制导系统内，再由制导系统根据制导方程计算并输出制导指令给控制系统；最后控制系统根据一定的控制算法和制导指令生成并输出控制命令给执行机构，通过执行机构的动作，航天器被从实际的运动参数状态转移到要求的运动参数状态[7]。

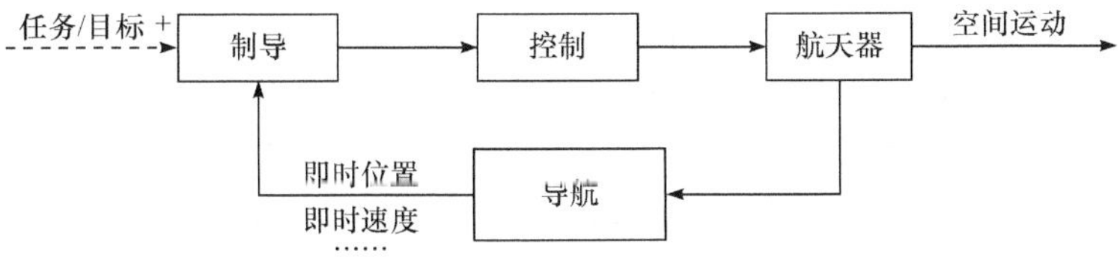

图 1-10　GNC 系统典型结构图

2012 年 2 月 1 日，美国国家研究委员会历经 1 年分析，公布了《NASA 太空技术路线图与优先事项：恢复 NASA 的技术优势，为太空新纪元铺平道路》报告。该报告中指出，GNC 系统是飞行器系统的“灵魂”，是直接决定航天器能否完成预定任务的关键技术。由此足以说明 GNC 系统的重要性，而制导方法是制导系统中的核心模块，更是“灵魂”中的“灵魂”。

1.4　航天器制导方法的基本分类

如图 1-11 所示，航天器制导方法有多种不同的分类，按其推进方式、飞行环境、航天器对象与制导指令产生形式的不同可分为以下几种类型[8]：

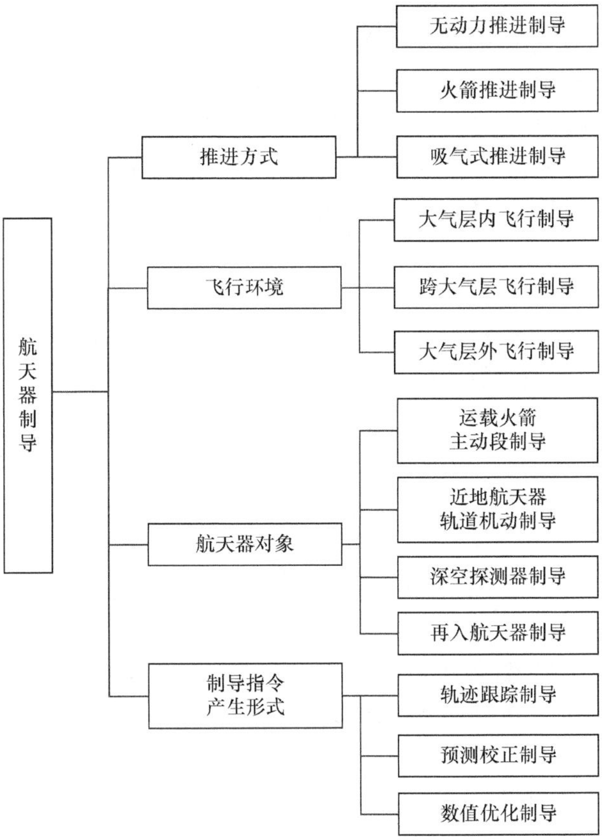

图 1-11　航天器制导方法

(1) 按推进方式的不同，可分为无动力推进制导、火箭推进制导和吸气式推进制导三种类型。无动力推进制导是指航天器在不存在发动机推力作用下，依靠重力或气动力的改变实现对航天器的制导方式。火箭推进制导是指以火箭发动机作为动力的制导方式。吸气式推进制导是指以吸气式发动机或以组合发动机为动力的制导方式。

(2) 按飞行环境的不同，可分为大气层内飞行制导、跨大气层飞行制导和大气层外飞行制导三种类型。大气层内飞行制导是指航天器在地球或地外天体的大气层内飞行所采用的制导方式。跨大气层飞行制导是指航天器经历大气层内飞行和大气层外飞行两阶段所采用的制导方式。大气层外飞行制导是指航天器在近地空间或深空飞行所采用的制导方式。由于大气飞行过程中存在复杂的、高度非线性的气动力作用，并且存在不可预知的复杂气流扰动等影响，大气层内飞行制导和跨大气飞行层制导的实现难度相对更高。

(3) 按航天器对象的不同，可分为运载火箭主动段制导、近地航天器轨道机动制导、深空探测器制导、再入航天器制导四种类型。

(4) 按制导指令产生形式的不同，可分为轨迹跟踪制导、预测校正制导和数值优化制导三种类型。轨迹跟踪制导是指航天器在飞行过程中跟踪标准弹道，该标准弹道由地面预先设计并以数据形式注入机载计算机中。预测校正制导是指航天器通过预测模型对终端误差进行预测，并根据预测误差实时调整航天器制导指令。数值优化制导是指航天器在飞行过程中，根据航天器的瞬时位置、速度等状态信息，采用数值优化算法实时、在线计算生成基于当前状态的制导指令。

不同的航天器在不同的飞行阶段，所采用的制导方式可能有所不同。以运载火箭典型主动段制导为例，其飞行过程一般可分为三个阶段：

(1) 首先是垂直上升段，这一段靠近地面，空气密度大导致阻力大、气动载荷大，所以采用垂直上升以尽可能减少在这一段的飞行时间，此时制导系统也采用简单的方案制导。

(2) 其次是转弯上升段，当火箭到达一定高度时，空气密度较小，火箭开始采用轨迹跟踪制导的方式。在这个过程中，轨迹跟踪制导方法根据事先规划好的理想轨迹和速度等运动参数与实测运动参数进行比较，产生制导指令给控制系统以控制运载火箭不至于偏离预定轨迹。

(3) 最后是入轨段，这一段的制导主要是控制轨道机动发动机的燃烧，可采用迭代制导等显式制导方法。

1.5 航天器制导系统性能评估

对航天器制导系统的性能进行全面系统的评估，不仅可以分析各制导方法的优劣性，还可以进一步改进和提高制导方法的设计和能力。对航天器制导系统性能的评估主要包括制导精度，满足飞行过程各种约束的能力，抗干扰能力，制导算法的复杂性及与导航、控制系统的匹配性等内容[9]。

1) 制导精度

制导精度通常用航天器在制导过程中与目标间的最短距离来描述，即制导误差。

制导误差有多种不同的分类，从误差性质，制导误差可以分为在整个飞行过程中误差值不产生变化的系统误差和误差随机变化的随机误差；从误差来源，制导误差又可分为制导方法误差、计算误差和工具误差。

(1) 制导方法误差主要由制导方法的不完善所产生。在制导方法设计过程中对制导模型进行的近似及简化处理，将不可避免地带来制导方法误差。制导方法误差是制导方法本身所固有的误差，既包括系统误差，也存在随机误差。例如，在制导模型中未考虑大气环境的随机扰动影响，这种影响所带来的制导方法误差就属于随机误差；制导模型中的近似引力模型与实际引力的偏差所引起的误差，则属于系统误差。

(2) 计算误差是航天器载计算装备进行制导指令计算过程中所产生的误差，如计算数据的舍入误差、近似计算误差等。计算误差也属于系统误差，但随着计算机技术的发展和完善，这种误差可以减小到在总误差中不起显著作用的程度。

(3) 工具误差是由于制导系统中的测量、计算、信号转换等仪器性能不完善而产生的设计误差，也称为仪器误差。在仪器误差中，惯性器件的误差影响最为显著。

2) 满足飞行过程各种约束的能力

航天器飞行过程中需要满足各种过程约束。例如，再入航天器再入大气层后，需要满足热流、动压、过载等多种严苛的过程约束，否则将可能造成机体损坏等严重后果。航天器的制导方法在实现制导目的的同时，需要保障航天器在飞行过程中的安全性和可靠性。

3) 抗干扰能力

抗干扰能力是指在航天器受到内部、外部干扰时，制导系统保持其正常工作的能力。对绝大多数航天器而言，要求其具有很强的抗干扰能力。为提高制导系统的抗干扰能力，一是要不断地采用新技术，使制导系统对干扰不敏感；二是要在使用过程中加强制导系统工作的隐蔽性、突然性；三是制导系统可以采用多种工作模式，一种模式被干扰，能立即转换到另一种模式制导。

4) 制导算法的复杂性

制导算法的复杂性主要包括算法逻辑结构、收敛性、运算效率和占用内容资源等方面。复杂性较低的算法可能无法满足制导任务的要求，而复杂性高的算法可能在实际制导任务中无法应用，因此通常需要在制导算法的复杂性和制导任务的实际需求之间进行权衡设计。

5) 与导航、控制系统的匹配性

制导系统不是一个独立工作的环节，它首先根据导航系统提供的相关信息，计算并形成制导指令，进而通过控制系统实现制导。在整个飞行控制系统中，它起了一个承上启下的作用。导航系统或者控制系统都直接影响制导效果，如果传感器提供了错误的位置信息，那么无论制导律多么完美，飞行器也不能到达预定目标。因此，在设计制导律时，要充分考虑导航系统与控制系统的影响，并由此选择合理的制导方法。

6) 体积小、质量轻、成本低

在满足上述基本要求的前提下，应尽可能地使航天器制导系统的仪器设备结构简单、体积小、质量轻、成本低。

思　考　题

1. 航天器制导理论属于工程控制论的一个分支，该说法是否正确？
2. 导航、制导与控制系统是航天器系统的重要子系统，因此可以判定制导理论与控制理论是同一级别的，该说法是否正确？
3. 比较自动制导、自主制导和智能制导的区别和联系。
4. 自动的必定是自主的，自主的必定是智能的，该说法是否正确？
5. 比例导引的英文为 proportional navigation，导航的英文是 navigation，那么是否说明比例导引属于导航方法？
6. 比例导引本质上属于 PID 控制中的比例控制，是否可以设计 PID 导引？
7. 简单的任务只能采用自主制导方法，而不能采用智能制导方法，该说法是否正确？
8. 复杂的任务只能采用智能制导方法，而不能采用自主制导方法，该说法是否正确？
9. 导航、制导与控制系统相当于人的眼睛、大脑与手的功能，该说法是否正确？
10. PID 控制是否可用以设计轨迹跟踪制导？
11. 制导方法误差是否可以消除？
12. 自主制导方法不会引入误差，该说法是否正确？
13. 智能制导方法是否可以消除仪器误差？

第 2 章

最优控制与数值优化基础

2.1　最优控制问题

大多数航天器制导问题可最终归结为最优控制问题。最优控制问题是最优化问题的一个子类，本质上属于最优化问题中的连续最优化问题[10]。例如，运载火箭如何以最省的燃料消耗将航天器送入近地轨道，卫星如何以最短的时间实现轨道交会，深空探测器如何以最小的能量实现行星着陆等问题，都属于最优控制问题的范畴。

最优控制问题一般定义为对一个受控的动力学系统或运动过程，从一类允许的控制集中找出一个最优的控制方案，使系统的运动由某个初始状态转移到指定的目标状态，并使其性能指标值为最优[11]。从数学上，最优控制问题可以表述为在运动方程和允许控制范围的约束下，对以控制函数和运动状态为变量的性能指标函数(称为泛函)求取极值(极大值或极小值)。任何一个最优控制问题，用数学语言描述，都应由受控系统的数学模型、目标集、容许控制和性能指标四个部分组成[12]。

1) 受控系统的数学模型

一般而言，解决最优控制问题首先要对受控系统建立数学模型，即写出系统的微分方程。通常可以采用一阶常微分方程组进行描述，即

$$\dot{\boldsymbol{x}}(t)=\boldsymbol{f}[\boldsymbol{x}(t),\boldsymbol{u}(t),t] \tag{2-1}$$

式中，$\boldsymbol{x}=[x_1,x_2,\cdots,x_n]^{\mathrm{T}}\in\mathbb{R}^n$ 是状态向量；$\boldsymbol{u}=[u_1,u_2,\cdots,u_m]^{\mathrm{T}}\in\mathbb{R}^m$ 是控制向量；$t\in\mathbb{R}$ 是时间自变量；$\boldsymbol{f}=[f_1,f_2,\cdots,f_n]^{\mathrm{T}}\in\mathbb{R}^n$ 是函数向量。

2) 目标集

在最优控制问题中，初始状态通常是已知的，即 $\boldsymbol{x}(t_0)=\boldsymbol{x}_0$。动态系统在控制向量 $\boldsymbol{u}(t)$ 的作用下从初始状态 $\boldsymbol{x}_0$ 转移到终端状态 $\boldsymbol{x}(t_{\mathrm{f}})$。终端状态是控制需要达到的目标，不同的情况其目标也不相同，可以是欧氏空间中的一个点，也可以是一个范围。一般地，对于终端状态的要求可以用下面的终端约束条件来表示：

$$\boldsymbol{g}_1\left[\boldsymbol{x}(t_{\mathrm{f}}),t_{\mathrm{f}}\right]=\boldsymbol{0} \tag{2-2}$$

$$\boldsymbol{g}_2\left[\boldsymbol{x}(t_{\mathrm{f}}),t_{\mathrm{f}}\right]\leqslant\boldsymbol{0} \tag{2-3}$$

这种满足终端约束的状态集合称为目标集，记为M，可以表述为

$$M=\left\{\boldsymbol{x}(t_{\mathrm{f}})\middle|\boldsymbol{x}(t_{\mathrm{f}})\in\mathbb{R}^{n},\boldsymbol{g}_{1}\left[\boldsymbol{x}(t_{\mathrm{f}}),t_{\mathrm{f}}\right]=\boldsymbol{0},\boldsymbol{g}_{2}\left[\boldsymbol{x}(t_{\mathrm{f}}),t_{\mathrm{f}}\right]\leqslant\boldsymbol{0}\right\} \tag{2-4}$$

3) 容许控制

在实际的控制问题中，控制向量$\boldsymbol{u}(t)$常常受到约束。例如，运载火箭发动机的推力幅值存在以下形式的约束：

$$\boldsymbol{u}_{\min}\leqslant\boldsymbol{u}(t)\leqslant\boldsymbol{u}_{\max} \tag{2-5}$$

式(2-5)规定了$\mathbb{R}^{m}$空间中的一个闭集，由上述约束条件限制的点的集合定义为控制域，记为U。因此定义在闭区间$[t_0,t_{\mathrm{f}}]$上，并且在控制集$\boldsymbol{U}$内取值的所有控制向量$\boldsymbol{u}(t)$都称为容许控制，记作$\boldsymbol{u}(t)\in\boldsymbol{U}$。通常假定容许控制$\boldsymbol{u}(t)\in\boldsymbol{U}$是一个有界连续函数或者分段连续函数。

4) 性能指标

性能指标函数一般具有以下形式：

$$J[u(t)]=F\left[\boldsymbol{x}(t_{\mathrm{f}}),t_{\mathrm{f}}\right]+\int_{t_0}^{t_{\mathrm{f}}}L[\boldsymbol{x}(t),\boldsymbol{u}(t)]\mathrm{d}t \tag{2-6}$$

式中，等号右边第一项$F[\boldsymbol{x}(t_{\mathrm{f}}),t_{\mathrm{f}}]$表示接近目标集$M$的程度，即终端状态的精度；第二项则反映了控制过程的品质。性能指标按照其数学形式可分为三类：

$$J[u(t)]=\int_{t_0}^{t_{\mathrm{f}}}L[\boldsymbol{x}(t),\boldsymbol{u}(t)]\mathrm{d}t \tag{2-7}$$

$$J[u(t)]=F\left[\boldsymbol{x}(t_{\mathrm{f}}),t_{\mathrm{f}}\right] \tag{2-8}$$

$$J[u(t)]=F\left[\boldsymbol{x}(t_{\mathrm{f}}),t_{\mathrm{f}}\right]+\int_{t_0}^{t_{\mathrm{f}}}L\left[\boldsymbol{x}(t),\boldsymbol{u}(t)\right]\mathrm{d}t \tag{2-9}$$

分别称为积分型性能指标、终值型性能指标和复合型性能指标。通常，将积分型性能指标的最优控制问题称为拉格朗日问题，将终值型性能指标的最优控制问题称为迈耶尔问题，将复合型性能指标的最优控制问题称为博尔扎问题。

根据以上叙述，最优控制问题可以描述为已知受控系统的数学模型(2-1)、初始状态$\boldsymbol{x}_0$和规定的目标集式(2-4)，求一个容许控制向量$\boldsymbol{u}(t)\in\boldsymbol{U}$，$t\in[t_0,t_{\mathrm{f}}]$，使系统由初始状态转移到目标集，并使性能指标式(2-6)最小。

2.2 最优控制理论

最优控制理论是求解最优控制问题的基础理论，其发展最早可追溯到牛顿、莱布尼茨时代的“最速降线问题”。如图 2-1 所示，最速降线问题是指一个静止小球只在重力的作用下，沿旋轮线从较高的一点下滑到不在其垂直下方的另外一点，其下滑时间最短。目前最优控制理论的发展已基本成熟，其三大理论基石分别为变分法、庞特里亚金

极大/极小值原理和贝尔曼动态规划法。

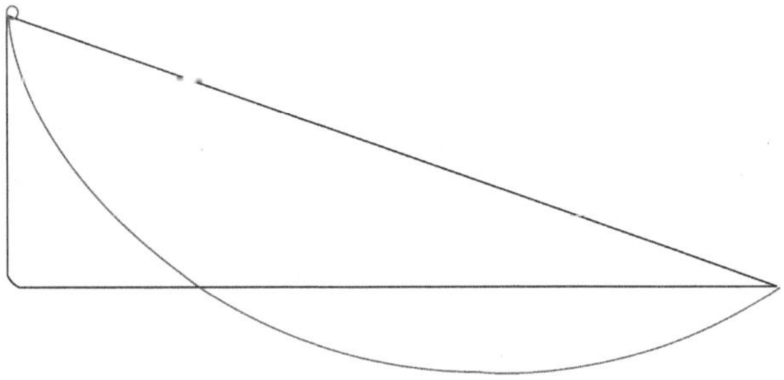

图 2-1　最速降线问题

2.2.1　变分法

变分法是在欧拉、拉格朗日、哈密顿等众多数学家的不懈努力下发展而成的一个重要的数学分支，为 20 世纪最优控制理论在航空航天等领域的广泛应用奠定了坚实的数学基础。

下面简单介绍基于变分法求解最优控制问题的基本过程。对于受控系统：

$$\dot{\boldsymbol{x}}(t)=\boldsymbol{f}[\boldsymbol{x}(t),\boldsymbol{u}(t),t],\quad \boldsymbol{x}(t_0)=\boldsymbol{x}_0 \tag{2-10}$$

式中，$\boldsymbol{x}\in\mathbb{R}^n$；$\boldsymbol{u}\in\mathbb{R}^m$；$\boldsymbol{x}_0$ 为给定的常数向量；t_0 为给定的起始时刻。在给定的容许控制集 $\boldsymbol{U}$ 中求一个控制向量 $\boldsymbol{u}(t)\in\boldsymbol{U}$，使得性能指标：

$$J[\boldsymbol{u}(t)]=\Phi[\boldsymbol{x}(t_{\mathrm{f}}),t_{\mathrm{f}}]+\int_{t_0}^{t_{\mathrm{f}}}L[\boldsymbol{x}(t),\boldsymbol{u}(t),t]\mathrm{d}t \tag{2-11}$$

为最优。式(2-11)中，t_{f} 为终端时刻。需要说明的是，$\boldsymbol{x}(t)$ 和 $\boldsymbol{u}(t)$ 等向量一般定义为列向量，但为便于叙述，在部分推导过程中并不对行向量和列向量进行严格区分，即存在 $\boldsymbol{x}(t)$、$\boldsymbol{u}(t)$ 与 $\boldsymbol{x}^{\mathrm{T}}(t)$、$\boldsymbol{u}^{\mathrm{T}}(t)$ 混用情形。

假设 2.1　$\Phi[\boldsymbol{x}(t_{\mathrm{f}}),t_{\mathrm{f}}]$ 关于 $\boldsymbol{x}(t_{\mathrm{f}})$ 和 t_{f} 存在连续偏导数，$\boldsymbol{f}[\boldsymbol{x}(t),\boldsymbol{u}(t),t]$ 和 $L[\boldsymbol{x}(t),\boldsymbol{u}(t),t]$ 关于 $\boldsymbol{x}(t)$、$\boldsymbol{u}(t)$ 和 t 存在连续偏导数。

在上述假设下，对于给定的初始状态和控制，状态是唯一确定的。性能指标表达式虽然显含状态向量 $\boldsymbol{x}(t)$ 和控制向量 $\boldsymbol{u}(t)$，但状态向量 $\boldsymbol{x}(t)$ 是由控制向量 $\boldsymbol{u}(t)$ 决定的，因此性能指标仅是控制向量 $\boldsymbol{u}(t)$ 的泛函，故记作 $J[\boldsymbol{u}(t)]$。

引入拉格朗日乘子 $\boldsymbol{\lambda}(t)$，定义哈密顿(Hamilton)函数：

$$H[\boldsymbol{x}(t),\boldsymbol{u}(t),\boldsymbol{\lambda}(t),t]=L[\boldsymbol{x}(t),\boldsymbol{u}(t),t]+\boldsymbol{\lambda}^{\mathrm{T}}(t)\boldsymbol{f}[\boldsymbol{x}(t),\boldsymbol{u}(t),t] \tag{2-12}$$

下面给出变分法求解上述最优控制问题的基本定理[13]。

定理 2.1　对于式(2-10)所描述的受控对象，假设初始状态 $\boldsymbol{x}_0$、初始时刻 t_0 和终端时刻 t_{f} 均给定，而容许控制集 $\boldsymbol{U}$ 为一个开集。对应式(2-11)的性能指标，若 $\boldsymbol{u}^*(t)$ 和 $\boldsymbol{x}^*(t)$ 分别为最优控制和最优轨迹，则存在适当选取的拉格朗日乘子 $\boldsymbol{\lambda}(t)$，使得如下方程和等式成立。

(1) 状态方程和协态方程：

$$\begin{cases}\dot{\boldsymbol{x}}^*(t)=\dfrac{\partial H[\boldsymbol{x}^*(t),\boldsymbol{u}^*(t),\boldsymbol{\lambda}(t),t]}{\partial\boldsymbol{\lambda}^{\mathrm{T}}(t)}=\boldsymbol{f}[\boldsymbol{x}^*(t),\boldsymbol{u}^*(t),t]\\ \dot{\boldsymbol{\lambda}}(t)=-\dfrac{\partial H[\boldsymbol{x}^*(t),\boldsymbol{u}^*(t),\boldsymbol{\lambda}(t),t]}{\partial\boldsymbol{x}^{*\mathrm{T}}(t)}\end{cases}\tag{2-13}$$

(2) 边值条件：

$$\begin{cases}\boldsymbol{x}(t_0)=\boldsymbol{x}_0\\ \boldsymbol{\lambda}(t_{\mathrm{f}})=\dfrac{\partial\Phi[\boldsymbol{x}^*(t_{\mathrm{f}}),t_{\mathrm{f}}]}{\partial\boldsymbol{x}^{*\mathrm{T}}(t_{\mathrm{f}})}\end{cases}\tag{2-14}$$

(3) 极值条件：

$$\frac{\partial H[\boldsymbol{x}^*(t),\boldsymbol{u}^*(t),\boldsymbol{\lambda}(t),t]}{\partial\boldsymbol{u}^*(t)}=0\tag{2-15}$$

例 2.1　已知无量纲系统方程为

$$\dot{x}(t)=-x^3(t)+u(t)\tag{2-16}$$

其初始状态约束为

$$x(0)=x_0\neq 0\tag{2-17}$$

求使性能泛函：

$$J=x(1)+\frac{1}{2}\int_0^1 u^2(t)\mathrm{d}t\tag{2-18}$$

为极小值的最优控制函数与最优轨迹。

解：上述最优控制问题所对应的哈密顿函数为

$$H=\frac{1}{2}u^2(t)-\lambda(t)x^3(t)+\lambda(t)u(t)\tag{2-19}$$

其协态方程为

$$\dot{\lambda}(t)=-\frac{\partial H}{\partial x(t)}=3\lambda(t)x^2(t)\tag{2-20}$$

根据极值条件，可得

$$\frac{\partial H}{\partial u(t)}=u(t)+\lambda(t)=0\Rightarrow u^*(t)=-\lambda(t)\tag{2-21}$$

根据横截条件，可以得到

$$\lambda(t_{\mathrm{f}})=\frac{\partial x(1)}{\partial x(1)}=1\tag{2-22}$$

因此，上述最优控制问题转换为求解下列两点边值问题：

$$\begin{cases}\dot{x}(t)=-x^3(t)-\lambda(t)\\\dot{\lambda}(t)=3\lambda(t)x^2(t)\\x(0)=x_0\\\lambda(t_f)=1\end{cases}\tag{2-23}$$

例 2.2　已知无量纲系统方程为

$$\begin{cases}\dot{x}_1(t)=x_2(t)\\\dot{x}_2(t)=x_2(t)+u(t)\end{cases}\tag{2-24}$$

其初始状态和终端状态约束为

$$x_1(0)=x_2(0)=1,x_1(1)=x_2(1)=0\tag{2-25}$$

求使性能泛函：

$$J=\frac{1}{2}\int_0^1 u^2(t)\mathrm{d}t\tag{2-26}$$

为极小值的最优控制函数与最优轨迹。

解：哈密顿函数为

$$H=\frac{1}{2}u^2(t)+\lambda_1(t)x_2(t)+\lambda_2(t)x_2(t)+\lambda_2(t)u(t)\tag{2-27}$$

其协态方程为

$$\begin{cases}\dot{\lambda}_1(t)=-\dfrac{\partial H}{\partial x_1(t)}=0\\\dot{\lambda}_2(t)=-\dfrac{\partial H}{\partial x_2(t)}=-\lambda_1(t)-\lambda_2(t)\end{cases}\tag{2-28}$$

根据极值条件，可得

$$\frac{\partial H}{\partial u(t)}=u(t)+\lambda_2(t)=0\Rightarrow u^*(t)=-\lambda_2(t)\tag{2-29}$$

将最优控制变量 $u^*(t)$ 代入状态方程，可以得到

$$\begin{cases}\dot{x}_1(t)=x_2(t)\\\dot{x}_2(t)=x_2(t)-\lambda_2(t)\end{cases}\tag{2-30}$$

状态方程和协态方程为线性微分方程组，可求得解析解如下所示：

$$\begin{cases}\lambda_1(t)=c_1\\\lambda_2(t)=c_2\mathrm{e}^{-t}-c_1\\x_1(t)=c_3\mathrm{e}^t-c_1t-\dfrac{1}{2}c_2\mathrm{e}^{-t}+c_4\\x_2(t)=c_3\mathrm{e}^t-c_1+\dfrac{1}{2}c_2\mathrm{e}^{-t}\end{cases}\tag{2-31}$$

上述解析解中有四个待定积分常数，可由初始状态和终端状态约束求解得到，即

$$c_1=19.2979,c_2=30.5288,c_3=5.0335,c_4=11.2309\tag{2-32}$$

于是，最优控制与最优轨迹分别为

$$\begin{cases} u^*(t)=19.2979-30.5288\mathrm{e}^{-t} \\ x_1^*(t)=5.0335\mathrm{e}^{t}-19.2979t-15.2644\mathrm{e}^{-t}+11.2309 \\ x_2^*(t)=5.0335\mathrm{e}^{t}-19.2979+15.2644\mathrm{e}^{-t} \end{cases} \tag{2-33}$$

2.2.2 庞特里亚金极大/极小值原理

1958 年，苏联著名数学家庞特里亚金提出了极大/极小值原理。庞特里亚金极大/极小值原理给出了初始状态、目标状态、控制变量等受限时，使控制系统的性能指标达到最小的控制和轨迹的必要条件和综合方法。

定理 2.2 (极大/极小值原理) 对于式(2-10)所描述的受控对象，假设初始状态 $\boldsymbol{x}_0$ 和初始时刻 t_0，容许控制集 $\boldsymbol{U}$ 为一个有界闭集。针对如下终端等式约束条件：

$$\boldsymbol{g}[\boldsymbol{x}(t_\mathrm{f}),t_\mathrm{f}]=0 \tag{2-34}$$

对应式(2-11)的性能指标，若 $\boldsymbol{u}^*(t)$ 和 $\boldsymbol{x}^*(t)$ 分别为最优控制和最优轨迹，则存在适当选取的拉格朗日乘子 $\boldsymbol{\lambda}(t)$，使得如下方程和等式成立。

(1) 状态方程和协态方程：

$$\begin{cases} \dot{\boldsymbol{x}}^*(t)=\dfrac{\partial H[\boldsymbol{x}^*(t),\boldsymbol{u}^*(t),\boldsymbol{\lambda}(t),t]}{\partial \boldsymbol{\lambda}^\mathrm{T}(t)}=\boldsymbol{f}[\boldsymbol{x}^*(t),\boldsymbol{u}^*(t),t] \\ \dot{\boldsymbol{\lambda}}(t)=-\dfrac{\partial H[\boldsymbol{x}^*(t),\boldsymbol{u}^*(t),\boldsymbol{\lambda}(t),t]}{\partial \boldsymbol{x}^{*\mathrm{T}}(t)} \end{cases} \tag{2-35}$$

(2) 边值条件：

$$\begin{cases} \boldsymbol{x}(t_0)=\boldsymbol{x}_0 \\ \boldsymbol{\lambda}(t_\mathrm{f})=\dfrac{\partial \boldsymbol{\varPsi}[\boldsymbol{x}^*(t_\mathrm{f}),t_\mathrm{f}]}{\partial \boldsymbol{x}^{*\mathrm{T}}(t_\mathrm{f})}=\dfrac{\partial \boldsymbol{\varPhi}[\boldsymbol{x}^*(t_\mathrm{f}),t_\mathrm{f}]}{\partial \boldsymbol{x}^{*\mathrm{T}}(t_\mathrm{f})}+\dfrac{\partial \boldsymbol{g}^\mathrm{T}[\boldsymbol{x}^*(t_\mathrm{f}),t_\mathrm{f}]}{\partial \boldsymbol{x}^{*\mathrm{T}}(t_\mathrm{f})}\boldsymbol{\mu} \\ \boldsymbol{g}[\boldsymbol{x}(t_\mathrm{f}),t_\mathrm{f}]=0 \\ H[\boldsymbol{x}^*(t_\mathrm{f}),\boldsymbol{u}^*(t_\mathrm{f}),\boldsymbol{\lambda}(t_\mathrm{f}),t_\mathrm{f}]=-\dfrac{\partial \boldsymbol{\varPsi}[\boldsymbol{x}^*(t_\mathrm{f}),t_\mathrm{f}]}{\partial t_\mathrm{f}} \end{cases} \tag{2-36}$$

(3) 极值条件：

$$\begin{cases} H[\boldsymbol{x}^*(t),\boldsymbol{u}^*(t),\boldsymbol{\lambda}(t),t]=\min\limits_{\boldsymbol{u}(t)\in\boldsymbol{U}} H[\boldsymbol{x}^*(t),\boldsymbol{u}(t),\boldsymbol{\lambda}(t),t] \quad (\text{极小值条件}) \\ H[\boldsymbol{x}^*(t),\boldsymbol{u}^*(t),\boldsymbol{\lambda}(t),t]=\max\limits_{\boldsymbol{u}(t)\in\boldsymbol{U}} H[\boldsymbol{x}^*(t),\boldsymbol{u}(t),\boldsymbol{\lambda}(t),t] \quad (\text{极大值条件}) \end{cases} \tag{2-37}$$

需要注意的是，极大值原理与极小值原理表述基本一致，一般只需要在性能指标中改变正负号，就可以实现极大值原理和极小值原理的变换。极大值原理与极小值原理所得到的最优控制 $\boldsymbol{u}^*(t)$ 和最优轨迹 $\boldsymbol{x}^*(t)$ 是一致的，只是协态变量 $\boldsymbol{\lambda}(t)$ 互为反号。在本书中，为书写方便，也常略去表示最优解的“*”号。

例 2.3　求解下列无量纲最优控制问题：

$$
\begin{cases}
\min \quad J=\int_0^1 u(t)\mathrm{d}t \\
\text{s.t.} \quad \dot{x}(t)=-x(t)-u(t) \\
\qquad x(0)=-1 \\
\qquad 0\leqslant u(t)\leqslant 1
\end{cases}
\tag{2-38}
$$

解：该问题所对应的哈密顿函数为

$$H=u(t)-\lambda(t)x(t)-\lambda(t)u(t) \tag{2-39}$$

协态方程为

$$\dot{\lambda}(t)=-\frac{\partial H}{\partial x}=\lambda(t) \tag{2-40}$$

根据极小值条件，可以得到

$$[1-\lambda(t)]u^*(t)\leqslant[1-\lambda(t)]u(t) \tag{2-41}$$

因此最优控制为

$$u^*(t)=\begin{cases}0, & 1-\lambda(t)\geqslant 0\\ 1, & 1-\lambda(t)<0\end{cases} \tag{2-42}$$

2.2.3　贝尔曼动态规划法

1954 年，贝尔曼创立了动态规划法，并将它应用于控制过程。贝尔曼的动态规划法把多阶段决策过程的优化问题转化为一系列单阶段问题，然后利用各阶段之间的关系，逐个求解。其基本思想非常简单，即在一定条件下，整体最优则局部最优[14]。

对于式(2-10)所描述的受控对象和式(2-11)所定义的性能指标，假定最优控制 $\boldsymbol{u}^*(t)$ 和最优轨迹 $\boldsymbol{x}^*(t)$ 都已经找到，最优性能指标 J^* 仅与初始时刻 t_0 和初始状态 $\boldsymbol{x}(t_0)$ 有关，也就是说，它是初始时刻 t_0 和初始状态 $\boldsymbol{x}(t_0)$ 的函数，记为

$$J^*[\boldsymbol{x}(t_0),t_0]=J[\boldsymbol{x}^*(t),\boldsymbol{u}^*(t)]=\min_{\boldsymbol{u}(t)}J[\boldsymbol{u}(t)] \tag{2-43}$$

$J[\boldsymbol{x}(t),t]$ 定义为

$$J[\boldsymbol{x}(t),t]=\Phi[\boldsymbol{x}(t_{\mathrm{f}}),t_{\mathrm{f}}]+\int_t^{t_{\mathrm{f}}}L[\boldsymbol{x}(\tau),\boldsymbol{u}(\tau),\tau]\mathrm{d}\tau \tag{2-44}$$

假设时间从 t 做微小摄动到 $t+\Delta t$，并假设在时刻 $t+\Delta t$ 的状态为 $\boldsymbol{x}(t)+\Delta\boldsymbol{x}(t)$，则

$$
\begin{aligned}
J[\boldsymbol{x}(t)+\Delta\boldsymbol{x}(t),t+\Delta t]&=\Phi[\boldsymbol{x}(t_{\mathrm{f}}),t_{\mathrm{f}}]+\int_{t+\Delta t}^{t_{\mathrm{f}}}L[\boldsymbol{x}(\tau),\boldsymbol{u}(\tau),\tau]\mathrm{d}\tau\\
&=\Phi[\boldsymbol{x}(t_{\mathrm{f}}),t_{\mathrm{f}}]+\int_t^{t_{\mathrm{f}}}L[\boldsymbol{x}(\tau),\boldsymbol{u}(\tau),\tau]\mathrm{d}\tau-\int_t^{t+\Delta t}L[\boldsymbol{x}(\tau),\boldsymbol{u}(\tau),\tau]\mathrm{d}\tau\\
&=J[\boldsymbol{x}(t),t]-\int_t^{t+\Delta t}L[\boldsymbol{x}(\tau),\boldsymbol{u}(\tau),\tau]\mathrm{d}\tau
\end{aligned}
\tag{2-45}
$$

假设 $\boldsymbol{u}^*(\tau),\tau\in[t+\Delta t,t_f]$ 使得 $J[\boldsymbol{x}(t)+\Delta\boldsymbol{x}(t),t+\Delta t]$ 达到最小，记为 $J^*[\boldsymbol{x}(t)+\Delta\boldsymbol{x}(t),t+\Delta t]$，则由贝尔曼最优性原理，$J[\boldsymbol{x}(t),t]$ 的最小值可以表示为

$$J^*[\boldsymbol{x}(t),t]=\min_{\substack{\boldsymbol{u}(\tau)\\ \tau\in[t,t+\Delta t]}}\left\{\int_t^{t+\Delta t}L[\boldsymbol{x}(\tau),\boldsymbol{u}(\tau),\tau]\mathrm{d}\tau+J^*[\boldsymbol{x}(t)+\Delta\boldsymbol{x}(t),t+\Delta t]\right\} \tag{2-46}$$

对 $J^*[\boldsymbol{x}(t)+\Delta\boldsymbol{x}(t),t+\Delta t]$ 在 $[\boldsymbol{x}(t),t]$ 处利用泰勒公式可以展开为

$$\begin{aligned}J^*[\boldsymbol{x}(t+\Delta t),t+\Delta t]&=J^*[\boldsymbol{x}(t),t]+\left[\frac{\partial J^*[\boldsymbol{x}(t),t]}{\partial\boldsymbol{x}(t)}\right]^{\mathrm{T}}\frac{\mathrm{d}\boldsymbol{x}(t)}{\mathrm{d}t}\Delta t\\&\quad+\frac{\partial J^*[\boldsymbol{x}(t),t]}{\partial t}\Delta t+O(\Delta t^2)\end{aligned} \tag{2-47}$$

式中，$O(\Delta t^2)$ 为 Δt 的高阶无穷小项。此外，根据积分中值定义可知：

$$\int_t^{t+\Delta t}L[\boldsymbol{x}(\tau),\boldsymbol{u}(\tau),\tau]\mathrm{d}\tau=L[\boldsymbol{x}(t+\theta\Delta t),\boldsymbol{u}(t+\theta\Delta t),t+\theta\Delta t]\Delta t,0<\theta<1 \tag{2-48}$$

将式(2-47)和式(2-48)代入式(2-46)可得

$$\begin{aligned}0=\min_{\substack{\boldsymbol{u}(\tau)\\ \tau\in[t,t+\Delta t]}}&\left\{L[\boldsymbol{x}(t+\theta\Delta t),\boldsymbol{u}(t+\theta\Delta t),t+\theta\Delta t]\Delta t\right.\\&\left.+\left[\frac{\partial J^*[\boldsymbol{x}(t),t]}{\partial\boldsymbol{x}(t)}\right]^{\mathrm{T}}\frac{\mathrm{d}\boldsymbol{x}(t)}{\mathrm{d}t}\Delta t+\frac{\partial J^*[\boldsymbol{x}(t),t]}{\partial t}\Delta t+O(\Delta t^2)\right\}\end{aligned} \tag{2-49}$$

式(2-49)除以Δt，并令 $\Delta t\to 0$，可以得到

$$-\frac{\partial J^*[\boldsymbol{x}(t),t]}{\partial t}=\min_{\boldsymbol{u}(t)}\left\{L[\boldsymbol{x}(t),\boldsymbol{u}(t),t]+\left[\frac{\partial J^*[\boldsymbol{x}(t),t]}{\partial\boldsymbol{x}(t)}\right]^{\mathrm{T}}\frac{\mathrm{d}\boldsymbol{x}(t)}{\mathrm{d}t}\right\} \tag{2-50}$$

此方程被称为哈密顿-雅可比-贝尔曼(Hamilton-Jacobi-Bellman)方程，或简称为 HJB 方程。HJB 方程是连续动态规划的基本方程，是包含一个函数方程和偏微分方程的混合方程，往往难以求得其封闭形式的解析解，通常只能求其数值解。

定义哈密顿函数为

$$H\left[\boldsymbol{x}(t),\boldsymbol{u}(t),\frac{\partial J^*[\boldsymbol{x}(t),t]}{\partial\boldsymbol{x}(t)},t\right]=L[\boldsymbol{x}(t),\boldsymbol{u}(t),t]+\left[\frac{\partial J^*[\boldsymbol{x}(t),t]}{\partial\boldsymbol{x}(t)}\right]^{\mathrm{T}}\frac{\mathrm{d}\boldsymbol{x}(t)}{\mathrm{d}t} \tag{2-51}$$

则 HJB 方程可写成如下形式：

$$-\frac{\partial J^*[\boldsymbol{x}(t),t]}{\partial t}=\min_{\boldsymbol{u}(t)}\left\{H\left[\boldsymbol{x}(t),\boldsymbol{u}(t),\frac{\partial J^*[\boldsymbol{x}(t),t]}{\partial\boldsymbol{x}(t)},t\right]\right\} \tag{2-52}$$

其边界条件为

$$J[\boldsymbol{x}(t_f),t_f]=\varPhi[\boldsymbol{x}(t_f),t_f] \tag{2-53}$$

例 2.4 已知二阶无量纲系统的状态方程：

$$\dot{\boldsymbol{x}}(t)=\begin{bmatrix}0&1\\0&0\end{bmatrix}\boldsymbol{x}(t)+\begin{bmatrix}0\\1\end{bmatrix}u(t) \tag{2-54}$$

初始状态为

$$\boldsymbol{x}(0)=\begin{bmatrix}1\\0\end{bmatrix} \tag{2-55}$$

要求确定最优控制 $\boldsymbol{u}^*(t)$，使性能指标：

$$J=\int_0^{\infty}\left\{\boldsymbol{x}^{\mathrm{T}}(t)\begin{bmatrix}2&0\\0&0\end{bmatrix}\boldsymbol{x}(t)+\frac{1}{2}u^2(t)\right\}\mathrm{d}t \tag{2-56}$$

达到极小值。

解：(1) 哈密顿函数：

$$\begin{aligned}H&=L[\boldsymbol{x}(t),u(t),t]+\left[\frac{\partial J^*}{\partial \boldsymbol{u}}\right]^{\mathrm{T}}\boldsymbol{f}[\boldsymbol{x}(t),u(t),t]\\&=\boldsymbol{x}^{\mathrm{T}}(t)\begin{bmatrix}2&0\\0&0\end{bmatrix}\boldsymbol{x}(t)+\frac{1}{2}u^2(t)+\left[\frac{\partial J^*}{\partial \boldsymbol{x}}\right]^{\mathrm{T}}\left\{\begin{bmatrix}0&1\\0&0\end{bmatrix}\boldsymbol{x}(t)+\begin{bmatrix}0\\1\end{bmatrix}u(t)\right\}\end{aligned} \tag{2-57}$$

(2) HJB 方程：

$$\begin{aligned}-\frac{\partial J^*}{\partial t}&=\min_{\boldsymbol{u}(t)}\{H\}\\&=\min_{\boldsymbol{u}(t)}\left\{\frac{1}{2}u^2(t)+\left[\frac{\partial J^*}{\partial \boldsymbol{x}}\right]^{\mathrm{T}}\begin{bmatrix}0\\1\end{bmatrix}u(t)\right\}+\left[\frac{\partial J^*}{\partial \boldsymbol{x}}\right]^{\mathrm{T}}\begin{bmatrix}0&1\\0&0\end{bmatrix}\boldsymbol{x}(t)\\&\quad+\boldsymbol{x}^{\mathrm{T}}(t)\begin{bmatrix}2&0\\0&0\end{bmatrix}\boldsymbol{x}(t)\end{aligned} \tag{2-58}$$

(3) 最优控制方程：

$$\frac{\partial H}{\partial u}=u(t)+\begin{bmatrix}0\\1\end{bmatrix}^{\mathrm{T}}\left[\frac{\partial J^*}{\partial \boldsymbol{x}}\right]=0\Rightarrow u^*(t)=-\begin{bmatrix}0\\1\end{bmatrix}^{\mathrm{T}}\left[\frac{\partial J^*}{\partial \boldsymbol{x}}\right] \tag{2-59}$$

(4) 边界条件：

$$J^*[\boldsymbol{x}(\infty),\infty]=\varPhi[\boldsymbol{x}(\infty),\infty]=0 \tag{2-60}$$

(5) 将最优控制代入 HJB 方程可得

$$\begin{aligned}-\frac{\partial J^*}{\partial t}&=\boldsymbol{x}^{\mathrm{T}}(t)\begin{bmatrix}2&0\\0&0\end{bmatrix}\boldsymbol{x}(t)+\frac{1}{2}\left[\frac{\partial J^*}{\partial \boldsymbol{x}}\right]^{\mathrm{T}}\begin{bmatrix}0\\1\end{bmatrix}[0\quad 1]\frac{\partial J^*}{\partial \boldsymbol{x}}\\&\quad+\left[\frac{\partial J^*}{\partial \boldsymbol{x}}\right]^{\mathrm{T}}\left\{\begin{bmatrix}0&1\\0&0\end{bmatrix}\boldsymbol{x}(t)-\begin{bmatrix}0\\1\end{bmatrix}[0\quad 1]\frac{\partial J^*}{\partial \boldsymbol{x}}\right\}\\&=\boldsymbol{x}^{\mathrm{T}}(t)\begin{bmatrix}2&0\\0&0\end{bmatrix}\boldsymbol{x}(t)+\left[\frac{\partial J^*}{\partial \boldsymbol{x}}\right]^{\mathrm{T}}\begin{bmatrix}0&1\\0&0\end{bmatrix}\boldsymbol{x}(t)-\frac{1}{2}\left[\frac{\partial J^*}{\partial \boldsymbol{x}}\right]^{\mathrm{T}}\begin{bmatrix}0\\1\end{bmatrix}[0\quad 1]\frac{\partial J^*}{\partial \boldsymbol{x}}\end{aligned} \tag{2-61}$$

(6) HJB 方程的求解并无一般解法，对于此例，可以采用试凑法，假设值函数的形

式为关于状态变量的二次函数，即

$$J^* = \boldsymbol{x}^{\mathrm{T}}(t)\boldsymbol{P}\boldsymbol{x}(t) = \boldsymbol{x}^{\mathrm{T}}(t)\begin{bmatrix} p_1 & p_2 \\ p_2 & p_3 \end{bmatrix}\boldsymbol{x}(t) \tag{2-62}$$

式中，$\boldsymbol{P}$ 是一个待定的对称常数矩阵。因此可以得到

$$\begin{cases} \dfrac{\partial J^*}{\partial t} = 0 \\ \dfrac{\partial J^*}{\partial x} = 2\boldsymbol{x}^{\mathrm{T}}(t)\boldsymbol{P} \end{cases} \tag{2-63}$$

将式(2-63)代入式(2-61)可得

$$\begin{aligned} &\boldsymbol{x}^{\mathrm{T}}(t)\begin{bmatrix} 2 & 0 \\ 0 & 0 \end{bmatrix}\boldsymbol{x}(t) + 2\boldsymbol{x}^{\mathrm{T}}(t)\boldsymbol{P}\begin{bmatrix} 0 & 1 \\ 0 & 0 \end{bmatrix}\boldsymbol{x}(t) - 2\boldsymbol{x}^{\mathrm{T}}(t)\boldsymbol{P}\begin{bmatrix} 0 & 0 \\ 0 & 1 \end{bmatrix}\boldsymbol{P}\boldsymbol{x}(t) \\ &= [x_1(t) \quad x_2(t)]\begin{bmatrix} 2(1-p_2^2) & 2(p_1 - p_2 p_3) \\ -2p_2 p_3 & 2p_3^2 \end{bmatrix}\begin{bmatrix} x_1(t) \\ x_2(t) \end{bmatrix} \\ &= 2(1-p_2^2)x_1^2(t) + 2[(p_1 - p_2 p_3) - p_2 p_3]x_1(t)x_2(t) + 2(p_2 - p_3^2)x_2^2(t) \\ &= 0 \end{aligned} \tag{2-64}$$

若要使式(2-64)恒等于零，则其充要条件为

$$\begin{cases} 2(1-p_2^2) = 0 \\ 2(p_1 - p_2 p_3) - 2p_2 p_3 = 0 \\ 2(p_2 - p_3^2) = 0 \end{cases} \tag{2-65}$$

求解上述方程组可以得到

$$(1)\begin{cases} p_1 = 2 \\ p_2 = 1, \\ p_3 = 1 \end{cases} \quad (2)\begin{cases} p_1 = -2 \\ p_2 = 1 \\ p_3 = -1 \end{cases} \tag{2-66}$$

取第(1)组解代入 J^* 可得

$$\begin{aligned} J^*[\boldsymbol{x}(t)] &= \boldsymbol{x}^{\mathrm{T}}(t)\begin{bmatrix} 2 & 1 \\ 1 & 1 \end{bmatrix}\boldsymbol{x}(t) \\ &= [x_1(t) \quad x_2(t)]\begin{bmatrix} 2 & 1 \\ 1 & 1 \end{bmatrix}\begin{bmatrix} x_1(t) \\ x_2(t) \end{bmatrix} \\ &= 2x_1^2(t) + 2x_1(t)x_2(t) + x_2^2(t) \end{aligned} \tag{2-67}$$

由式(2-59)可以得到最优控制为

$$u^*[\boldsymbol{x}(t)] = -[0 \quad 1]\frac{\partial J^*}{\partial \boldsymbol{x}} = -2[x_1(t) + x_2(t)] \tag{2-68}$$

将式(2-68)代入状态方程可以得到

$$\dot{\boldsymbol{x}}(t)=\begin{bmatrix}0 & 1\\ 0 & 0\end{bmatrix}\boldsymbol{x}(t)-2\begin{bmatrix}0\\ 1\end{bmatrix}[1\quad 1]\boldsymbol{x}(t)=\begin{bmatrix}0 & 1\\ -2 & -2\end{bmatrix}\boldsymbol{x}(t) \tag{2-69}$$

其解析解为

$$\boldsymbol{x}^*(t)=\begin{bmatrix}\mathrm{e}^{-t}(\cos t+\sin t)\\ -2\mathrm{e}^{-t}\sin t\end{bmatrix} \tag{2-70}$$

因此最终得到的最优控制为

$$u^*(t)=2\mathrm{e}^{-t}(\sin t-\cos t) \tag{2-71}$$

在上面的求解过程中，没有明显地利用性能指标最优值 J^* 的边界条件(2-60)，但是，可以很容易验证得到的解是满足这一边界条件的。如果取第(2)组解，可以验证该解不满足边界条件。

2.3　最优控制问题求解方法

求解最优控制问题的常见方法主要包括间接法和直接法两类方法，如图 2-2 所示。间接法的基本原理是采用变分法或极大值原理等最优控制理论推导出最优控制问题的一阶必要性条件，进而将弹道优化问题转化成两点或者多点边值问题，最后采用非线性代数方程的数值方法求解。间接法的优点是计算精度高，并且能够满足最优必要性条件。但是间接法存在几个明显的缺点：

(1) 协态没有实际的物理意义，初值难以猜测。

(2) 收敛半径小，最优解对协态初值的敏感度高。

(3) 需要必要条件的解析表达式，对实际的弹道优化问题，动力学方程、路径约束和边界约束的表达式复杂，往往无法求得导数的解析表达式。

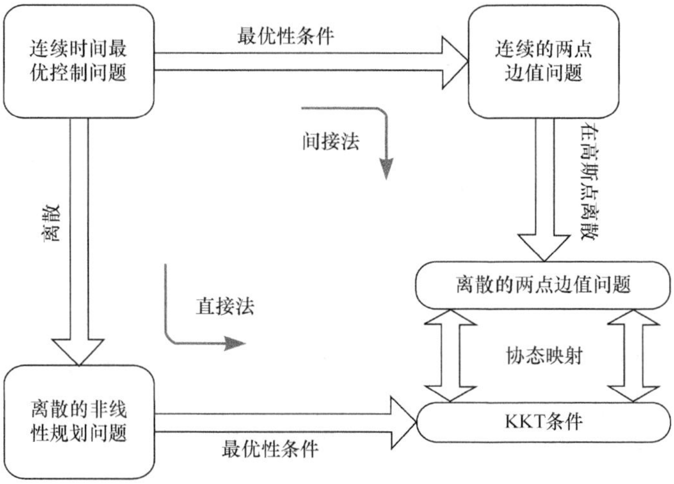

图 2-2　最优控制问题的两种数值求解方法

直接法的基本原理是采用参数化方法将连续的最优控制问题转化成非线性规划

(nonlinear programming，NLP)问题，通过数值方法求解 NLP 问题来获得最优轨迹。直接法根据离散变量的不同，可以分成三种方法：仅离散状态变量的微分包含法，仅离散控制变量的直接打靶法和多重打靶法，同时离散状态变量和控制变量的配点法和伪谱法。直接法具有以下优点：

(1) 不需要推导一阶最优性条件。

(2) 其收敛域相对于间接法更宽广，对初值估计精度要求不高，不需要猜测协态初值，不需要切换结构的先验信息。

其不足之处有以下两点：

(1) 许多直接法不提供主向量信息，因此并不能保证获得的非线性规划解是原最优控制问题的解。

(2) 仅离散控制变量的直接法容易收敛到局部最优解，即最优解依赖于控制变量参数初始猜测值。启发式优化算法具有全局寻优能力，但计算量极大。对于大多数航天器，飞行弹道对控制参数高度敏感，使得基于非线性规划的弹道优化存在困难。

2.4 CasADi 数值优化求解器

CasADi 是一款开源软件包(可通过 https://web.casadi.org 下载)，可用于快速而有效地求解非线性优化问题(尤其是动态优化问题)，其核心代码采用 C++语言编写。CasADi 同时支持 Python、C++、MATLAB 等多种前端语言，并使用 SWIG 工具将前端语言所开发的程序自动生成 C 代码。CasADi 同时支持 Linux、OS X 和 Windows 等操作系统。CasADi 安装成功后，可输入以下代码导入：

```
import casadi.*
```

使用 CasADi 主要包含 3 个步骤：构造变量、构造目标函数和设置求解器。

2.4.1 符号框架

CasADi 的核心是一个自包含的符号框架，其所有的符号表达式都采用稀疏矩阵形式来表示和存储。CasADi 定义的符号类型主要包括 SX、DM 和 MX 三种类型。

1) SX 符号

SX 符号用于表示一类矩阵，其元素是由一元运算和二元运算序列组成的符号表达式组成。一元运算是指从一个已知数得出另一个数的运算，如乘方、开方称为一元运算符；二元运算是指由两个元素形成第三个元素的一种规则，常见的加减乘除就是二元运算符。SX 符号主要构建函数如下所示：

(1) SX.sym(name,n,m)：创建一个 $n\times m$ 符号基元。

(2) SX.zeros(n,m)：创建一个所有元素全为零的 $n\times m$ 稠密矩阵。

(3) SX(n,m)：创建一个所有元素全为零的 $n\times m$ 稀疏矩阵。

(4) SX.ones(n,m)：创建一个包含所有 1 的 $n\times m$ 稠密矩阵。

(5) SX.eye(n)：创建一个 $n \times n$ 对角矩阵，对角线元素为 1，其他元素为结构零。

(6) SX(scalar_type)：使用参数给定的值创建一个标量(1×1 矩阵)，可以显式使用此方法，如 SX(9)；或隐式使用，如 9 × SX.ones(2,2)。

(7) SX(matrix_type)：创建一个给定数值矩阵的矩阵，该数值矩阵为稠密矩阵或稀疏矩阵。例如，SX([1,2,3,4])表示行向量，SX([1;2;3;4])表示列向量，SX([1,2;3,4])表示 2×2 矩阵，该方法可以显式或隐式使用。

(8) repmat(v,n,m)：将表达式 v 垂直方向重复 n 次，水平方向重复 m 次。例如，repmat(SX(3),2,1)创建一个所有元素为 3 的 2×1 矩阵。

使用以下语法创建一个变量 x：

```
x = SX.sym("x");
disp(x)
```

运行后输出结果为

```
x
```

上述代码创建一个 1×1 矩阵，即一个名字为 x 的符号基元(标量)。其只是显示名称，而不是标识符。多个变量可以具有相同的名称，但仍然不同。标识符是返回值。此外，还可以调用函数 SX.sym(带参数)来创建向量或矩阵值符号变量：

```
y = SX.sym('y',5);
z = SX.sym('z',4,2);
disp(y)
disp(z)
```

上述代码分别创建了一个带有符号基元的 5×1 矩阵(向量)和一个带有符号基元的 4×2 矩阵。运行代码后得到输出为

```
[y_0, y_1, y_2, y_3, y_4]

[[z_0, z_4],
 [z_1, z_5],
 [z_2, z_6],
 [z_3, z_7]]
```

SX.sym 是一个(静态)函数，它返回一个 SX 实例。声明变量后，可以以直观的方式形成表达式。例如，下列代码将构建 $f = \sqrt{10 + x^2}$ 的表达式：

```
x = SX.sym('x');
```

```
f = x^2 + 10;
f = sqrt(f);
disp(f)
```

运行后输出结果为

```
sqrt((sq(x)+10))
```

除此之外，CasADi 还可以创建没有符号基元的 SX 常值实例：

```
B1 = SX.zeros(4,5);  % 一个全零的 4×5 稠密空矩阵
B2 = SX(4,5);        % 全零的 4×5 稀疏空矩阵
B4 = SX.eye(4);      % 4×4 稀疏矩阵，对角线为 1
disp(B1)
disp(B2)
disp(B4)
```

输出结果为

```
@1=0,
[[@1, @1, @1, @1, @1],
 [@1, @1, @1, @1, @1],
 [@1, @1, @1, @1, @1],
 [@1, @1, @1, @1, @1]]

[[00, 00, 00, 00, 00],
 [00, 00, 00, 00, 00],
 [00, 00, 00, 00, 00],
 [00, 00, 00, 00, 00]]
@1=1,
[[@1, 00, 00, 00],
 [00, @1, 00, 00],
 [00, 00, @1, 00],
 [00, 00, 00, @1]]
```

注意上述表达式之间的区别：当打印带有结构零(稀疏矩阵中未显式赋值的元素)的表达式时，这些零将表示为 00，以将它们与实际零@1(实际显式赋值的元素，打印后使用@1 来表示 0，以便区分结构零与实际零之间的区别)区分开来。

2) DM 符号

DM 符号与 SX 符号非常相似，不同的是非零元素是数值而不是符号表达式，主要

用于在 CasADi 中存储矩阵以及作为函数的输入和输出。

3) MX 符号

MX 符号类型用于表示通用的符号表达式矩阵，其元素基本运算不限于标量一元运算或二元运算。用于形成 MX 表达式的基本运算可以为通用的多个稀疏矩阵值输入函数，或多个稀疏矩阵值输出函数。

下面通过实例说明 SX 符号与 MX 符号的区别。例如，采用标量表达形式的 SX 符号：

```
x = SX.sym('x',2,2);
y = SX.sym('y');
f = 3*x + y;
disp(f)
disp(f.shape)
```

其运行输出为

```
@1=3,
[[((@1*x_0)+y), ((@1*x_2)+y)],
 [((@1*x_1)+y), ((@1*x_3)+y)]]
(2, 2)
```

此操作的输出是一个 2 × 2 矩阵，其中输出中的第一行@1 = 3 表示第二行中@1 为 3，输出结果意味着 CasADi 为矩阵 $\boldsymbol{f}$ 的每个条目创建了新的表达式(SX 类型)。

如果采用矩阵表达形式 MX 符号，代码为

```
x = MX.sym('x',2,2);
y = MX.sym('y');
f = 3*x + y;
disp(f)
disp(f.shape)
```

其输出为

```
((3*x)+y)
(2, 2)
```

MX 符号允许像 SX 符号一样构建由一系列基本操作组成的表达式。上述两段代码结果相同，MX 符号仅由两个运算(一个乘法和一个加法)组成，而 SX 符号由八个运算(矩阵中每个元素包含两个运算)组成。因此，MX 符号在处理具有许多元素的自然向量或矩阵值的操作时，可能会更经济。

4) SX 和 MX 符号混合

不能将 SX 对象与 MX 对象相乘，也不能执行任何其他操作以将两者混合在同一表达式中，但是却可以在 MX 对象中包括对由 SX 表达式定义的函数的调用。如果需要提升程序的效率，可以混合使用 SX 和 MX，因为由 SX 表达式定义的函数的每个操作的开销要低得多，这使得系统完成一系列标量操作的速度更快。因此，SX 表达式旨在用于低级操作，而 MX 表达式则用于实现复杂的操作，如实现 NLP 的约束函数。

5) 获取和设置矩阵中的元素

要获取或设置 CasADi 矩阵类型(SX、MX 和 DM)中的一个元素或一组元素，在 Python 中使用方括号，在 C++和 MATLAB 中使用圆括号。按照这些语言的惯例，索引在 C++和 Python 中从 0 开始，而在 MATLAB 中从 1 开始。在 Python 和 C++中，负索引指定从末尾开始计数；在 MATLAB 中，使用 end 关键字从末尾开始索引。

MX 支持使用与 SX 相同的语法来获取和设置元素，但是实现方式却大不相同。例如，测试打印 2×2 符号变量左上角的元素：

```
x=SX.sym('x',2,2);
y = MX.sym('y',2,2);
disp(x(1,1))
disp(y(1,1))
```

其运算输出为

```
x_0
y[0]
```

需要注意的是 SX 的输出为第一个(索引 0)矩阵的位置，而 MX 的输出为 x 的第一个(C++中的索引 0)结构上非零元素的表达式。

设置元素时其用法也相似，例如：

```
x = MX.sym('x',2);
A = MX(2,2);
A(1,1) = x(1);
A(2,2) = x(1)+x(2);
display(A)
```

其运算输出为

```
A =
(project((zeros(2x2,1nz)[0] = x[0]))[1] = (x[0]+x[1]))
```

上述代码中建立了一个全零稀疏矩阵 $\boldsymbol{A}$，其中一个元素设置为 x_0，另一个元素设置为 x_0+x_1。

此外，索引可以用一个索引或两个索引来完成。使用两个索引，可以访问特定行(或一组或多行)和特定列(或一组列)。使用一个索引，可以访问一个元素(或一组元素)，从左上角开始，按列到右下角。无论在结构上是否为零，所有元素都被计算在内。例如：

```
M = SX([3,7;4,5]);
disp(M(1,:))
M(1,:) = 1;
disp(M)
```

其运算输出为

```
[[3, 7]]
@1=1,
[[@1, @1],
 [4, 5]]
```

下面详细说明获取和设置矩阵元素。

(1) 单元素访问，通过提供行列对或其展开索引(从矩阵的左上角开始逐列)来获取或设置。例如：

```
M = diag(SX([3,4,5,6]));
disp(M)
disp(M(1,1))
disp(M(2,1))
disp(M(end,end))
```

其运算输出为

```
[[3, 00, 00, 00],
 [00, 4, 00, 00],
 [00, 00, 5, 00],
 [00, 00, 00, 6]]
3
00
6
```

(2) 片段访问，一次可设置多个元素。这比一次设置一个元素要高效得多。可以通过提供(start, stop, step)元组来获取或设置片段。在 MATLAB 中，CasADi 使用标准语法：

```
disp(M(:,2))
```

```
disp(M(2:end,2:2:4))
```

其运算输出为

```
[00, 4, 00, 00]


[[4, 00],
 [00, 00],
 [00, 6]]
```

(3) 列表访问，类似于片段访问，但效率降低。例如：

```
M = SX([3,7,8,9;4,5,6,1]);
disp(M)
disp(M(1,[1,4]))
```

其运算输出为

```
[[3, 7, 8, 9],
 [4, 5, 6, 1]]
[[3, 9]]
```

6) 稀疏类

CasADi 中的矩阵使用压缩列存储(compressed column storage，CCS)格式进行存储。这是稀疏矩阵的标准格式，允许有效执行线性代数运算，如逐元素运算、矩阵乘法和转置。在 CCS 格式中，稀疏模式使用维度(行数和列数)和两个向量进行解码。第一个向量包含每列的第一个结构上非零元素的索引，第二个向量包含每个非零元素的行索引。CCS 格式中使用 3 个向量来表示稀疏矩阵：

(1) values：按照列优先取非 0 数值，形成数组或向量。

(2) row_index：记录非 0 数值在矩阵中的行索引(0-based index)。

(3) col_ptr：记录矩阵每列的首位非 0 数值在 values 中的索引，其最后一个是 values 的维数。

以下列稀疏矩阵为例：

$$\begin{bmatrix} 11 & 0 & 13 & 17 \\ 0 & 0 & 19 & 0 \\ 0 & 23 & 27 & 0 \end{bmatrix} \tag{2-72}$$

采用 CCS 格式，则可以使用下列 3 个向量表示。

(1) values：[11, 23, 13, 19, 27, 17]。

(2) row_index：[0, 2, 0, 1, 2, 0]。

(3) col_ptr：[0, 1, 2, 5, 6]。其中，矩阵每列的首位非 0 数值为 11、23、13、17，其

在 values 的索引分别是 0、1、2、5；values 的维数为 6。

CasADi 对稀疏矩阵和稠密矩阵均使用 CCS 格式。CasADi 中的稀疏模式存储为 Sparsity 类的实例，该类是引用计数的，这意味着多个矩阵可以共享相同的稀疏模式，包括 MX 表达式及 SX 和 DM 的实例。稀疏类也被缓存，这意味着总是避免创建相同稀疏模式的多个实例。

构建新的稀疏模式常用方法如下。

(1) Sparsity.dense(n,m)：创建一个稠密的 $n \times m$ 稀疏模式。

(2) Sparsity(n,m)：创建一个稀疏的 $n \times m$ 稀疏模式。

(3) Sparsity.diag(n)：创建对角线 $n \times n$ 稀疏模式。

(4) Sparsity.upper(n)：创建一个上三角 $n \times n$ 稀疏模式。

(5) Sparsity.lower(n)：创建一个下三角 $n \times n$ 稀疏模式。

稀疏类可用于创建非标准矩阵，例如：

```
disp(SX.sym('x',Sparsity.lower(3)))
```

其运算输出为

```
[[x_0, 00, 00],
 [x_1, x_3, 00],
 [x_2, x_4, x_5]]
```

7) 算术运算

CasADi 支持大多数标准算术运算，如加法、乘法、幂、三角函数等。以加法运算为例：

```
x = SX.sym('x');
y = SX.sym('y',2,2);
disp(sin(y)-x)
```

其运算输出为

```
[[(sin(y_0)-x), (sin(y_2)-x)],
 [(sin(y_1)-x), (sin(y_3)-x)]]
```

除标准外，CasADi 同样支持 reshape、vertcat、horzcat、dot 等运算。例如，reshape 运算的主要功能是改变行数和列数，但保留元素数和非零元素的相对位置。这是一个计算成本非常低的操作，它使用以下语法执行：

```
x = SX.eye(4);
reshape(x,2,8)
```

其运算输出为

```
ans =

@1=1,
[[@1, 00, 00, 00, 00, @1, 00, 00],
 [00, 00, @1, 00, 00, 00, 00, @1]]
```

8) 查询属性

可以通过调用适当的成员函数来检查矩阵或稀疏模式是否具有特定属性。查询某个矩阵 ***A*** 的属性常用的操作如下：

(1) ***A***.size1()：行数。

(2) ***A***.size2()：列数。

(3) ***A***.size()：(行数，列数)。

(4) ***A***.numel()：元素个数，即 nrow × ncol。

(5) ***A***.nnz()：结构上非零元素的数量，如果密集，则等于 ***A***.numel()。

(6) ***A***.sparsity()：检索对稀疏模式的引用。

(7) ***A***.is_dense()：是否是一个稠密矩阵，即是否没有结构零？

(8) ***A***.is_scalar()：是否为标量？

(9) ***A***.is_column()：是否为一个向量，即维度为 n : 1？

(10) ***A***.is_square()：是否是方阵？

(11) ***A***.is_triu()：是否是上三角矩阵？

(12) ***A***.is_constant()：矩阵项是否都是常数？

(13) ***A***.is_integer()：矩阵项是否都是整数？

例如，查询矩阵大小：

```
y = SX.sym('y',10,1);
y.size()
```

其运算输出为

```
ans =
    10     1
```

9) 线性代数

CasADi 支持有限数量的线性代数运算。例如，对于线性方程组的解：

```
A = MX.sym('A',3,3);
b = MX.sym('b',3);
disp(A\b)
```

其运算输出为

```
(A\b)
```

10) 微积分–自动微分

CasADi 最核心的功能是自动微分。对于函数 $f:\mathbb{R}^N \to \mathbb{R}^M$：

$$y = f(x) \tag{2-73}$$

前向模式方向导数定义为

$$\hat{y} = \frac{\partial f}{\partial x}\hat{x} \tag{2-74}$$

反向模式方向导数定义为

$$\bar{x} = \left(\frac{\partial f}{\partial x}\right)^{\mathrm{T}} \bar{y} \tag{2-75}$$

CasADi 还能够有效地生成完整的、稀疏的雅可比矩阵。其算法非常复杂，但基本上包括以下步骤：

(1) 自动检测雅可比矩阵的稀疏模式；

(2) 使用图着色技术找到构建完整雅可比矩阵所需的方向导数；

(3) 以数字或符号方式计算方向导数；

(4) 计算雅可比矩阵。

例如，可通过以下代码计算雅可比矩阵的表达式：

```
A = SX.sym('A',3,2);
x = SX.sym('x',2);
jacobian(A*x,x)
```

其运算输出为

```
ans =
[[A_0, A_3],
 [A_1, A_4],
 [A_2, A_5]]
```

对于计算雅可比乘法向量乘积，执行前向模式自动微分的 jtimes 函数通常比创建完整雅可比矩阵和执行矩阵向量乘法更有效。例如：

```
A = [1 3;4 7;2 8];
x = SX.sym('x',2);
v = SX.sym('v',2);
f = A*x;
```

```
jtimes(f,x,v)
```

其运算输出为

```
ans =
[(v_0+(3*v_1)), ((4*v_0)+(7*v_1)), ((2*v_0)+(8*v_1))]
```

jtimes 函数也可以通过设置计算转置雅可比次向量乘积，即反向模式自动微分。例如：

```
w = SX.sym('w',3);
f = A*x;
jtimes(f,x,w,true)
```

其运算输出为

```
ans =
[(((2*w_2)+(4*w_1))+w_0), (((8*w_2)+(7*w_1))+(3*w_0))]
```

2.4.2 函数对象

CasADi 允许用户创建函数对象，包括由符号表达式定义的函数、ODE/DAE 积分器、QP 求解器、NLP 求解器等。函数对象通常使用以下语法创建：

```
f = Function(name, arguments, ..., [options])
```

其中，输入参数 name 为函数名，将在错误消息或生成 C 代码的注释中显示。

函数可以通过传递输入表达式列表和输出表达式列表来构造。例如：

```
x = SX.sym('x',2);
y = SX.sym('y');
f = Function('f',{x,y},...
        {x,sin(y)*x});
disp(f)
```

其运算输出为

```
f:(i0[2],i1)->(o0[2],o1[2]) SXFunction
```

上述代码定义了函数 $f:\mathbb{R}^2\times\mathbb{R}\rightarrow\mathbb{R}^2\times\mathbb{R}^2$，$(x,y)\mapsto(x,\sin(y)x)$。需要注意的是，CasADi 中的所有函数对象都是多矩阵值输入和多矩阵值输出。

基于 MX 符号定义函数对象方式与上述 SX 构造类似。例如：

```
x = MX.sym('x',2);
y = MX.sym('y');
f = Function('f',{x,y},...
        {x,sin(y)*x});
disp(f)
```

其运算输出为

```
f:(i0[2],i1)->(o0[2],o1[2]) MXFunction
```

分析上述输出结果可见，函数的输入参数名为 i0 和 i1，输出参数名为 o0 和 o1。为便于记忆和调用，一般建议按以下方式命名输入参数和输出参数：

```
f = Function('f',{x,y},...
     {x,sin(y)*x},...
     {'x','y'},{'r','q'});
disp(f)
```

上述代码定义了输入参数名为 x 和 y，输出参数名为 r 和 q。其运算输出为

```
f:(x[2],y)->(r[2],q[2]) MXFunction
```

1) 调用函数对象

调用函数对象既是为了数值计算，又是为了通过传递符号参数，将函数对象的调用嵌入表达式中。

调用函数对象主要有以下几种方式：

(1) 按参数定义顺序调用。例如：

```
[r0, q0] = f(1.1,3.3);
disp(r0)
disp(q0)
```

其运算输出为

```
[1.1, 1.1]
[-0.17352, -0.17352]
```

(2) 按参数名调用。例如：

```
res = f('x',1.1,'y',3.3);
```

```
disp(res)
```

其运算输出为

```
    q: [2 × 1 casadi.DM]
    r: [2 × 1 casadi.DM]
```

当函数对象的输入参数维数较大或变更时，可采用 call 函数调用。例如：

```
arg = {1.1,3.3};
res = f.call(arg);
disp(res)
arg = struct('x',1.1,'y',3.3);
res = f.call(arg);
disp(res)
```

其运算输出为

```
    [2 × 1 casadi.DM]    [2 × 1 casadi.DM]
    q: [2 × 1 casadi.DM]
    r: [2 × 1 casadi.DM]
```

2) MX 转换为 SX

由 MX 定义的函数对象仅包含内置操作(如加法、平方根、矩阵乘法和 SX 函数调用等元素操作)，为加快速度，可以使用以下语法转换为纯粹由 SX 定义的函数：

```
SX_function = MX_function.expand()
```

3) 非线性求根问题

考虑以下方程组：

$$\begin{cases} g_0(z,x_1,x_2,\cdots,x_n)=0 \\ g_1(z,x_1,x_2,\cdots,x_n)=y_1 \\ \qquad\vdots \\ g_m(z,x_1,x_2,\cdots,x_n)=y_m \end{cases} \tag{2-76}$$

式中，z 是 $x_1,x_2,\cdots,x_n$ 的函数，由第一个等式确定；其余方程定义辅助输出 $y_1,y_2,\cdots,y_m$。

使用 CasADi 定义函数 $G:\{z_{\text{guess}},x_1,x_2,\cdots,x_n\}\to\{z,y_1,y_2,\cdots,y_m\}$，其中初始猜想的不同可能会导致所求的解也不相同。考虑 $n=m=1$ 的简单例子：

```
z = SX.sym('x',1);
```

```
x = SX.sym('x',1);
g0 = sin(x+z);
g1 = cos(x-z);
g = Function('g',{z,x},{g0,g1});
G = rootfinder('G','newton',g);
disp(G)
```

其运算输出为

```
G:(i0,i1)->(o0,o1) Newton
```

4) 非线性规划问题

考虑以下非线性规划问题：

$$\begin{cases} \min\limits_{x} & f(x,p) \\ \text{s.t.} & x_{\text{lb}} \leqslant x \leqslant x_{\text{ub}} \\ & g_{\text{lb}} \leqslant g(x,p) \leqslant g_{\text{ub}} \end{cases} \tag{2-77}$$

式中，x 是求解变量；p 是已知参数。

CasADi 支持多个 NLP 求解器，其中最受欢迎的是 IPOPT。IPOPT 是一种开源的对偶内点方法，包含在 CasADi 安装中。无论使用何种 NLP 求解器，CasADi 都会自动生成求解 NLP 所需的信息，这些信息可能取决于求解器和选项。通常，NLP 求解器需要一个函数，该函数给出约束函数的雅可比矩阵和拉格朗日函数的 Hessian 矩阵 $L(x,\lambda)=f(x)+\lambda^{\text{T}}g(x)$。

NLP 求解器是使用 CasADi 的 nlpsol 函数创建的。不同的求解器和接口作为插件实现。以 Rosenbrock 问题为例：

$$\begin{cases} \min & x^2+100z^2 \\ \text{s.t.} & z+(1-x)^2-y=0 \end{cases} \tag{2-78}$$

设置 IPOPT 求解器求解上述问题，代码如下：

```
x = SX.sym('x');
y = SX.sym('y');
z = SX.sym('z');
nlp = struct('x',[x;y;z], 'f',x^2+100*z^2, 'g',z+(1-x)^2-y);
S = nlpsol('S', 'ipopt', nlp);
disp(S)
```

其运算输出为

```
S:(x0[3],p[],lbx[3],ubx[3],lbg,ubg,lam_x0[3],lam_g0)->(x[3],f,
```

```
g,lam_x[3],lam_g,lam_p[]) IpoptInterface
```

创建求解器后，取初始猜想为[2.5,3.0,0.75]，求解上述非线性规划问题，求解代码如下：

```
r = S('x0',[2.5,3.0,0.75],...
     'lbg',0,'ubg',0);
x_opt = r.x;
disp(x_opt)
```

其运算输出为

```
[0, 1, 0]
```

[0, 1, 0]就是所求解的上述非线性规划问题的最优值。

2.4.3 生成 C 代码

CasADi 中函数对象的数值计算通常发生在虚拟机中，作为 CasADi 符号框架的部分实现。除此之外，CasADi 还支持为大量函数对象子集生成自包含的 C 代码。之所以将 MATLAB、Python 等所编写的程序转换为 C 代码，其主要原因如下：

(1) 加快计算评估时间。根据经验，使用自动生成 C 代码的数值仿真计算时间比在 CasADi 的虚拟机中执行相同代码快 4～10 倍。

(2) 允许在未安装 CasADi 的系统上编译代码，如嵌入式系统。编译生成的代码所需要的只是一个 C 代码编译器。

1) 生成代码的语法

函数对象自动生成 C 代码的实现方式非常简单，只需简单调 generate 成员函数。例如：

```
x = MX.sym('x',2);
y = MX.sym('y');
f = Function('f',{x,y},...
     {x,sin(y)*x},...
     {'x','y'},{'r','q'});
f.generate('gen.c');
type('gen.c')
```

通过 generate 函数所生成 C 代码文件 gen.c 中包含了函数 f 及其所有依赖项和所需辅助函数。如果要生成包含多个 CasADi 函数对象的 C 文件，可调用 CodeGenerator 类来实现。例如：

```
f = Function('f',{x},{sin(x)});
g = Function('g',{x},{cos(x)});
C = CodeGenerator('gen.c');
C.add(f);
C.add(g);
C.generate();
```

generate 函数和 CodeGenerator 构造函数都有可选项输入参数，允许自定义代码生成。两个有用的可选参数是 main 和 mex，分别定义为生成主函数入口点和 mexFunction 入口点，以实现分别从命令行和 MATLAB 中调用。例如：

```
f = Function('f',{x},{sin(x)});
opts = struct('main', true,...
              'mex', true);
f.generate('gen.c',opts);
```

2) 使用自动生成代码

生成的 C 代码可以以多种不同的方式使用：

(1) 可以将代码编译成动态链接库，Function 使用 CasADi 的 external 函数可以从中创建实例。

(2) 生成的代码可以编译成 mex 函数并在 MATLAB 中执行。

(3) 生成的代码可以从命令行执行。

(4) 可以静态或动态地将生成的代码集成到 C/C++应用程序，并通过接口函数进行调用。

下面介绍从 MATLAB 调用生成代码的方式。首先采用 MATLAB 的 mex 函数将所生成的 C 代码编译成 mex 文件，然后便可以直接调用。例如：

```
mex gen.c -largeArrayDims
disp(gen('f', 3.14))
```

得到结果为

```
   0.0016
```

2.4.4　DaeBuilder 类

CasADi 中的 DaeBuilder 类为求解复杂动力学系统最优控制问题的辅助类，是物理建模语言的低端替代品，但仍然比直接使用 CasADi 符号表达式级别更高。它的另一个重要用途是提供物理建模语言和软件的接口，并成为开发特定领域建模环境的构建模块。

使用 DaeBuilder 类主要包括以下几个步骤：

(1) 逐步构建微分代数方程(DAE)的结构化系统。

(2) 重新对 DAE 进行符号表示。

(3) 生成一组选定的 CasADi 函数，用于最优控制或 C 代码生成。

DaeBuilder 类的输入表达式主要如下。

(1) t：时间。

(2) c：常数。

(3) p：独立参数。

(4) d：非独立参数。

(5) u：控制变量。

(6) x：微分状态变量，由显式常微分方程(ODE)定义。

(7) s：微分状态变量，由隐式常微分方程定义。

(8) sdot：时间导数隐式定义的微分状态 $\dot{s}$ 。

(9) z：代数变量，由代数方程定义。

(10) q：状态积分。

(11) w：局部变量。

(12) y：输出变量。

DaeBuilder 类的输出表达式主要如下。

(1) ddef：用于计算 d 的显式表达式。

(2) wdef：用于计算 w 的显式表达式。

(3) ode：显式 ODE 右侧 $\dot{x}=\mathrm{ode}(t,w,x,s,z,u,p,d)$ 。

(4) dae：隐式 ODE 右侧 $\mathrm{dae}(t,w,x,s,z,u,p,d,\dot{s})=0$ 。

(5) alg：代数方程 $\mathrm{alg}(t,w,x,s,z,u,p,d)=0$ 。

(6) quad：积分方程 $\dot{q}=\mathrm{quad}(t,w,x,s,z,u,p,d)$ 。

(7) ydef：用于计算 y 的显式表达式。

下面通过简单的例子说明如何构建 DaeBuilder 类实例。考虑一个简单的受控运载火箭动力学模型：

$$\begin{cases}\dot{h}(t)=v(t)\\ \dot{v}(t)=[u(t)-av^2(t)]/m(t)-g\\ \dot{m}(t)=-bu^2(t)\\ h(0)=0,\quad v(0)=0,\quad m(0)=1\end{cases} \tag{2-79}$$

式中，h、v、m 三个状态分别对应于高度、速度和质量；u 是火箭的推力；a 和 b 都为给定参数。

要为此问题构建 DAE 公式，需要从一个空 DaeBuilder 类实例开始，然后按如下方式逐步添加输入表达式和输出表达式：

```
dae = DaeBuilder;
```

```
% 添加输入表达式
a = dae.add_p('a');
b = dac.add_p('b');
u = dae.add_u('u');
h = dae.add_x('h');
v = dae.add_x('v');
m = dae.add_x('m');
g = 9.81; % Constants
% 添加输出表达式
hdot = v;
vdot = (u-a*v^2)/m-g;
mdot = -b*u^2;
dae.add_ode('hdot', hdot);
dae.add_ode('vdot', vdot);
dae.add_ode('mdot', mdot);
% 设置初始状态
dae.set_start('h', 0);
dae.set_start('v', 0);
dae.set_start('m', 1);
% 添加元信息
dae.set_unit('h','m');
dae.set_unit('v','m/s');
dae.set_unit('m','kg');
% 建立 ode 输出表达式
f = dae.create('f',...
    {'x','u','p'},{'ode'});
disp(f)
```

其运算输出为

```
f:(x[3],u,p[3])->(ode[3]) MXFunction
```

2.4.5　最优控制问题求解

下面介绍基于 CasADi 来求解最优控制问题。

例 2.5　已知无量纲二阶线性系统的微分方程为

$$\begin{cases}\dot{x}_0(t)=[1-x_1^2(t)]x_0(t)-x_1(t)+u(t)\\ \dot{x}_1(t)=x_0(t)\end{cases} \tag{2-80}$$

其初始条件为

$$x_0(0)=0,\quad x_1(0)=1 \tag{2-81}$$

不等式约束为

$$-1.0 \leqslant u(t) \leqslant 1.0 \tag{2-82}$$

其二次型性能指标为

$$J=\int_0^T [x_0^2(t)+x_1^2(t)+u^2(t)]\mathrm{d}t \tag{2-83}$$

求使性能指标为极小值时的最优控制。

采用直接单步打靶法的 CasADi 求解代码如下：

```
import casadi.*
T = 10;
N = 20;
% 模型变量声明
x0 = SX.sym('x0');
x1 = SX.sym('x1');
x = [x0; x1];
u = SX.sym('u');
% 模型方程
xdot = [(1-x1^2)*x0 - x1 + u; x0];
% 性能指标
L = x0^2 + x1^2 + u^2;
% 建立离散形式方程
if false
   dae = struct('x',x,'p',u,'ode',xdot,'quad',L);
   opts = struct('tf',T/N);
   F = integrator('F', 'cvodes', dae, opts);
else
   % 定步长 4 阶 Runge-Kutta 积分器
   M = 5;
   DT = T/N/M;
   f = Function('f', {x, u}, {xdot, L});
   X0 = MX.sym('X0', 2);
   U = MX.sym('U');
   X = X0;
   Q = 0;
   for j=1:M
```

```
        [k1, k1_q] = f(X, U);
        [k2, k2_q] = f(X + DT/2 * k1, U);
        [k3, k3_q] = f(X + DT/2 * k2, U);
        [k4, k4_q] = f(X + DT * k3, U);
        X=X+DT/6*(k1 +2*k2 +2*k3 +k4);
        Q = Q + DT/6*(k1_q + 2*k2_q + 2*k3_q + k4_q);
    end
    F = Function('F', {X0, U}, {X, Q}, {'x0','p'}, {'xf', 'qf'});
end
Fk = F('x0',[0.2; 0.3],'p',0.4);
disp(Fk.xf)
disp(Fk.qf)
 % 定义空问题
w={};
w0 = [];
lbw = [];
ubw = [];
J = 0;
 % 定义非线性规划问题
Xk = [0; 1];
for k=0:N-1
    % New NLP variable for the control
    Uk = MX.sym(['U_' num2str(k)]);
    w = {w{:}, Uk};
    lbw = [lbw, -1];
    ubw = [ubw,  1];
    w0 = [w0,  0];
    Fk = F('x0',Xk,'p', Uk);
    Xk = Fk.xf;
    J=J+Fk.qf;
end
% 设置非线性规划问题求解器
prob = struct('f', J, 'x', vertcat(w{:}));
solver = nlpsol('solver', 'ipopt', prob);
% 求解非线性规划问题
sol = solver('x0', w0, 'lbx', lbw, 'ubx', ubw);
w_opt = full(sol.x);
 % 画图
```

```
u_opt = w_opt;
x_opt = [0;1];
for k=0:N-1
    Fk = F('x0', x_opt(:,end), 'p', u_opt(k+1));
    x_opt = [x_opt, full(Fk.xf)];
end
x1_opt = x_opt(1,:);
x2_opt = x_opt(2,:);
tgrid = linspace(0, T, N+1);
hold on
plot(tgrid, x1_opt, 'b--')
plot(tgrid, x2_opt, 'm:')
stairs(tgrid, [u_opt; nan], 'r-')
xlabel('t')
legend('x_0','x_1','u')
```

CasADi 直接单步打靶法求解最优控制问题仿真曲线如图 2-3 所示。

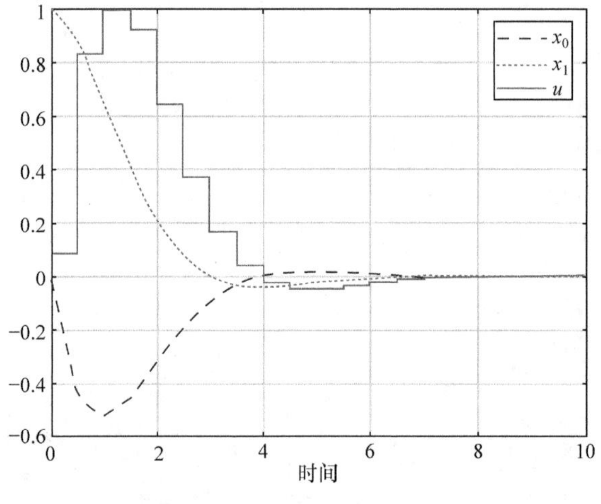

图 2-3　CasADi 直接单步打靶法求解最优控制问题仿真曲线

除直接法外，也可以通过间接法将最优控制问题转换为两点边值问题进行求解。基于 CasADi 得到的两点边值问题及求解代码如下：

```
import casadi.*
% 声明状态变量
x0=SX.sym('x0');
x1=SX.sym('x1');
x = [x0;x1];
```

```
% 声明控制变量
u = SX.sym('u');
% ODE 右侧表达式
xdot = vertcat((1 - x1*x1)*x0 - x1 + u, x0);
% 性能指标
L = x0*x0 + x1*x1 + u*u;
% 声明协态变量
lam = SX.sym('lam',2);
% 第一步：写出哈密顿函数
H = dot(lam,xdot) + L;
% 第二步：得到协态方程
ldot = -gradient(H,x);
disp(['Hamiltonian: ',str(H)]);
% H is of a convex quadratic form in u: H = u*u + p*u + q, let's
get the coefficient p
p = gradient(H,u);      % this gives us 2*u + p
p = substitute(p,u,0); % replace u with zero: gives us p
% 第三步：得到最优控制
u_opt = -p/2;
% 控制不等式约束
u_opt = fmin(u_opt,1.0);
u_opt = fmax(u_opt,-1);
disp(['optimal control: ',str(u_opt)])
% 第四步：列出两点边值问题
f = [xdot;ldot];
f = substitute(f,u,u_opt);
% 声明函数
u_fcn = Function('ufcn', {[x;lam]}, {u_opt});
dae = struct('x',[x;lam], 'ode',f);
% 状态和协态变量维数
nX = 4;
% 终端
tf = 10.0;
% 打靶法离散点数
num_nodes = 20;
% 设置积分器
iopts = struct;
iopts.abstol = 1e-8; % abs. tolerance
```

```
iopts.reltol = 1e-8; % rel. tolerance
iopts.t0 = 0.0;
iopts.tf = tf/num_nodes;
I = integrator('I', 'cvodes', dae, iopts);X = MX.sym('X',nX,
num_nodes+1);
% 建立求根问题
G = {};
G{end+1} = X(1:2,1) - [0;1];
for k = 1:num_nodes
  XF = getfield(I('x0',X(:,k)),'xf');
  G{end+1} = XF-X(:,k+1);
end
G{end+1} = X(3:4,num_nodes+1) - [0;0];
rfp = struct('x',vec(X),'g',vertcat(G{:}));
% 选择求根问题的求解器
Solver = 'nlpsol';
% 求解器选项
opts = struct;
if Solver=='nlpsol',
    opts.nlpsol = 'ipopt';
    opts.nlpsol_options.ipopt.hessian_approximation = 'limited-
memory';
elseif Solver=='newton',
    opts.linear_solver = 'csparse';
elseif Solver=='kinsol',
    opts.linear_solver_type = 'user_defined';
    opts.linear_solver = 'csparse';
    opts.max_iter = 1000;
end
solver = rootfinder('solver', Solver, rfp, opts);
% 求解
X_sol = getfield(solver('x0',0),'x');
tgrid = linspace(0,tf,100);
simulator = integrator('simulator', 'cvodes', dae, struct('grid',
tgrid,'output_t0',true));
% 获取仿真轨迹
sol = full(getfield(simulator('x0',X_sol(1:4)),'xf'));
% 求解最优控制
```

```
u_opt = full(u_fcn(sol));
% 画图
figure();
hold on
plot(tgrid, sol(1,:)', 'b--');
plot(tgrid, sol(2,:)', 'm:');
plot(tgrid, u_opt', 'r-');
xlabel('time');
legend('x_0','x_1','u');
grid on;
```

CasADi 间接法求解最优控制问题仿真曲线如图 2-4 所示。

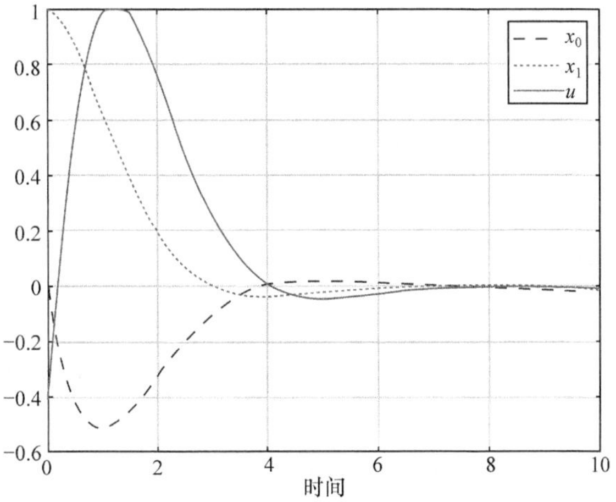

图 2-4　CasADi 间接法求解最优控制问题仿真曲线

2.4.6　Opti stack 辅助类

采用 CasADi 符号基元建立非线性规划问题和最优控制问题过程比较繁琐，因此 CasADi 提供了一个 Opti stack 辅助类，以降低建模难度和减少重复性工作。下面举例说明 Opti stack 辅助类的使用方式。

例 2.6　求解下列非线性规划问题：

$$\begin{cases} \min & (y-x^2)^2 \\ \text{s.t.} & x^2+y^2=1 \\ & x+y\geqslant 1 \end{cases} \tag{2-84}$$

CasADi 求解代码如下：

```
opti = casadi.Opti();
```

```
x = opti.variable();
y = opti.variable();
opti.minimize(  (y-x^2)^2   );
opti.subject_to( x^2+y^2==1 );
opti.subject_to( x+y>=1 );
opti.solver('ipopt');
sol = opti.solve();
sol.value(x)
sol.value(y)
```

其运算输出为

```
ans =
   0.7862
ans =
   0.6180
```

所求解的最优解为 $x^*=0.7862$ ， $y^*=0.6180$ 。

2.4.7 二次开发软件包

直接采用 CasADi 符号基元求解最优控制问题过程较为复杂。尽管 CasADi 本身没有提供类似 Opti stack 的辅助类来加快最优控制问题的建模与求解，但有多个基于 CasADi 的二次开发开源软件包已提供了类似功能，如基于直接法的数值优化软件包 Yop(可通过 https://www.yoptimization.com/下载)。采用 Yop 软件求解例 2.2 代码如下：

```
exampleSystem = YopSystem(...
   'states', 2, ...
   'controls', 1, ...
   'model', @exampleModel ...
   );
time = exampleSystem.t;
y = exampleSystem.y;
ocp = YopOcp();
ocp.min({ timeIntegral( y.x0^2+y.x1^2+y.u^2 ) });
ocp.st(...
   'systems', exampleSystem, ...
   ... % 初始条件
   {  0  '==' t_0( time ) }, ...
   {  0  '==' t_0( y.x0 ) }, ...
```

```
    {  1  '==' t_0( y.x1) }, ...
    ... % 终端条件
    {  10  '==' t_f( time ) }, ...
    ... % 约束
    { -1   '<='  y.u   '<=' 1  } ...
    );
 % 求解最优控制问题
sol = ocp.solve('controlIntervals', 20);
% 画图
sol.plot(time, y.x0, '--')
hold on
sol.plot(time, y.x1, '-')
hold on
sol.stairs(time, y.u, '-.')
xlabel('t')
legend('x_0','x_1','u')

function [dx, y] = exampleModel(time, state, control)
   x0 = state(1);
   x1 = state(2);
   u = control;
   dx = [(1-x1^2)*x0-x1+u; x0];
   y.x0 = x0;
   y.x1 = x1;
   y.u = u;
end
```

Yop 求解最优控制问题仿真曲线如图 2-5 所示。通过对比图 2-3 和图 2-5 可以发现，基于 CasADi 和 Yop 所求得的仿真曲线一致。

例 2.7　无量纲 Bryson-Denham 问题描述如下：

$$\min \quad J=\frac{1}{2}\int_0^1 a^2(t)\mathrm{d}t \tag{2-85}$$

$$\begin{cases}\dot{v}(t)=a(t)=u(t)\\ \dot{x}(t)=v(t)\end{cases} \tag{2-86}$$

其初始约束和终端约束为

$$v(0)=-v(1)=1, \quad x(0)=x(1)=0 \tag{2-87}$$

状态不等式约束为

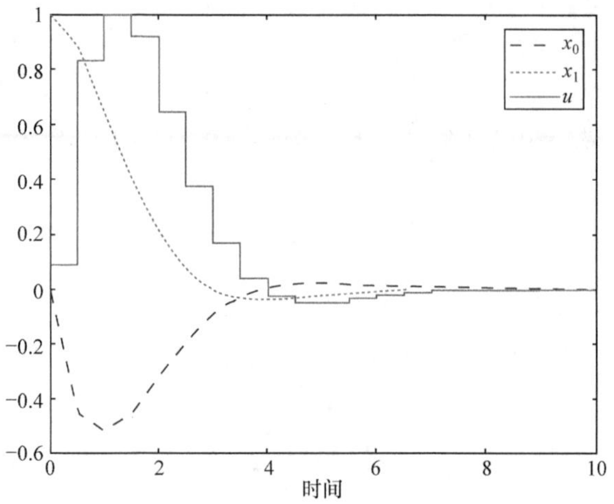

图 2-5 Yop 求解最优控制问题仿真曲线

$$x(t) \leqslant l = \frac{1}{9} \tag{2-88}$$

性能指标为能量最优，即

$$\min \quad J = \frac{1}{2}\int_0^1 a^2(t)\mathrm{d}t \tag{2-89}$$

Yop 软件求解上述最优控制问题的代码如下所示：

```
bdSystem = YopSystem(...
    'states', 2, ...
    'controls', 1, ...
    'model', @trolleyModel ...
    );
time = bdSystem.t;
trolley = bdSystem.y;
ocp = YopOcp();
ocp.min({ timeIntegral( 1/2*trolley.acceleration^2 ) });
ocp.st(...
    'systems', bdSystem, ...
    ... % 初始条件
    {  0  '==' t_0( trolley.position ) }, ...
    {  1  '==' t_0( trolley.speed    ) }, ...
    ... % 终端条件
    {  1  '==' t_f( time ) }, ...
    {  0  '==' t_f( trolley.position ) }, ...
    { -1  '==' t_f( trolley.speed    ) }, ...
    ... % 约束
```

```
    { 1/9 '>=' trolley.position        } ...
    );
% 求解最优控制问题
sol = ocp.solve('controlIntervals', 20);
% 画图
figure(1)
subplot(211); hold on
sol.plot(time, trolley.position)
xlabel('时间')
ylabel('位置')
subplot(212); hold on
sol.plot(time, trolley.speed)
xlabel('时间')
ylabel('速度')
figure(2); hold on
sol.stairs(time, trolley.acceleration)
xlabel('时间')
ylabel('加速度 (控制)')

function [dx, y] = trolleyModel(time, state, control)
position = state(1);
speed = state(2);
acceleration = control;
dx = [speed; acceleration];
y.position = position;
y.speed = speed;
y.acceleration = acceleration;
end
```

Yop 求解 Bryson-Denham 问题的数值仿真曲线如图 2-6 和图 2-7 所示。Yop 软件包的使用方法和具体细节可参考 https://www.yoptimization.com/，由于篇幅限制，本书中不再赘述。

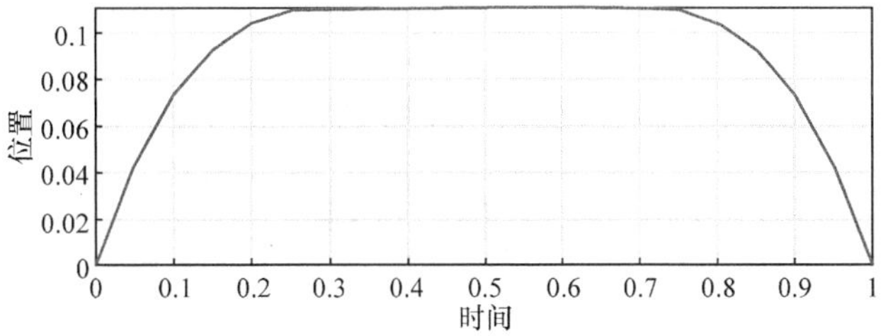

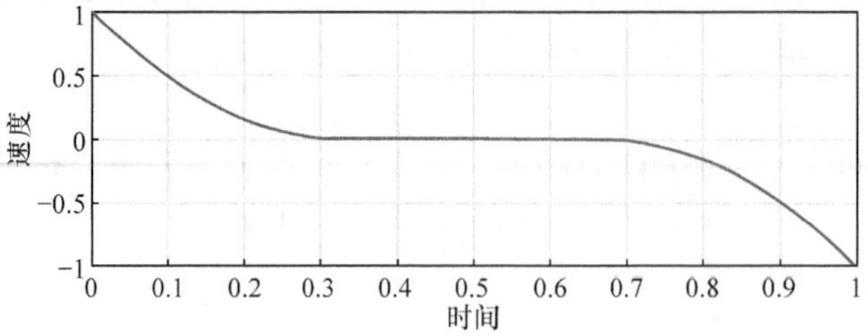

图 2-6 Yop 求解 Bryson-Denham 问题的最优状态仿真曲线

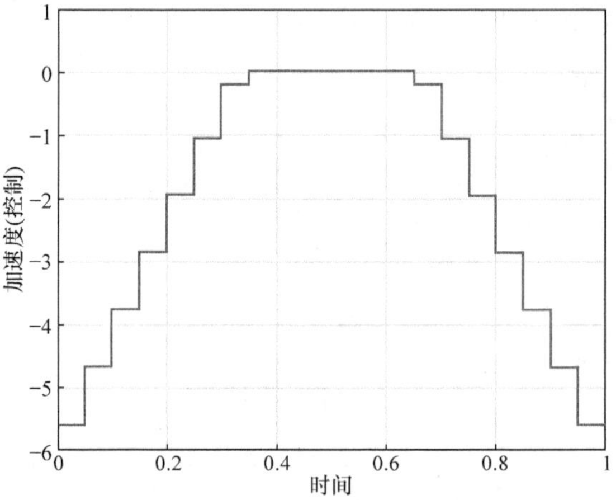

图 2-7 Yop 求解 Bryson-Denham 问题的最优控制仿真曲线

思 考 题

1. 比较直接法和间接法的特点。
2. 迭代制导属于直接法还是间接法?
3. 自动制导都是采用直接法，自主制导都是采用间接法，该说法是否正确?
4. 采用 CasADi 软件包求解下列非线性规划问题:

$$\begin{cases} \min \quad x_1 x_4 \left(x_1 + x_2 + x_3\right) + x_3 \\ \text{s.t.} \quad x_1 x_2 x_3 x_4 \geqslant 25 \\ \qquad x_1^2 + x_2^2 + x_3^2 + x_4^2 = 40 \\ \qquad 1 \leqslant x_1, x_2, x_3, x_4 \leqslant 5 \\ \qquad x_1 = x_4 = 1, x_2 = x_3 = 5 \end{cases} \tag{2-90}$$

5. 最速爬升问题如式(1-8)～式(1-10)所示，请采用最优控制理论推导其协态方程和最优控制方程。
6. 最速爬升问题的大气模型、推力模型、气动力模型及相关参数如下:

```
%------------------ 美国 1976 标准大气模型 -------------------%
% 数据格式:
```

```
%   列 1:  高度(m)
%   列 2:  大气密度(kg/m^3)
%   列 3:  速度(m/s)
%-----------------------------------------------------------%
us1976 = [-2000    1.478e+00    3.479e+02
            0      1.225e+00    3.403e+02
          2000     1.007e+00    3.325e+02
          4000     8.193e-01    3.246e+02
          6000     6.601e-01    3.165e+02
          8000     5.258e-01    3.081e+02
         10000     4.135e-01    2.995e+02
         12000     3.119e-01    2.951e+02
         14000     2.279e-01    2.951e+02
         16000     1.665e-01    2.951e+02
         18000     1.216e-01    2.951e+02
         20000     8.891e-02    2.951e+02
         22000     6.451e-02    2.964e+02
         24000     4.694e-02    2.977e+02
         26000     3.426e-02    2.991e+02
         28000     2.508e-02    3.004e+02
         30000     1.841e-02    3.017e+02
         32000     1.355e-02    3.030e+02
         34000     9.887e-03    3.065e+02
         36000     7.257e-03    3.101e+02
         38000     5.366e-03    3.137e+02
         40000     3.995e-03    3.172e+02
         42000     2.995e-03    3.207e+02
         44000     2.259e-03    3.241e+02
         46000     1.714e-03    3.275e+02
         48000     1.317e-03    3.298e+02
         50000     1.027e-03    3.298e+02
         52000     8.055e-04    3.288e+02
         54000     6.389e-04    3.254e+02
         56000     5.044e-04    3.220e+02
         58000     3.962e-04    3.186e+02
         60000     3.096e-04    3.151e+02
         62000     2.407e-04    3.115e+02
         64000     1.860e-04    3.080e+02
         66000     1.429e-04    3.044e+02
         68000     1.091e-04    3.007e+02
         70000     8.281e-05    2.971e+02
         72000     6.236e-05    2.934e+02
         74000     4.637e-05    2.907e+02
```

```
        76000      3.430e-05     2.880e+02
        78000      2.523e-05     2.853e+02
        80000      1.845e-05     2.825e+02
        82000      1.341e-05     2.797e+02
        84000      9.690e-06     2.769e+02
        86000      6.955e-06     2.741e+02];
%----------------------飞行器推进数据-----------------------%
%    - Mtab: 马赫数
%    - alttab: 高度(m)
%    - Ttab: 推力幅值(N)
%-------------------------------------------------------------%
Mtab  = [0; 0.2; 0.4; 0.6; 0.8; 1; 1.2; 1.4; 1.6; 1.8];
alttab = 304.8*[0 5 10 15 20 25 30 40 50 70];
Ttab  = 4448.222*[24.2 24.0 20.3 17.3 14.5 12.2 10.2  5.7  3.4  0.1;
              28.0 24.6 21.1 18.1 15.2 12.8 10.7  6.5  3.9  0.2;
              28.3 25.2 21.9 18.7 15.9 13.4 11.2  7.3  4.4  0.4;
              30.8 27.2 23.8 20.5 17.3 14.7 12.3  8.1  4.9  0.8;
              34.5 30.3 26.6 23.2 19.8 16.8 14.1  9.4  5.6  1.1;
              37.9 34.3 30.4 26.8 23.3 19.8 16.8 11.2  6.8  1.4;
              36.1 38.0 34.9 31.3 27.3 23.6 20.1 13.4  8.3  1.7;
              36.1 36.6 38.5 36.1 31.6 28.1 24.2 16.2  10.0  2.2;
              36.1 35.2 42.1 38.7 35.7 32.0 28.1 19.3  11.9  2.9;
              36.1 33.8 45.7 41.3 39.8 34.6 31.1 21.7  13.3  3.1];
%---------------------飞行器气动力系数 ----------------------%
%  M2: 马赫数
%  Clalphatab: 升力系数
%  CD0tab: 零升阻力系数
%  etatab: 载荷系数
%------------------------------------------------------------%
M2         = [0 0.4 0.8 0.9 1.0 1.2 1.4 1.6 1.8];
Clalphatab = [3.44 3.44 3.44 3.58 4.44 3.44 3.01 2.86 2.44];
CD0tab      = [0.013 0.013 0.013 0.014 0.031 0.041 0.039 0.036
0.035];
etatab     = [0.54 0.54 0.54 0.75 0.79 0.78 0.89 0.93 0.93];
%  参考面积(m^2)
S        = 49.2386;
%  比冲(s)
auxdata.Isp       = 1600;
```

请采用 Yop 软件完成数值优化求解。

第3章

人工智能与机器学习基础

3.1 人工智能基本概念

人工智能(artificial intelligence，AI)，也称机器智能，是研究开发能够模拟、延伸和扩展人类智能的理论、方法、技术及应用系统的一门新的技术科学，研究目的是促使智能机器会听(语音识别、机器翻译等)、会看(图像识别、文字识别等)、会说(语音合成、人机对话等)、会思考(人机对弈、定理证明等)、会学习(机器学习、知识表示等)、会行动(机器人、自动驾驶汽车等)。

人工智能是一个多学科交叉的研究领域，涉及的技术门类众多，所发展的方法也多种多样，一般来说可归纳为专家系统、计算机视觉、自然语言理解与交流、机器人学和机器学习：

(1) 专家系统。专家系统也称为基于知识的系统，其设计目的是使机器能像人类专家一样求解专门领域中复杂的非数值问题，体现了人工智能的推理能力。

(2) 计算机视觉。计算机视觉使机器能像人类一样从视觉图像中得出有意义的信息，包括模式识别、图像处理等，体现了人工智能的感知能力。

(3) 自然语言理解与交流。自然语言理解与交流使机器能够使用人类所熟悉的语言来改进人类和计算机之间的通信，包括语音识别、合成、对话等，体现了人工智能的语言能力。

(4) 机器人学。机器人学包括结构、控制、感知、规划、交互等，体现了人工智能的规划与操控能力。

(5) 机器学习。机器学习是指计算机利用已有的数据(经验)，得出某种模型(规律)，并利用此模型预测未来数据特征的一种方法，体现了人工智能的学习能力。

根据人工智能智能化水平的不同，其也可以分为以下三种类型：

(1) 初级人工智能。具有分析、组织数据并将数据变换为机器理解的结构化信息的能力，以及在复杂环境中选取优化行为，使系统能在不确定情况下继续工作的能力。

(2) 中级人工智能。具有辨识对象和事件，在客观世界模型中获取和表达知识、进行思考和计划未来行动的能力。

(3) 高级人工智能。具有感知环境、做出决策和控制的能力。

3.2 机器学习基本概念

如图 3-1 所示，人类在成长、生活过程中积累了很多的经验，会定期对这些经验进行“归纳”，获得生活的“规律”。当人类遇到未知的问题或者需要对未来进行“推测”时，会使用这些“规律”，对未知问题与未来进行“推测”，从而指导自己的生活和工作。机器学习中的“训练”与“预测”过程可以对应到人类的“归纳”和“推测”过程。通过这样的对应可以发现，机器学习的思想并不复杂，仅仅是对人类在生活中学习成长的一个模拟。由于机器学习不是基于编程形成的结果，因此它的处理过程不是因果的逻辑，而是通过归纳思想得出的相关性结论。

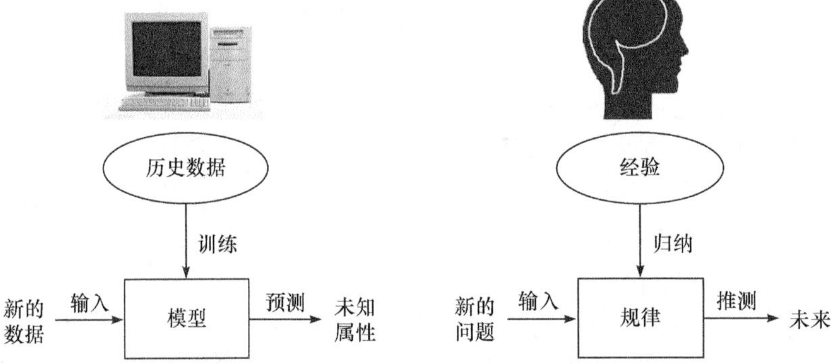

图 3-1 机器学习基本特征示意图

机器学习也同样有多种不同的分类，按其学习数据有无标签可分为监督学习和无监督学习两种基本方法。

(1) 监督学习：监督学习拥有一个输入变量(自变量)和一个输出变量(因变量)，使用某种算法学习从输入到输出之间的映射函数。目标是得到足够好的近似映射函数，当输入新的变量时可以以此预测输出变量。因为算法从数据集学习的过程可以被看作是一名教师在监督学习，所以称为监督学习。其函数的输出可以是一个连续的值(称为回归分析)，或是预测一个分类标签(称为分类)。

(2) 无监督学习：无监督学习只有输入变量，没有相关的输出变量。目标是对数据中潜在的结构和分布建模，以便对数据做进一步的学习。相比于监督学习，无监督学习在学习时并不知道其分类结果是否正确，也没有受到监督式增强。无监督学习进一步可以分为聚类(在数据中发现内在的分组)和降维两个子类。

两种学习方法具有不同的特点，可归纳如下：

(1) 监督学习方法必须要有训练集与测试样本。在训练集中找规律，对测试样本使用这种规律。无监督学习方法没有训练集，只有一组数据集，在该组数据集内寻找规律。

(2) 监督学习方法就是识别事物，识别的结果表现在给待识别数据加上了标签。因此训练数据集必须由带标签的样本组成。无监督学习方法只有要分析的数据集本身，预先没有标签。如果发现数据集呈现某种聚集性，则可按自然的聚集性分类，但不予以某种预先分类标签进行区分。

(3) 无监督学习方法在寻找数据集中的规律性，这种规律性并不一定要达到划分数据集的目的，也就是说不一定要分类。

由于机器学习独特的能力与特性，其在计算机视觉、模式识别、数据挖掘等众多领域有着广泛的应用，同时机器学习技术的发展也促使了很多领域的进步，为传统领域带来了新的技术与智能化革新。特别是近年来，深度学习和强化学习取得了前所未有的突破，由此也掀起了机器学习新一轮的发展热潮。

3.3 Linux 操作系统与机器学习算法软件包

3.3.1 Linux 操作系统

Linux 是一个免费的、源码开放的操作系统，其主要目的是建立不受任何商品化软件版权制约的 Unix 兼容产品。Linux 存在多个发行版本，主要由厂商将 Linux 系统内核与应用软件和文档包装起来，并提供一些安装界面和系统设定管理工具，如 RedHat Linux、Debian、Ubuntu 等。其中，Ubuntu 是近年来使用最为广泛的一个发行版本，其下载网址为 https://ubuntu.com/desktop。Ubuntu 版本号由其发布的年份和月份组成，并未反映其实际版本。首次发布是在 2004 年 10 月，因此该版本号为 4.10。Ubuntu 图形化桌面如图 3-2 所示，该运行版本为 Ubuntu 16.04，即 2016 年 4 月发布。

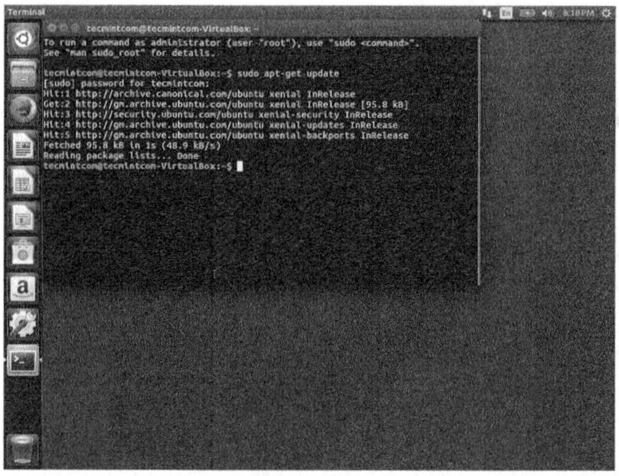

图 3-2 Ubuntu 图形化桌面

3.3.2 Python

Python 是数据科学和机器学习的首选语言，其英文原意为“蟒蛇”。Python 是一种面向对象的、解释型的、通用的、开源的脚本编程语言，它之所以非常流行，主要有三点原因：

(1) Python 简单易用，学习成本低。

(2) Python 标准库和第三库众多，功能强大，既可以开发小工具，也可以开发企业级应用。

(3) 人工智能和大数据的快速发展也推动了 Python 的广泛应用。

在 Windows 系统下可通过 Anaconda 安装 Python。Anaconda 是一个开源的 Python

发行版本，包含了 conda、Python 等多个科学包及其依赖项。其下载网址为 https://www.anaconda.com/。

限于篇幅，本书不对 Python 的基础语法、基础函数等内容展开介绍。下面仅给出一个计算阶乘的 Python 代码作为示例：

```
# 注释：计算 5!
def fact(j):
    sum = 0
    if j == 0:
        sum = 1
    else:
        sum = j * fact(j - 1)
    return sum
print (fact(5))
```

其运算输出为 120。

3.3.3 TensorFlow

TensorFlow 是 Google 研发的第二代开源人工智能学习系统。它是一个基于数据流图的数值计算开源软件，其灵活的架构设计可以让用户以单机或者分布式的方式将计算部署在台式机、服务器，甚至是手机上。TensorFlow 是一个相当完整的深度学习开放平台，能在 Ubuntu、Windows、macOS 和 Raspberry Pi 等操作系统及 CPU、GPU 等多种平台上运行。

使用 TensorFlow 可以用简洁的语言实现各种复杂的算法模型，而且它首先开源了完整的分布式加速方案，借助优秀的分层架构设计，执行效率有很大提高。同时，它还包含很多配套辅助工具。例如，通过可视化工具 TensorBoard 可以在训练网络的过程中看见神经网络结构，训练模型的准确率以及损失函数的大小变化趋势，每层神经网络的学习情况等。

在 Ubuntu 系统下，采用 Python 的 pip 软件包管理器安装 TensorFlow，具体安装指令如下：

```
pip install --upgrade pip
pip install tensorflow
```

如果在 Windows 系统下安装 TensorFlow，可在安装 Anaconda 的基础上，在 Anaconda Prompt 中输入下列指令以完成安装：

```
pip3 install tensorflow
```

安装后可在 Python 开发环境中输入以下语句：

```
import tensorflow as tf
#创建一个 Tensor 字符串常量
```

```
hello = tf.constant("hello world ")
print(hello.numpy().decode())
```

如果输出为“hello world”，则说明 TensorFlow 已安装成功。

3.3.4 Keras

Keras 是用于构建和训练深度学习模型的 TensorFlow 高阶应用程序编程接口(application programming interface，API)。利用此 API，可实现快速原型设计、先进的研究和生产，它具有以下三大优势：

(1) 方便用户使用。Keras 具有针对常见用例做出优化的简单而一致的界面。它可针对用户错误提供切实可行的清晰反馈。

(2) 模块化和可组合。将可配置的构造块组合在一起就可以构建 Keras 模型，并且几乎不受限制。

(3) 易于扩展。可以编写自定义构造块，表达新的研究创意；可以创建新层、指标、损失函数，并开发先进的模型。

Keras 的核心数据结构是一个模型(model)，是组织层次的一种方式。最简单的模型是序列(sequential)模型，即多个层的线性堆叠。下面给出 Keras 使用的简单说明。

1) 定义模型的函数

Keras 提供了函数式 API。使用函数式 API，神经网络被定义为一系列顺序化的函数，一个接一个地被应用。例如，函数定义层 1 的输出是函数定义层 2 的输入。

```
img_input = layers.Input(shape=input_shape)
x = layers.Conv2D(64, (3, 3), activation='relu')(img_input)
x = layers.Conv2D(64, (3, 3), activation='relu')(x)
x = layers.MaxPooling2D((2, 2), strides=(2, 2))(x)
```

2) 训练模型

用 Keras 训练模型比较超级简单，只需采用简单的.fit()函数。例如：

```
import tensorflow as tf
import numpy as np
from tensorflow import keras
#使用下述语句来查看 tensorflow 版本，以下代码都是 2.0 版的
print(tf.__version__)

#使用 array 来组织数据整理
xs = np.array([-1.0, 0.0, 1.0, 2.0, 3.0, 4.0], dtype=float)
ys = np.array([-3.0, -1.0, 1.0, 3.0, 5.0, 7.0], dtype=float)

#定义模型 model，该模型是具有一个输入(input_shape[1])和一个神经元输出的
```

```
全连接(Dense)模型。
model = tf.keras.Sequential([keras.layers.Dense(units=1, input_shape=[1])])
#使用 SGD 优化器和均方误差来编译模型
model.compile(optimizer='sgd', loss='mean_squared_error')
#开始训练，500 次
model.fit(xs, ys, epochs=500)
#用训练好的 model 预测 10.0，打印其预测值是多少
print(model.predict([10.0]))
```

代码运行输出结果为

```
Epoch 497/500
1/1 [=================] - 0s 2ms/step - loss: 2.8478e-05
Epoch 498/500
1/1 [=================] - 0s 2ms/step - loss: 2.7893e-05
Epoch 499/500
1/1 [=================] - 0s 2ms/step - loss: 2.7320e-05
Epoch 500/500
1/1 [=================] - 0s 2ms/step - loss: 2.6759e-05
[[18.984907]]
```

3.3.5 Pytorch

Pytorch 是一个类似于 TensorFlow 的深度学习框架，由 Facebook 的人工智能研究小组开发。与 Keras 一样，它也对深层网络编程进行了抽象处理。相比之下，Pytorch 是更容易使用、理解和快速上手并运行的框架，使用者不需要担心 GPU 设置，处理抽象代码，或者做任何复杂的事情。Pytorch 比 Keras 具有更大的灵活性和控制能力，但同时又不必进行复杂的声明式编程。

Pytorch 的安装比较简单。例如，Windows 系统中只需要在 Anaconda Propt 中输入以下指令：

```
pip3 install torchvision -i https://pypi.tuna.tsinghua.edu.cn/simple
```

下面给出 Pytorch 的简单使用说明。

1) 定义模型的类

在 Pytorch 中，网络被设置为一个继承来自 Torch 库的 torch.nn.Module 的类，例如：

```
class Net(nn.Module):
    def __init__(self):
```

```
        super(Net, self).__init__()
        self.conv1 = nn.Conv2d(3, 64, 3)
        self.conv2 = nn.Conv2d(64, 64, 3)
        self.pool = nn.MaxPool2d(2, 2)
    def forward(self, x):
        x = F.relu(self.conv1(x))
        x = self.pool(F.relu(self.conv2(x)))
        return x
model = Net()
```

2) 训练模型

在 Pytorch 中训练模型包括以下几个步骤:

(1) 在每批训练开始时初始化梯度;

(2) 前向传播;

(3) 反向传播;

(4) 计算损失并更新权重。

下面给出在 Pytorch 中训练模型的基本代码:

```
# 在数据集上循环多次
for epoch in range(2):
    for i, data in enumerate(trainloader, 0):
        # 获取输入; data 是列表[inputs, labels]
        inputs, labels = data
        # (1) 初始化梯度
        optimizer.zero_grad()
        # (2) 前向传播
        outputs = net(inputs)
        loss = criterion(outputs, labels)
        # (3) 反向传播
        loss.backward()
        # (4) 计算损失并更新权重
        optimizer.step()
```

3.3.6　Google colab

安装 Ubuntu 操作系统、Python、TensorFlow 和 Pytorch 等软件的过程较为繁琐。为避免重复上述复杂过程，Google 推出了一个免费的云端服务环境 Google colab，不需要进行任何设置就可以实现 Python 编程和基于 Keras、TensorFlow、Pytorch 和 OpenCV 等流行库的机器学习。Google colab 可以将代码存储在 Google 的云端硬盘中，借助 Google colab 在云端编写和执行代码、保存和共享分析结果。

例 3.1 Google colab 环境中采用 Python 求解下列问题：一个整数，它加上 100 和加上 268 后都是一个完全平方数，请问该数是多少。

在 Google colab 中输入以下代码：

```
import math
for i in range(10000):
x = int(math.sqrt(i + 100))
y = int(math.sqrt(i + 268))
if (x * x == i + 100) and (y * y == i + 268):
      print(i)
```

在 Google colab 中运行 Python 程序的输出结果为

```
21
261
1281
```

例 3.2 Google colab 环境中采用 TensorFlow 实现给定数据的线性模型学习。

在 Google colab 中输入以下代码：

```
import tensorflow.compat.v1 as tf
import numpy as np
import matplotlib.pyplot as plt
tf.disable_v2_behavior()

# 训练数据
train_X = np.linspace(-1, 1, 100)
train_Y = 2 * train_X + np.random.randn(*train_X.shape) * 0.33
 + 10

# 定义模型
X = tf.placeholder("float")
Y = tf.placeholder("float")
w = tf.Variable(0.0, name="weight")
b = tf.Variable(0.0, name="bias")
loss = tf.square(Y - X*w - b)
train_op = tf.train.GradientDescentOptimizer(0.01).minimize(loss)

with tf.Session() as sess:
```

```
    sess.run(tf.global_variables_initializer())
    epoch = 1
    for i in range(10):
        for (x, y) in zip(train_X, train_Y):
        _, w_value, b_value = sess.run([train_op, w, b],feed_
dict={X: x,Y: y})
        print("Epoch: {}, w: {}, b: {}".format(epoch, w_value,
 b_value))
        epoch += 1
# 画图
plt.plot(train_X,train_Y,"+")
plt.plot(train_X,train_X.dot(w_value)+b_value)
plt.show()
```

Google colab 运行 TensorFlow 程序的学习输出结果如图 3-3 所示。

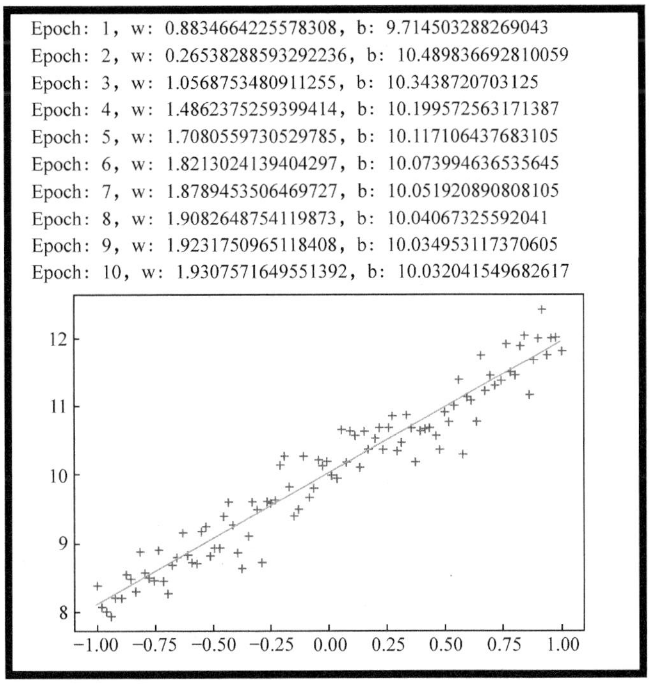

图 3-3　Google colab 运行 TensorFlow 程序的学习输出结果

3.4　神经网络与激活函数

神经网络是人类受到生物神经结构启发而研究出的一种算法体系。如图 3-4 和图 3-5 所示，神经网络从信息处理的角度对大脑神经元结构抽象化，建立一些简单的基本单元，按照不同的连接方式构成不同结构的神经网络，呈现出许多生物神经结构的特性，如信息储存的并行性、分布性以及信息处理的自适应性等。基于这些特性，神经网络具有非线性映射、分类识别、优化计算和知识处理等功能。目前，神经网络已被成功应用在模式识别、信号处理、控制工程和优化计算等诸多领域。

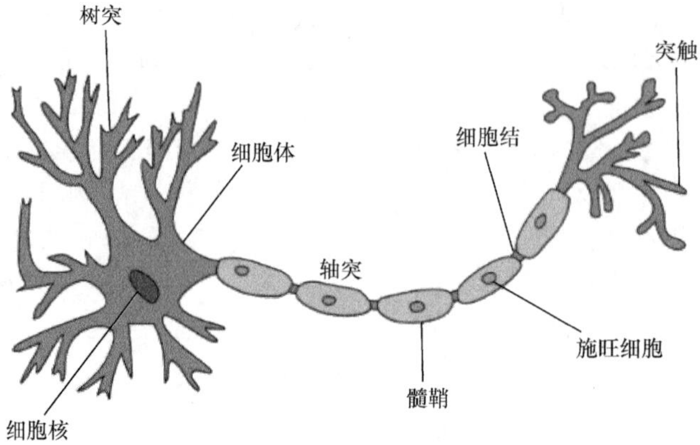

图 3-4 大脑神经元示意图

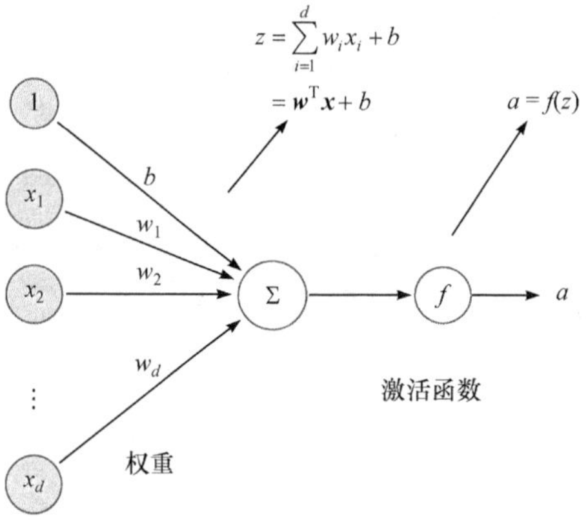

图 3-5 人工神经元结构示意图

神经元是神经网络中的最小信息处理单元，神经元对数据的处理分为两个阶段：

(1) 第一阶段是接受来自其他 d 个神经元传递过来的输入信号，这些输入信号通过与相应权重进行加权求和传递给下一阶段，这一阶段被称为预激活阶段，即满足：

$$z=\sum_{i=1}^{d} w_i x_i + b = \boldsymbol{w}^{\mathrm{T}}\boldsymbol{x} + b \tag{3-1}$$

(2) 第二阶段是把预激活的加权结果传递给激活函数，一般来说，经过激活函数的处理后，预激活的数值将被压缩到一个范围空间内，数值的大小将决定神经元到底是处于活跃状态还是抑制状态，最后将输出结果传递给下一层的神经元：

$$a = f(z) \tag{3-2}$$

式中，f 为激活函数。

激活函数是神经网络设计中的一个核心单元。激活函数的作用是为了在神经网络中引入非线性的学习和处理能力。如果只使用线性激活函数或者没有使用任何一个激活函数，无论神经网络层数多大，模型始终只是在计算线性函数，无法模拟非线性问题，所以非线性激活函数在深度学习中尤其重要。下面简要介绍几种常见的激活函数：

1) ReLU 激活函数

ReLU 激活函数又称为修正线性单元(rectified linear unit，ReLU)，提供了一种非常简单的非线性变换。给定元素 x，ReLU 激活函数被定义为该元素与 0 的最大值：

$$\mathrm{ReLU}(x) = \max(x, 0) \tag{3-3}$$

如图 3-6 所示，修正线性单元受到生物学神经元激活的启发，只有当输入超出阈值时，神经元才被激活。当输入为正时，导数不为 0，且不会出现饱和，避免了在深度神经网络的训练过程中出现停止学习的情况，这也使它保留了线性模型基于梯度算法进行优化的属性。

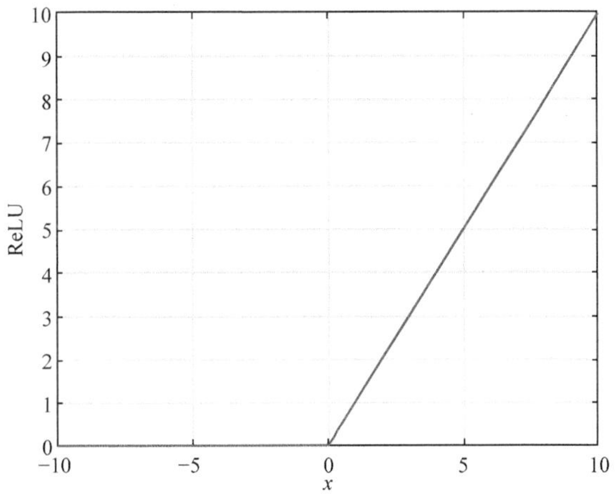

图 3-6　ReLU 激活函数

2) Sigmoid 激活函数

Sigmoid 是常用的非线性激活函数，它的数学形式如下：

$$\mathrm{Sigmoid}(x) = \frac{1}{1 + \mathrm{e}^{-x}} \tag{3-4}$$

如图 3-7 所示，Sigmoid 激活函数是一个平滑、处处可微的函数，它的定义域为 $(-\infty, +\infty)$，值域为 $(0,1)$，即可将任意输入值转化为一个 0 到 1 的值。作为一种非线性函数，当使用它作为神经元的激活函数时，输出也是非线性的，这样便可以拟合非线性问题。

3) tanh 激活函数

与 Sigmoid 激活函数类似，tanh(双曲正切)激活函数也能将其输入压缩转换到区间(−1, 1)上，并且穿过了 $(0,0)$。tanh 激活函数的公式如下：

$$\tanh(x) = \frac{1 - \mathrm{e}^{-2x}}{1 + \mathrm{e}^{-2x}} \tag{3-5}$$

当输入在 0 附近时，tanh 激活函数接近线性变换。如图 3-8 所示，tanh 激活函数的形状类似于 Sigmoid 激活函数，不同的是 tanh 激活函数是关于坐标系原点中心对称。

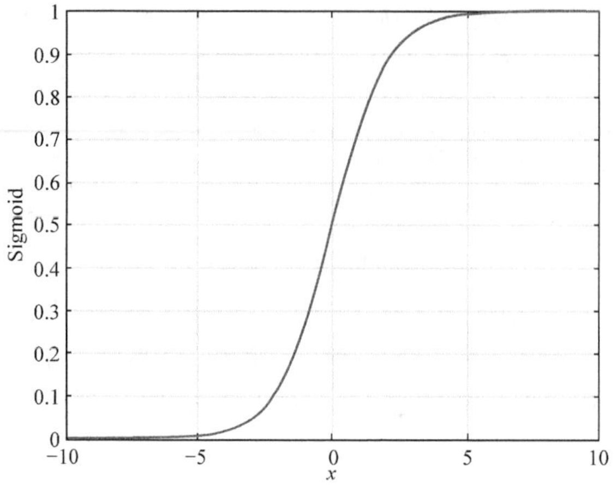

图 3-7　Sigmoid 激活函数

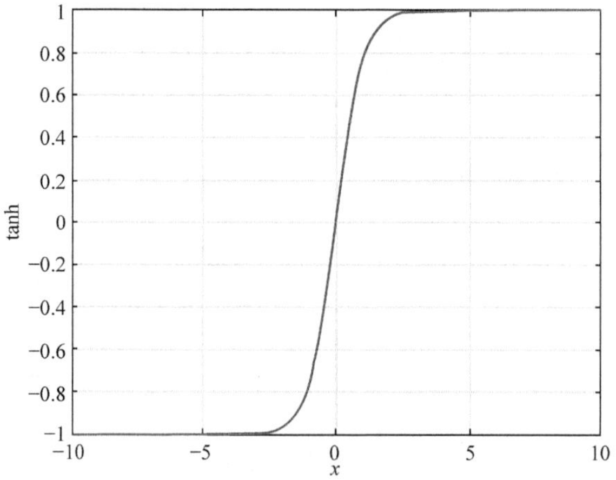

图 3-8　tanh 激活函数

绘制上述激活函数曲线的 Python 代码如下：

```
# -*- coding: utf-8 -*-
import matplotlib.pylab as plt
from pylab import *
import math
import numpy as np
from matplotlib.font_manager import FontProperties
font_set = FontProperties(fname=r"c:\windows\fonts\simsun.ttc",
size=12)
x=np.arange(-10,10,0.1)
cols=x.shape[0]
listrelu=[0]*cols;listtanh=[0]*cols
listline=[0]*cols;listbound=[0]*cols
```

```
listsigmoid=[0]*cols
for i in range(cols):
    num=x[i]
    listrelu[i]=max([0,num])
    listtanh[i]=(e**num-e**(-num))/(e**num+e**(-num))
    listsigmoid[i]=1/(1+e**(-num))
    listline[i]=num
    if num<0:
        listbound[i]=max([-1,num])
    else:
        listbound[i]=min([1,num])
figure('y1-x')
plt.plot(x, listrelu,'-')
plt.xlim((-10, 10))
plt.ylim((-2, 12))
plt.xlabel('x')
plt.ylabel('ReLU')
my_x_ticks = np.arange(-10, 10, 2)
my_y_ticks = np.arange(-2, 12, 2)
plt.xticks(my_x_ticks)
plt.yticks(my_y_ticks)
figure('y2-x')
plt.plot(x, listtanh,'-',label="tanh")
plt.xlim((-10, 10))
plt.ylim((-1.2, 1.2))
plt.xlabel('x')
plt.ylabel('Sigmoid')
my_x_ticks = np.arange(-10, 10, 2)
my_y_ticks = np.arange(-1.2, 1.2, 0.2)
plt.xticks(my_x_ticks)
plt.yticks(my_y_ticks)
figure('y3-x')
plt.plot(x, listsigmoid,'-')
plt.xlim((-10, 10))
plt.ylim((-0.2, 1.2))
plt.xlabel('x')
plt.ylabel('tanh')
my_x_ticks = np.arange(-10, 10, 2)
```

```
my_y_ticks = np.arange(-0.2, 1.2, 0.2)
plt.xticks(my_x_ticks)
plt.yticks(my_y_ticks)
```

3.5 神经网络类型

网络类型是指根据实现功能的要求，内部单元的连接方式。神经元之间的连接形式有很多种，不同的连接方式将使连接的网络有不同的性质和功能。根据神经网络运行过程中的信息流向，可将神经网络分为前馈型和反馈型两种[15]。

3.5.1 前馈神经网络

前馈神经网络(也称多层感知机)，是典型的机器学习模型。如图 3-9 所示，这种网络通常采用分层结构，从输入到输出是开环形式的连接，无反馈形式出现，整个网络最前端接收输入信号的那一层称为输入层，直接接受输入的向量，它不对数据做任何处理。中间传递信号层为隐藏层，是神经网络的内部信息处理层。输出层是最后一层，用来输出整个网络处理后的值，这个值可能是分类向量值，也可能是类似线性回归的连续值或别的复杂类型的值或向量。前馈神经网络通过引入隐藏层和非线性函数，具有复杂的非线性映射能力。

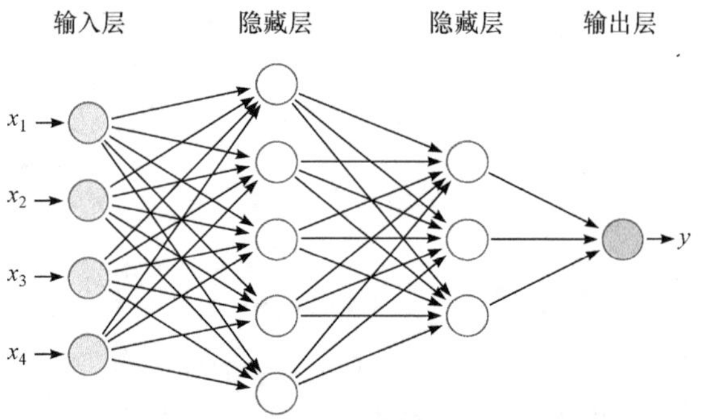

图 3-9 前馈神经网络示意图

典型的前馈神经网络有 BP 神经网络、径向基函数神经网络、卷积神经网络和深度神经网络。前馈神经网络的输出仅由当前输入与权矩阵决定，而与网络先前的输出无关。

1) BP 神经网络

反向传播(back propagation, BP)神经网络是 1986 年提出的概念，是一种按照误差反向传播算法训练的多层前馈神经网络，是目前应用最广泛的神经网络之一。BP 神经网络实质上实现了一个从输入到输出的映射功能，而数学理论已证明它具有实现任何复杂非线性映射的功能。这使得它特别适合于求解内部机制复杂的问题。

BP 神经网络是一种按误差反向传播(简称误差反传)训练的多层前馈网络，其算法称为 BP 算法，它的基本思想是梯度下降法，利用梯度搜索技术，以期使网络的实际输出值和期望输出值的误差均方差最小。

基本 BP 算法包括信号的前向传播和误差的反向传播两个过程，即计算误差输出时按从输入到输出的方向进行，而调整权值和阈值则从输出到输入的方向进行。前向传播时，输入信号通过隐藏层作用于输出节点，经过非线性变换，产生输出信号，若实际输出与期望输出不相符，则转入误差的反向传播过程。误差反传是将输出误差通过隐藏层向输入层逐层反传，并将误差分摊给各层所有单元，以从各层获得的误差信号作为调整各单元权值的依据。通过调整输入节点与隐藏层节点的连接强度和隐藏层节点与输出节点的连接强度及阈值，使误差沿梯度方向下降，经过反复学习训练，确定与最小误差相对应的网络参数(权值和阈值)，训练即告停止。此时经过训练的神经网络能够针对类似样本的输入信息，自行处理输出误差最小的经过非线性转换的信息。

2) 径向基函数神经网络

径向基函数(radial basis function，RBF)本质上是某种沿径向对称的标量函数。通常定义为空间中任一点 x 到某一中心 c 之间欧氏距离的单调函数，其作用往往是局部的，即当 x 远离 c 时，函数取值很小。高斯函数是最常用的径向基函数，它的可调参数有两个，即中心位置和方差(函数的宽度参数)。用这类函数时整个网络的可调参数(待训练的参数)有三组，即各基函数的中心位置、方差和输出单元的权值。

径向基函数神经网络是以径向基函数为基础而构造的一类前馈神经网络，这类网络的学习等价于在多维空间中寻找训练数据的最佳拟合平面。径向基函数神经网络是一种局部逼近网络，即对于输入空间的某一个局部区域，只存在少数的神经元用于决定网络的输出。BP 神经网络是典型的全局逼近网络，即对每一个输入/输出数据对，网络的所有参数均要调整。由于二者的构造本质不同，径向基函数神经网络与 BP 神经网络相比规模通常较大，但学习速度较快，并且网络的函数逼近能力、模式识别与分类能力都优于后者。

RBF 神经网络具有很好的通用性。已经证明，只要有足够多的隐藏层神经元，RBF 神经网络能以任意精度近似任何连续函数。更重要的是，RBF 神经网络克服了传统前馈神经网络的很多缺点，其训练速度非常快，并且在训练时不会发生震荡和陷入局部极小问题。但是，在进行测试时，RBF 神经网络的速度却比较慢，这是由于待判别示例几乎要与每个隐藏层神经元的中心向量进行比较才能得到结果。虽然可以通过对隐藏层神经元进行聚类来提高判别速度，但这样就使得训练时间大为增加，从而失去了 RBF 神经网络最基本的优势。另外，通过引入非线性优化技术可以在一定程度上提高学习精度，但这同时也带来了一些缺陷，如局部极小、训练时间长等。

3) 卷积神经网络

近年来，深度学习快速发展，在图像识别、语音识别、物体识别等各种场景应用上取得了巨大的成功。其中，卷积神经网络(convolutional neural network，CNN)是主要推动力，在目前人工智能的发展中有着非常重要的地位。

卷积是通过两个函数 f 和 g 生成第三个函数的一种数学算子，表征函数 f 与 g 经过翻转和平移的重叠部分函数值乘积对重叠长度的积分，其连续形式定义如下：

$$(f*g)(t)=\int_{-\infty}^{\infty}f(\tau)g(t-\tau)\mathrm{d}\tau \tag{3-6}$$

它的离散形式定义为

$$(f*g)(t)=\sum_{\tau=-\infty}^{\infty}f(\tau)g(t-\tau) \tag{3-7}$$

卷积神经网络，本质上就是在神经网络全连接层前面增加卷积层和池化层，其中：

(1) 卷积层用来学习输入数据的特征表征。卷积层由很多的卷积核组成，卷积核用来计算不同的特征图。卷积层的本质是对数据进行平滑化，如图 3-10 所示。

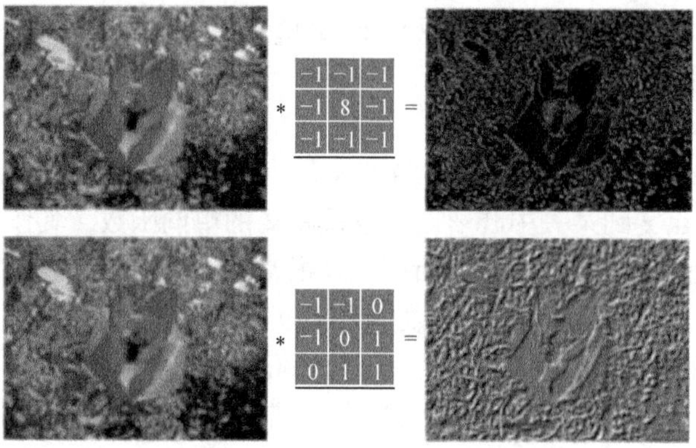

图 3-10　卷积层平滑化示意图

(2) 池化层用于降低卷积层输出的特征向量，同时改善结果(使结构不容易出现过拟合)，其主要作用是压缩数据和参数的量，减小过拟合。

(3) 全连接层将卷积层和池化层堆叠起来以后，就可以形成一层或多层全连接层，这样就能够实现高阶的推力能力。

4) 深度神经网络

深度神经网络(deep neural network，DNN)是深度学习的基础。深度神经网络拥有多层感知器的架构，用来解决复杂的学习问题。然而，DNN 在训练和概括中面临挑战。传统的 DNN 互联的大量数据可能会过拟合，需要不同的训练方法来提高泛化。神经网络权重的前训练和神经网络新方法旨在克服这些问题，尤其是卷积神经网络，被设计用于处理图像，可提供强大的泛化能力。这些网络在多个领域复杂的学习任务中表现出良好的势头。DNN 可以理解为有很多隐藏层的神经网络，这个很多其实也没有度量标准，多层神经网络和深度神经网络实际上属于同一概念。

3.5.2　反馈神经网络

反馈神经网络(也称递归网络或回归网络)存在信号从输出到输入的反向传播，即输入包括有延迟的输入或输出数据的反馈。由于存在有反馈的输入，所以它是一种反馈动力学系统，较前馈神经网络有更强的计算能力，具有很强的联想记忆和优化计算功能。输入信号决定反馈系统的初始状态，反馈神经网络的学习目的是快速寻找到稳定点，一般用能量函数判别是否趋于稳定点。经过一系列反馈神经网络的计算过程后，神经网络最终会收敛到平衡状态，这也标志着学习过程的结束。一般反馈神经网络的学习收敛速度很快，而且它与电子电路有明显的对应关系，使得网络易于用硬件实现。反馈神经网络包括两大类方法，一类是时间递归神经网络，又称循环神经网络；另一类是结构递归神经网络。

循环神经网络是一类用于处理时间序列数据的神经网络。时间序列数据存在时间关联性和整体逻辑特性，传统神经网络信息是单向传播的(误差反向传播不改变单向性)，循环神经网络将输出层的结果再次输入到隐藏层，以期能够发现时间序列数据的时间关联性和整体逻辑特性等高维度信息。

为清晰描述循环神经网络的基本思想，引入展开计算图的概念。计算图是形式化一组计算结构的方式，如涉及将输入和参数映射到输出和损失的计算。展开计算图是计算图的扩展形式，主要对循环计算得到的重复结构进行解释，这些重复结构通常对应于一个事件链。

例如，考虑动态系统的经典形式：

$$s_t = f(s_{t-1};\ \theta) \tag{3-8}$$

式中，s_t 为系统的状态。s 在 t 时刻的定义需要参考 $t-1$ 时刻的定义，因此式(3-8)是循环的。例如，当 $t=3$ 时，对式(3-8)展开可以得到

$$s_3 = f(s_2;\theta) = f(f(s_1;\theta);\theta) \tag{3-9}$$

以上述方式重复应用定义展开等式，就能得到不涉及循环的表达。式(3-8)的展开计算图如图 3-11 所示。

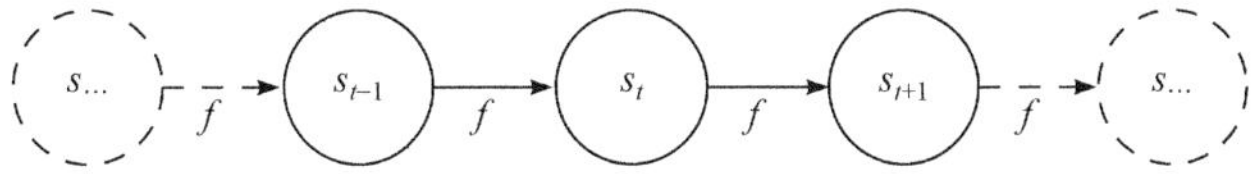

图 3-11　式(3-8)的展开计算图

在此基础上，考虑由外部信号 x_t 驱动的动态系统：

$$h_t = f(h_{t-1}, x_t;\theta) \tag{3-10}$$

式中，h 一般用以描述循环神经网络的隐藏单元。式(3-10)可以用两种不同的方式来绘制。一种绘制循环神经网络的方式是用循环图，如图 3-12 的左侧所示；另一种绘制循环神经网络的方式是用展开计算图，如图 3-12 的右侧所示。用一个函数 g_t 代表经 t 步展开后的循环：

$$h_t = g_t(x_t, x_{t-1}, x_{t-2}, \cdots, x_2, x_1) = f(h_{t-1}, x_t;\theta) \tag{3-11}$$

式中，函数 g_t 将全部的过去序列 $(x_t, x_{t-1}, x_{t-2}, \cdots, x_2, x_1)$ 作为输入来生成当前状态，但是展开的循环架构允许将 g_t 分解为函数 f 的重复应用。

基于展开计算图的思想，就可以设计各种循环神经网络，其主要设计模式包括：

(1) 每个时间步都有输出，并且隐藏单元之间有循环连接的循环网络。

(2) 每个时间步都产生一个输出，只有当前时刻的输出到下个时刻的隐藏单元之间有循环连接的循环网络。

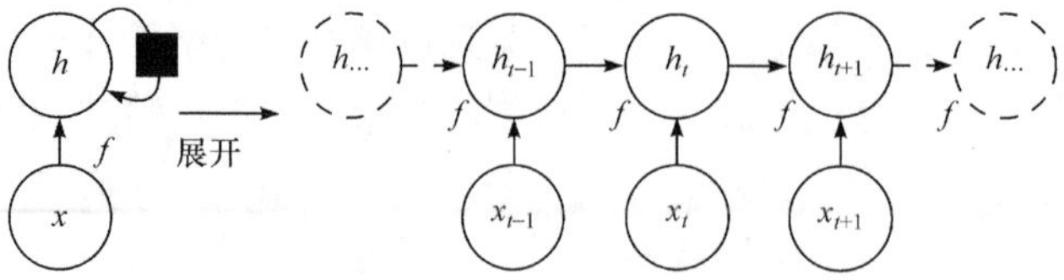

图 3-12 式(3-10)的展开计算图

(3) 隐藏单元之间存在循环连接，但读取整个序列后产生单个输出的循环网络。

思 考 题

1. 人工智能可以分为几个子类？每个子类都有哪些特点？
2. 对最优控制问题进行大批次求解，将得到的优化解作为训练数据，这种方式属于有监督学习还是无监督学习？
3. 比较 Python 和 MATLAB 编程的特点。
4. 比较 Keras 和 Pytorch 的特点。
5. 分别采用 MATLAB 和 Python 绘制 ReLU、Sigmoid 和 tanh 三种激活函数的对比图。
6. 神经网络按方式的不同可以分为哪几类？各有什么特点？
7. BP 神经网络是否比 RBF 神经网络更优？为什么？
8. 深度神经网络是否比 BP 神经网络更优？为什么？

第 4 章 运载火箭主动段摄动制导

4.1 摄动制导的基本原理

运载火箭制导系统要解决的中心问题是入轨精度问题。在发射点坐标、目标需求和火箭参数给定的条件下，可以在发射前设计出一条标准弹道。火箭点火起飞后，如在预定关机时刻，火箭的运动参数与标准弹道关机点的相应参数相等，那么载荷在发动机关机后沿标准的被动段弹道飞行，即可到达预定轨道。事实上，由于火箭实际结构参数、发动机参数与事先给定的标称值存在偏差，火箭在飞行过程中受到大气干扰等随机因素影响，火箭的实际飞行弹道与标准弹道之间必然存在一定的偏差。正是这种偏差，如仍按标准关机时间关机，载荷经被动段飞行，最终可能会产生较大误差。引入制导系统的目的就是要消除或减小因各种干扰而产生的目标偏差。

4.1.1 运载火箭导航、制导与控制系统功能

图 4-1 给出了运载火箭主动段制导系统功能框图，其中惯性测量和导航计算属于导航系统，关机方程/导引方程属于制导系统，关机指令和推力矢量控制属于控制系统。

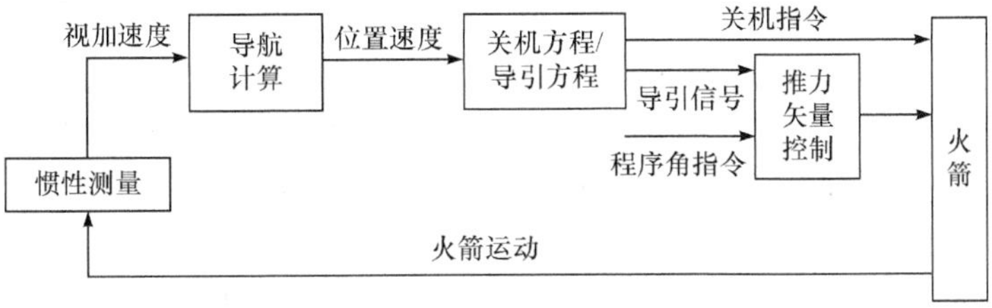

图 4-1 运载火箭主动段制导系统功能框图

1) 导航系统：对火箭质心运动参数进行测量和导航计算

考虑到精度很高的雷达设备庞大，易被袭击且信号易受干扰，现代运载火箭一般用惯性器件测量火箭运动参数，这是因为惯性技术日益成熟，其测量精度也达到相当水平。更重要的是，惯性测量可以在火箭内部完成而不必依赖外界任何设备，因此可避免外界的干扰。

对惯性测量器件测得的参数进行相应的计算，获得火箭质心的速度和位置信号。由于加速度计测不到地球引力加速度，要得到实际加速度，需要用计算的方法算出地球引力加速度，再把它加到加速度计的信号中。不过，在实际飞行的火箭不严重偏离标准弹道条件下，引力加速度常作近似处理，从而避免复杂的导航计算。

2) 制导系统：按照一定的规律对火箭进行导引

制导系统根据实测的火箭运动参数进行导航计算，实时获得火箭的实际位置和速度值，同时根据火箭的当前状态(位置与速度)和其控制的终端状态，实时给出使火箭能达到终端状态的某种姿态控制指令，即对火箭按一定规律进行导引并不断计算关机方程，当满足关机条件时立即发出关机指令，对发动机实施关机。因此制导系统主要包括时序、导引和关机计算等几个部分。

(1) 时序：给出火箭飞行过程中的各时序动作，如点火、发动机关机、分离等。

(2) 导引：导引就是产生火箭质心运动控制的制导指令，使其运动轨迹具有一定意义下的最优性，并能满足末端条件约束，即在一定意义上最佳地满足目标需求。导引与制导从本质上而言是属于同一概念，在制导理论的发展过程中存在两者混用的情况，因此在本书中，不再明确进行区分。导引给出整个飞行过程中的导引信号，包括法向导引信号和横向导引信号。根据导引方式不同，又可分为程序制导和显式制导等方法。

(3) 关机计算：根据各级发动机关机方案，给出发动机关机信号。一般包括耗尽关机、预测耗尽关机、定时关机、制导关机等。

3) 控制系统：执行制导指令和实施关机

制导系统产生的制导指令，被送到姿态控制系统，以控制火箭推力方向，使火箭按所需状态飞行。从这个意义上，姿态控制系统是制导指令的一个执行系统。此外，在对火箭进行导引过程中，箭载计算机不断地计算关机方程，一旦方程得到满足，即发出关机指令。考虑到从发出关机指令到实际关机有一定的时间延迟，所以关机指令适当提前发出，以补偿由于关机执行过程时延所带来的目标偏差。

4.1.2 外干扰补偿方法

外干扰补偿制导，又称轨迹跟踪制导，是引导火箭按照预定方案飞行，并根据火箭实际参量值与预定值的偏差来形成制导指令的制导方法。其优点是设备简单，制导系统与外界无联系，抗干扰性好，但制导误差会随飞行时间的增加而增加。我国最早的长征一号运载火箭就是采用外干扰补偿方法。该方法假设各种干扰所造成的偏差在小范围内，从而可以将弹道参数进行线性化处理，并对最主要的影响因素进行干扰补偿[16]。轨迹跟踪制导方法本质上属于火箭当前实际参量值与预定值偏差的反馈控制，根据其反馈控制形式可以分为积分控制制导、PID 控制制导等多种类型。

4.1.3 摄动制导方法

摄动制导是以小偏差理论建立关机方程和导引方程对火箭运动轨迹进行控制的制导方法。运载火箭的摄动指火箭质心运动参数因受多种因素影响，相对于标准弹道参数所产生的小偏差。火箭上升段程序制导有固定的飞行程序，飞行弹道是预先设计好的，目标偏差取决于火箭质心运动参数在关机点的偏差。在小干扰情况下，火箭关机点质心运动参数的偏差也是小偏差。通常火箭的实际飞行弹道与标准弹道的偏离不会太大，没有必要在整个飞行过程中不断测量、计算火箭的速度和位置，只需在发动机关机点前进行这种计算并实施相应修正即可满足制导的要求。这样可大大降低对箭载计算机运算速度和容量的要求。摄动制导的前提是必须保证实际弹道与标准弹道之间(特别是在主动段)的偏差很小，这样才能使火箭在关机点的弹道参数与标准关机参数间的偏差也很小。为此，一方面标准弹道的选取应尽可能符合实际；另一方面则要在关机前的主动段内对火箭实施横向导引和法向导引。其中，纵向平面(射面)内常采用预定的时间程序角信号，使火箭根据目标需求转弯，飞行在标准弹道附近；垂直于射面的方向采用横向导引，使火箭保持在射面附近飞行。摄动制导的突出优点是箭上计算简单，其缺点如下：

(1) 由于关机方程没有考虑射程展开二阶以上各项，只有当实际弹道比较接近于标准弹道时，才能有比较小的方法误差。因此摄动制导要求火箭不能严重偏离标准弹道飞行，否则较大的弹道偏差会带来显著终端误差。

(2) 摄动制导方法依赖于所选择的标准弹道，对于完成多种任务的运载火箭，局限性较大。

(3) 摄动制导要求射前在地面精确计算标准弹道及标准弹道关机时刻的各项偏导数，并把有关参数输入箭载计算机。如临时更换目标需求或一个发射点，又要重新计算，并向箭载计算机重新输入上述有关参数，灵活性较差且限制了火箭的机动性能。

尽管制导系统可以有效控制目标偏差，使射击或入轨精度满足载荷系统提出的要求。但由于多种原因，火箭仍不可避免地存在一定的设计误差。为了进一步提高运载火箭的射击或入轨精度，现代运载火箭除了改善制导方法能力外，往往采用两种或多种制导形式并存的制导体制。

4.2　摄动方法基础

4.2.1　正则摄动和奇异摄动

摄动又称扰动，一般可分为两类：正则摄动和奇异摄动。它们是针对含有小参数的系统而言的。如果是正则摄动系统，则小参数为零和不为零时得到的解的差别不大，这时通常可用小参数为零时的系统(又称为退化系统)的解近似代替原系统的解。但是，如果系统是奇异摄动的，则退化系统的解和原系统的解有本质区别。

考虑下列方程：

$$A_0 : L_0 u = f_0 \tag{4-1}$$

$$A_\mu : L_0 u + \mu L_1 u = f_0 + \mu f_1 \tag{4-2}$$

式中，L_0 和 L_1 是两个算子；f_0 和 f_1 是两个函数；μ 是小参数；u 是 t 的函数。方程 A_0 可以认为是某过程的简化模型，而 A_μ 则是 A_0 的扩张模型。μL_1 和 μf_1 是摄动项。如果 A_0 和 A_μ 是微分方程，则给出相应的初边值后，就能得到初边值问题。记 $u_0(t)$ 是 A_0 的解，$u(t,\mu)$ 则是 A_μ 的解，$t \in D$，D 是定义域。

摄动理论的核心问题在于：当$\mu \to 0$时，是否有$\|u(t,\mu)-u_0(t)\| \to 0$，其中$\|\cdot\|$是适当的范数。

定义 4.1 当$\mu \to 0$时，如果上确界$\sup\limits_D \|u(t,\mu)-u_0(t)\| \to 0$，则$A_\mu$称为正则摄动问题；反之，称为奇异摄动问题。

例 4.1 讨论初值问题：

$$A_\mu : \begin{cases} \dot{u}(t,\mu) = -u(t,\mu) + \mu t, \quad 0 \leqslant t \leqslant 1 \\ u(0,\mu) = 1 \end{cases} \tag{4-3}$$

该问题的通解为

$$u(t,\mu) = (1+\mu)\mathrm{e}^{-t} + \mu(t-1) \tag{4-4}$$

而对应的退化问题A_0可令$\mu = 0$得到

$$A_0 : \begin{cases} \dot{u}(t,\mu) = -u(t,\mu), \quad 0 \leqslant t \leqslant 1 \\ u(t,\mu) = 1 \end{cases} \tag{4-5}$$

A_0的通解为

$$u_0(t,\mu) = \mathrm{e}^{-t} \tag{4-6}$$

当$\mu \to 0$时，有

$$\sup_{[0,1]} \|u(t,\mu) - u_0(t,\mu)\| = \mu \max_{[0,1]} \left| \mathrm{e}^{-t} + t - 1 \right| = \mu \mathrm{e}^{-1} \to 0 \tag{4-7}$$

根据摄动问题的定义可知，该问题为正则摄动问题。

例 4.2 讨论下列柯西问题：

$$A_\mu : \begin{cases} \mu \dot{u}(t,\mu) = -u(t,\mu) + t, \quad 0 \leqslant t \leqslant 1 \\ u(0,\mu) = 1 \end{cases} \tag{4-8}$$

该问题的精确解为

$$u(t,\mu) = (1+\mu)\mathrm{e}^{-\frac{t}{\mu}} + t - \mu \tag{4-9}$$

令$\mu = 0$所得到的退化方程A_0是一个代数方程，即

$$A_0 : 0 = -u(t,\mu) + t \tag{4-10}$$

可以得到其退化解为

$$u_0(t,\mu) = t \tag{4-11}$$

当$\mu \to 0$时，可以得到

$$\sup_{[0,1]} \|u(t,\mu) - u_0(t,\mu)\| = \max_{[0,1]} \left| (1+\mu)\mathrm{e}^{-\frac{t}{\mu}} - \mu \right| = 1 \tag{4-12}$$

根据摄动问题的定义可知，该问题为奇异摄动问题。显然，上述奇异摄动问题

中，退化方程的阶数比原方程要低，甚至是代数方程。这样退化解一般不满足原问题所给出的所有定解条件。

4.2.2　渐近级数

科学研究和工程中经常需要将一个函数写成在给定的参数或变量附近的近似表达式，这里函数可以是已知的或某个方程的解。用摄动(渐近)方法求函数的近似表达式是其中一种重要的分支方法。

定义 4.2　当 $\mu\to 0$ 时，如果函数 $U(t,\mu)$ 在 D 上满足：

$$\sup_D\|u(t,\mu)-U(t,\mu)\|\to 0 \tag{4-13}$$

则称它为 $u(t,\mu)$ 在 D 上的渐进近似。如果：

$$\sup_D\|u(t,\mu)-U(t,\mu)\|=O(\mu^k) \tag{4-14}$$

则称它为 $u(t,\mu)$ 在 D 上的 μ 的 k 阶近似。

定义 4.3　对 A_μ 的解 $u(t,\mu)$ 用某种方法能构造的渐近近似，则称该方法为渐近方法。

对于摄动问题 A_μ，常用下面形式的幂级数进行构造：

$$\sum_{k=0}^{\infty}\mu^k u_k(t,\mu) \tag{4-15}$$

式中，$u_k(t,\mu)$ 是有界函数，它的部分和记为

$$U_n(t,\mu)=\sum_{k=0}^{n}\mu^k u_k(t,\mu) \tag{4-16}$$

定义 4.4　如果 $U(t,\mu)$ 满足条件：

$$\sup_D\|u(t,\mu)-U_n(t,\mu)\|=O(\mu^{n+1}) \tag{4-17}$$

则称级数(4-15)是 $u(t,\mu)$ 在 D 上当 $\mu\to 0$ 时的渐近级数或渐近展开式。

例 4.3　求初值问题：

$$\begin{cases}\dot{u}(t,\mu)=1+(1+\mu)u^2(t,\mu)\\ u(0,\mu)=0\end{cases} \tag{4-18}$$

的一阶幂级数形式近似解 $u(t,\mu)=u_0(t,\mu)+\mu u_1(t,\mu)$。

解：将一阶幂级数代入式(4-18)，可以得到

$$\begin{cases}\dot{u}_0(t,\mu)+\mu\dot{u}_1(t,\mu)=1+(1+\mu)[u_0(t,\mu)+\mu u_1(t,\mu)]^2\\ u_0(0,\mu)+\mu u_1(0,\mu)=0\end{cases} \tag{4-19}$$

对比 μ 的同次幂，可以确定幂级数系数 $u_k(t,\mu)$ 的方程：

$$\begin{cases}\dot{u}_0(t,\mu)=1+u_0^2(t,\mu),\quad u_0(0)=0\\ \dot{u}_1(t,\mu)=u_0^2(t,\mu)+2u_0(t,\mu)u_1(t,\mu),\quad u_1(0)=0\end{cases} \tag{4-20}$$

可以解得

$$\begin{cases} u_0(t,\mu) = \tan t \\ u_1(t,\mu) = \dfrac{1}{2}t\sec^2 t - \dfrac{1}{2}\tan t \end{cases} \tag{4-21}$$

代入一阶幂级数形式近似方程，可以得到

$$u(t,\mu) = \tan t + \mu\left(\frac{1}{2}t\sec^2 t - \frac{1}{2}\tan t\right) \tag{4-22}$$

事实上，式(4-18)具有解析解：

$$y(t,\mu) = (1+\mu)^{-1/2}\tan\left[(1+\mu)^{1/2}t\right] \tag{4-23}$$

其在 $\mu = 0$ 处的泰勒级数展开为

$$y(t,\mu) = \tan t + \mu\left(\frac{1}{2}t\sec^2 t - \frac{1}{2}\tan t\right) + \cdots \tag{4-24}$$

显然，基于摄动方法的一阶近似解与上述泰勒级数一阶展开一致。

4.2.3 轨道摄动方法

摄动理论最初的需求和应用来自于航天器轨道动力学。航天器轨道运动的理想模型是开普勒轨道。但由于各种干扰因素的存在，航天器的轨道不再遵循开普勒运动规律。这些干扰因素包括：非均匀的地球引力场，大气阻力，太阳光压，太阳、月球的引力。这些干扰因素将使航天器偏离其预期的轨道。但由于这些干扰因素与地球引力相比是微量，这种微小扰动通常称为摄动。轨道摄动的思想最早可追溯到欧拉时代，他提出了轨道根数的摄动方法。在轨道根数的摄动方法中，认为干扰因素远比引力作用小，保留开普勒运动的基本特征，将轨道根数视为缓慢变化的变量。

考虑高斯型摄动方程：

$$\frac{\mathrm{d}^2\boldsymbol{r}}{\mathrm{d}t^2} = -\frac{\mu\boldsymbol{r}}{r^3} + \boldsymbol{f}_p \tag{4-25}$$

式中，

$$\boldsymbol{f}_p = f_r\boldsymbol{u}_r + f_\tau\boldsymbol{u}_\tau + f_n\boldsymbol{u}_n \tag{4-26}$$

式中，f_r、f_τ 和 f_n 分别是摄动力的径向、横向和法向分量。

轨道坐标系如图 4-2 所示，其中 $OXYZ$ 为惯性坐标系，$OX_NY_NZ_N$ 为升交点坐标系，$O\xi\eta\zeta$ 是近地点坐标系，$Oxyz$ 是轨道坐标系。把速度 v 在轨道坐标系中分解，得到径向速度 v_r 和横向速度 v_τ。根据轨道力学，可以得到

$$p = \frac{r^2 v_\tau^2}{\mu} \tag{4-27}$$

$$e^2 = 1 + \frac{r^2 v_\tau^2}{\mu^2}\left(v_r^2 + v_\tau^2 - \frac{2\mu}{r}\right) \tag{4-28}$$

式中，$p=a(1-e^2)$ 为半通径，e 为偏心率，a 为半长轴。

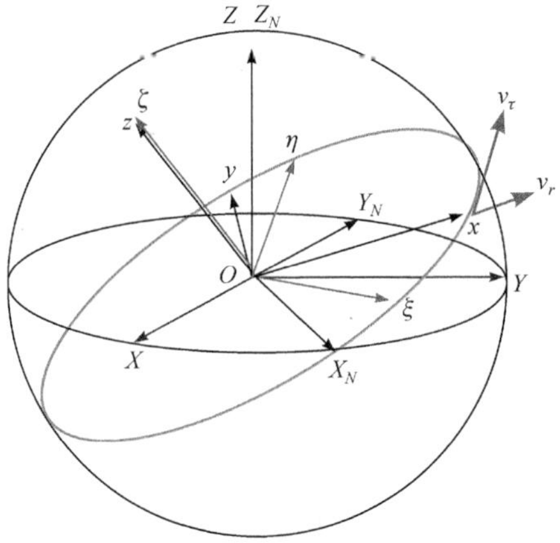

图 4-2　轨道坐标系

基于摄动方法的基本思想，假设瞬时位置固化，半通径、偏心率和速度的一阶幂级数形式近似解具有以下形式：

$$p = p_0 + \Delta p = p_0 + p_1 \Delta v_\tau \tag{4-29}$$

$$e = e_0 + \Delta e = e_0 + e_1 \Delta v_\tau + e_2 \Delta v_r \tag{4-30}$$

$$v_r = v_{r0} + \Delta v_r \tag{4-31}$$

$$v_\tau = v_{\tau 0} + \Delta v_\tau \tag{4-32}$$

式中，Δp 、Δe 、Δv_r 和 Δv_τ 都是小量。将式(4-29)～式(4-32)代入式(4-27)和式(4-28)，可以得到

$$p_0 + p_1 \Delta v_\tau = \frac{r^2 (v_{\tau 0} + \Delta v_\tau)^2}{\mu} \tag{4-33}$$

$$(e_0 + e_1 \Delta v_\tau + e_2 \Delta v_r)^2 = 1 + \frac{r^2 (v_{\tau 0} + \Delta v_\tau)^2}{\mu^2} \left[(v_{r0} + \Delta v_r)^2 + (v_{\tau 0} + \Delta v_\tau)^2 - \frac{2\mu}{r} \right] \tag{4-34}$$

略去高阶项，式(4-33)和式(4-34)可进一步写为

$$p_0 = \frac{r^2 v_{\tau 0}^2}{\mu} \tag{4-35}$$

$$e_0^2 = 1 + \frac{r^2 v_{\tau 0}}{\mu^2} \left(v_{r0}^2 + v_{\tau 0}^2 - \frac{2\mu}{r} \right) \tag{4-36}$$

$$p_1 = \frac{\partial p}{\partial v_\tau}\bigg|_{v_\tau = v_{\tau 0}} = \frac{\partial p}{\partial v_{\tau 0}} \tag{4-37}$$

$$2 e_0 e_1 = \frac{\partial e^2}{\partial v_\tau}\bigg|_{v_\tau = v_{\tau 0}} = \frac{\partial e^2}{\partial v_{\tau 0}} \tag{4-38}$$

$$2 e_0 e_2 = \frac{\partial e^2}{\partial v_r}\bigg|_{v_r = v_{r0}} = \frac{\partial e^2}{\partial v_{r0}} \tag{4-39}$$

因此，Δp 和 Δe 可以进一步表示为

$$\Delta p = p_1 \Delta v_\tau = \frac{\partial p}{\partial v_{\tau 0}} \Delta v_\tau \tag{4-40}$$

$$\Delta e = e_1 \Delta v_\tau + e_2 \Delta v_r = \left(\frac{\partial e^2}{\partial v_{\tau 0}} \Delta v_\tau + \frac{\partial e^2}{\partial v_{r0}} \Delta v_r \right) \frac{1}{2e_0} \tag{4-41}$$

为便于描述，引入变分算子描述一阶摄动方程。力学中有如下多种变分。

(1) 等时变分：不考虑时间变化。

(2) 乔丹变分：不考虑位置变化。

(3) 高斯变分：不考虑速度变化。

对式(4-27)和式(4-28)取乔丹变分 $(\delta r = 0, \delta v \neq 0)$，可以得到

$$\delta p = \frac{2r^2 v_\tau \delta v_\tau}{\mu} = 2r\sqrt{\frac{p}{\mu}} \delta v_\tau \tag{4-42}$$

$$\delta e = \sqrt{\frac{p}{\mu}} \left\{ \sin f \delta v_r + \left[\frac{re}{p} + \left(1 + \frac{r}{p} \right) \cos f \right] \delta v_\tau \right\} \tag{4-43}$$

通过类似处理，可以得到其他轨道要素的摄动[17]：

$$\begin{cases} \delta i = \dfrac{r\cos\theta}{\sqrt{\mu p}} \delta v_z \\ \delta \Omega = \dfrac{r\sin f}{\sqrt{\mu p}\sin i} \delta v_z \\ \delta \omega = \dfrac{1}{e}\sqrt{\dfrac{p}{\mu}} \left[-\cos f \delta v_r + \left(1 + \dfrac{r}{p} \right) \sin f \delta v_\tau - \dfrac{re}{p} \cot i \sin\theta \delta v_z \right] \end{cases} \tag{4-44}$$

式中，i 为轨道倾角；Ω 为升交点赤经；ω 为近地点幅角；f 为真近点角；$\theta = f + \omega$。经典轨道六要素 a、e、i、Ω、ω 和 f 几何意义如图 4-3 所示。

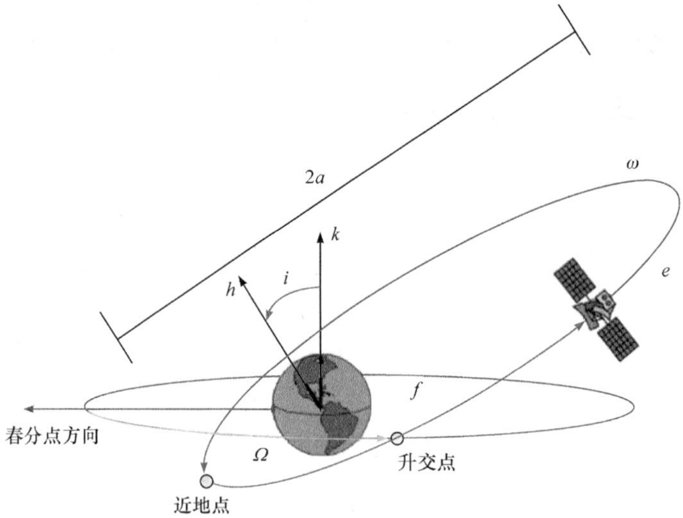

图 4-3 轨道六要素几何意义示意图

设 $\boldsymbol{F}_P$ 是万有引力之外的摄动力，其引起的单位质量的加速度称为摄动加速度，记为 $\boldsymbol{f}_p$：

$$\boldsymbol{f}_p = \frac{\boldsymbol{F}_P}{m} = \frac{\delta \boldsymbol{v}}{\delta t} \tag{4-45}$$

向轨道坐标系投影，得到

$$\frac{\delta v_r}{\delta t} = f_r, \quad \frac{\delta v_\tau}{\delta t} = f_\tau, \quad \frac{\delta v_n}{\delta t} = f_n \tag{4-46}$$

将轨道根数的增量结果除以 δt，并把变分符号改为微分符号，得到轨道根数摄动方程组：

$$\begin{cases} \dfrac{\mathrm{d}p}{\mathrm{d}t} = 2r\sqrt{\dfrac{p}{\mu}} f_\tau \\ \dfrac{\mathrm{d}e}{\mathrm{d}t} = \sqrt{\dfrac{p}{\mu}}\left\{\sin f \cdot f_r + \left[\dfrac{re}{p} + \left(1+\dfrac{r}{p}\right)\cos f\right] f_\tau\right\} \\ \dfrac{\mathrm{d}i}{\mathrm{d}t} = \dfrac{r\cos\theta}{\sqrt{\mu p}} f_n \\ \dfrac{\mathrm{d}\Omega}{\mathrm{d}t} = \dfrac{r\sin\theta}{\sqrt{\mu p}\sin i} f_n \\ \dfrac{\mathrm{d}\omega}{\mathrm{d}t} = \dfrac{1}{e}\sqrt{\dfrac{p}{\mu}}\left[-\cos f \cdot f_r + \left(1+\dfrac{r}{p}\right)\sin f \cdot f_\tau - \dfrac{re}{p}\cot i \sin\theta \cdot f_n\right] \end{cases} \tag{4-47}$$

考虑 J_2 摄动，其摄动加速度为

$$\begin{cases} f_r = \dfrac{3\mu J_2 R_e^2}{2r^4}(3\sin^2 i \sin^2\theta - 1) \\ f_\tau = -\dfrac{3\mu J_2 R_e^2}{2r^4}\sin^2 i \sin 2\theta \\ f_n = -\dfrac{3\mu J_2 R_e^2}{2r^4}\sin 2i \sin\theta \end{cases} \tag{4-48}$$

上述方程组原则上可以求解，但由于其存在严重非线性，因此只能进行数值计算，没有解析解。另外，由于摄动的影响与引力相比极其微小，因此轨道要素的变化缓慢，相比之下轨道的长期摄动更有意义。当方程中的变量变化快慢明显不同时，理论分析中可考虑采用平均法对方程进行简化。

用 $\varepsilon_i (i=1,2,3,4,5)$ 统一表示各轨道要素 ω、Ω、i、p 和 e。在航天器在轨运行的一个周期内，近似认为轨道要素没有变化，将方程在一个周期内积分，得到每运行一周轨道要素的微小增量 $\Delta\varepsilon_i$：

$$\Delta\varepsilon_i = \int_0^T \left(\frac{\mathrm{d}\varepsilon_i}{\mathrm{d}t}\right)\mathrm{d}t \tag{4-49}$$

由于 ε_i 不是时间的显函数，而是真近点角的显函数，因此可以改写为

$$\Delta\varepsilon_i = \int_0^{2\pi} \left(\frac{\mathrm{d}\varepsilon_i}{\mathrm{d}t}\right)\left(\frac{\mathrm{d}t}{\mathrm{d}f}\right)\mathrm{d}f \tag{4-50}$$

式中，$\mathrm{d}t/\mathrm{d}f$ 的表达式为

$$\frac{\mathrm{d}t}{\mathrm{d}f} = \frac{r^2}{na^2\sqrt{1-e^2}} \tag{4-51}$$

通过上述处理，可以得到 J_2 摄动下平均轨道要素的摄动解：

$$\Delta p = \Delta e = \Delta i = 0 \tag{4-52}$$

$$\Delta\omega = \frac{3}{2}\pi J_2 \left(\frac{R_e}{p}\right)^2 (5\cos^2 i - 1) \tag{4-53}$$

$$\Delta\Omega = -3\pi J_2 \left(\frac{R_e}{p}\right)^2 \cos i \tag{4-54}$$

下面代码给出了平均轨道要素摄动解的求解过程：

```
clear all
syms mu e p theta f omega J2 Re inc
theta=f+omega;
r=p/(1+e*cos(f));
dt_df=r^2/sqrt(mu*p);  %转换关系
fr=-3*mu*J2*Re^2/2/r^4*(1-3*(sin(inc))^2*(sin(theta))^2);
ft=-3*mu*J2*Re^2/2/r^4*(sin(inc))^2*sin(2*theta);
fn=-3*mu*J2*Re^2/2/r^4*sin(2*inc)*sin(theta);
dp_dt=dt_df*2*r*sqrt(p/mu)*ft;
dOMEGA_dt=dt_df*r*sin(theta)*fn/sqrt(mu*p)/sin(inc);
di_dt=dt_df*r*cos(theta)*fn/sqrt(mu*p);
p=simplify(int(dp_dt,f,0,2*pi))
inc=simplify(int(di_dt,f,0,2*pi))
OMEGA=simplify(int(dOMEGA_dt,f,0,2*pi))
```

仿真输出为

```
p =
0
inc =
0
OMEGA =
-(3*pi*J2*Re^2*cos(inc))/p^2
```

上述平均化过程消除了轨道要素在每一个运行周期内的波动，但能准确反映轨道要素的长期变化规律，即轨道的长期摄动。轨道要素在每个运行周期内的波动称为周期摄动。

4.3　弹道摄动方程

飞行力学介绍了飞行器的运动特性，给出了飞行中的运动方程与弹道计算方法。从理论上，如果知道了发射条件，就是给出了运动方程的一组起始条件，则可以唯一地确定一条弹道。实际上，影响其运动的因素很多，如飞行运动的环境条件、弹体本身的特征参数、发动机与控制系统的特性，都会对弹道产生影响。因此，即使给定了发射条件，也无法准确地确定实际运动轨迹，事先只能给出运动的某些平均规律，设法使实际运动规律对这些平均运动规律的偏差为小量，那么就可在平均运动规律的基础上，利用小偏差理论来研究这些偏差对弹体运动特性的影响，称为弹道摄动理论[18]。

4.3.1　标准条件与标准弹道

在弹道摄动方法中，首先需要给出标准条件和标准弹道方程的假设，利用标准弹道方程在标准条件下计算出来的弹道称为标准弹道。标准条件和标准弹道方程会随着研究问题的内容和性质不同而有所不同。不同的研究内容，可以有不同的标准条件和标准弹道方程，目的在于保证实际运动弹道对标准弹道的小偏差。

标准条件可以概括为以下三个方面。

(1) 地理条件：地球形状、旋转、重力加速度。

(2) 气象条件：大气、气温、气压、密度。

(3) 弹道条件：弹的尺寸、空气动力系数、质量、发动机推力和控制系统放大系数等。

在给定发射条件下，标准弹道通过目标，在实际情况下，由于各种扰动因素的影响，实际弹道将偏离标准弹道而产生目标点偏差。扰动包括瞬时扰动与经常扰动，或称随机扰动与系统扰动，其中：

(1) 随机扰动的特点是随机的、无法预知的，由此而引起落点对目标散布，可用数理统计的方法研究散布特性。

(2) 系统扰动的特点是非随机的，理论上是确定的，但受条件的限制，不能确切掌握精确值，如起飞质量、燃耗后质量等。在标准条件选择适当时，系统扰动为小量，可用摄动法来研究。

火箭的标准弹道一般通过优化方法进行设计，下面给出一个简单例子。

例 4.4　Goddard 火箭最大上升高度问题，其无量纲动力学方程为

$$\begin{cases} \dot{v}(t) = \dfrac{T - D(h,v)}{m(t)} - g(h) \\ \dot{h}(t) = v(t) \\ \dot{m}(t) = -\dfrac{T}{c} \end{cases} \tag{4-55}$$

式中，$c=0.5$；$D(h,v)$ 和 $g(h)$ 定义如下：

$$D(h,v)=D_0 v^2 \mathrm{e}^{-\beta\frac{h-h(0)}{h(0)}} \tag{4-56}$$

$$g(h)=g_0\left[\frac{h(0)}{h}\right]^2 \tag{4-57}$$

式中，$D_0=310$；$\beta=500$；$g_0=1$。初始时刻的速度、高度和质量分别为 $v(0)=0$，$h(0)=1$，$m(0)=1$。

推力控制的不等式约束为

$$0\leqslant T\leqslant 3.5 \tag{4-58}$$

性能指标为上升高度最大化，即

$$J=h(t_\mathrm{f}) \tag{4-59}$$

采用 Yop 软件包求解上述最优控制问题，MATLAB 代码如下所示：

```
sys = YopSystem(...
    'states', 3, ...
    'controls', 1, ...
    'model', @goddardModel ...
    );
time = sys.t;
rocket = sys.y.rocket;
ocp = YopOcp();
ocp.max({ t_f( rocket.height ) });
ocp.st(...
     'systems', sys, ...
     ... % 初始条件
    {   0  '==' t_0( time )              }, ...
    {   1  '==' t_0( rocket.height   )   }, ...
    {   0  '==' t_0( rocket.speed    )   }, ...
    {   1  '==' t_0( rocket.fuelMass )   }, ...
    ... % 约束
    {   0  '<=' t_f( time )     '<=' inf  }, ...
    {   1  '<=' rocket.height   '<=' inf  }, ...
    { -inf '<=' rocket.speed    '<=' inf  }, ...
    {  0.6 '<=' rocket.fuelMass '<='  1   }, ...
    {   0  '<=' rocket.thrust   '<=' 3.5  } ...
    );
sol = ocp.solve('controlIntervals', 100);
```

```
function [dx, y] = goddardModel(t, x, u)
    % 状态和控制变量
    v = x(1);
    h = x(2);
    m = x(3);
    T = u;
    % 参数
    c = 0.5;
    g0 = 1;
    h0 = 1;
    D0 = 0.5*620;
    b = 500;
     % 阻力
    g = g0*(h0/h)^2;
    D = D0*exp(-b*h);
    F_D = D*v^2;
     % 动力学方程
    dv = (T-sign(v)*F_D)/m-g;
    dh = v;
    dm = -T/c;
    dx = [dv;dh;dm];
    y.rocket.speed = v;
    y.rocket.height = h;
    y.rocket.fuelMass = m;
    y.rocket.thrust = T;
    y.drag.coefficient = D;
    y.drag.force = F_D;
    y.gravity = g;
end
```

Yop 求解 Goddard 问题的数值仿真曲线如图 4-4 和图 4-5 所示。

4.3.2　被动段摄动方程

由于落点偏差(包括射程偏差 ΔL 与横程偏差 ΔH)是实际飞行条件的函数，也就是发射时的实际气温、气压、重力加速度、发动机推力、空气动力系数等一系列参数的函数，用 $\lambda_i (i=1,2,\cdots,n)$ 表示。以射程为例，L 为全射程，则：

$$L = L(\lambda_1, \lambda_2, \cdots, \lambda_n) \tag{4-60}$$

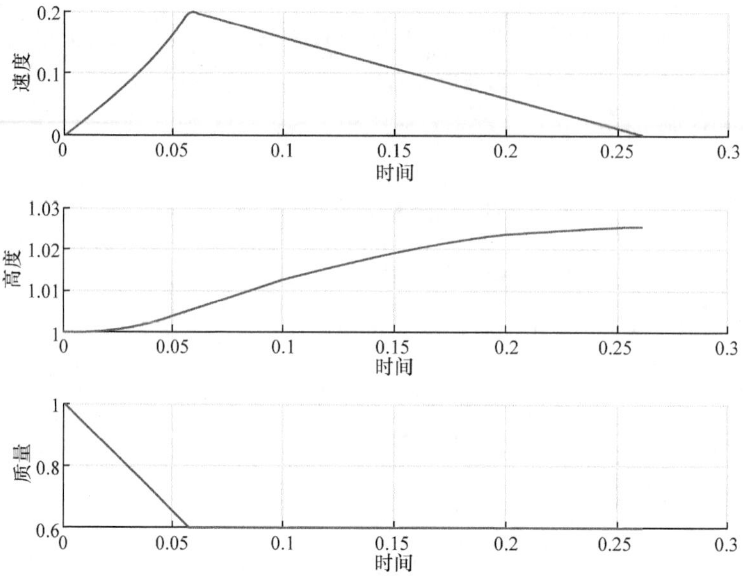

图 4-4　Yop 求解 Goddard 问题的最优状态仿真曲线

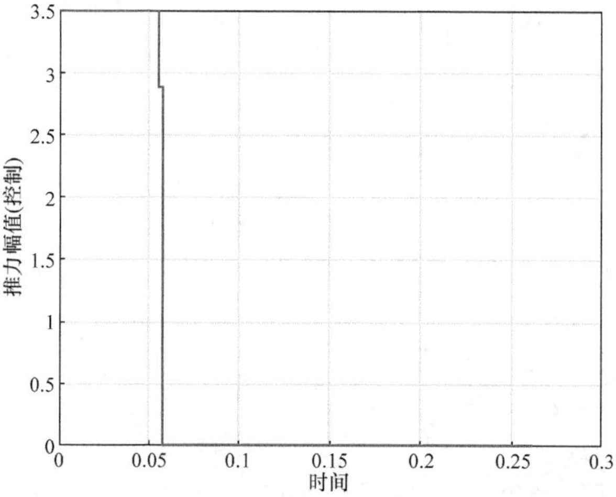

图 4-5　Yop 求解 Goddard 问题的最优控制仿真曲线

把对应于标准飞行条件和标准弹道的参数上加上“～”，则标准条件下的标准射程为

$$\tilde{L}=\tilde{L}(\tilde{\lambda}_1,\tilde{\lambda}_2,\cdots,\tilde{\lambda}_n) \tag{4-61}$$

实际条件下的实际射程如式(4-60)所示，根据摄动理论，可以得到

$$\Delta L=\sum_{i=1}^{n}\frac{\partial L}{\partial \lambda_i}\Delta\lambda_i \tag{4-62}$$

式中，$\Delta L=L-\tilde{L}$；$\Delta\lambda_i=\lambda_i-\tilde{\lambda}_i(i=1,2,\cdots,n)$。用这样的方法来研究由扰动 $\Delta\lambda_i$ 引起的射程偏差 ΔL 的方法就是弹道摄动法。

被动段的落点偏差主要由主动段终点弹道参数的偏差引起的。考虑地球旋转影响，可将射程和横程分别写为

$$L = L(v_{xk}, v_{yk}, v_{zk}, x_k, y_k, z_k, t_k) \tag{4-63}$$

$$H = H(v_{xk}, v_{yk}, v_{zk}, x_k, y_k, z_k, t_k) \tag{4-64}$$

式中，v_{xk}、v_{yk}、v_{zk}、x_k、y_k、z_k和t_k分别为关机点惯性坐标下的速度、位置和时间。射程偏差ΔL与横程偏差ΔH可以进一步表示为

$$\Delta L = \frac{\partial L}{\partial v_{xk}}\Delta v_{xk} + \frac{\partial L}{\partial v_{yk}}\Delta v_{yk} + \frac{\partial L}{\partial v_{zk}}\Delta v_{zk} + \frac{\partial L}{\partial x_k}\Delta x_k + \frac{\partial L}{\partial y_k}\Delta y_k + \frac{\partial L}{\partial z_k}\Delta z_k + \frac{\partial L}{\partial t_k}\Delta t_k \tag{4-65}$$

$$\Delta H = \frac{\partial H}{\partial v_{xk}}\Delta v_{xk} + \frac{\partial H}{\partial v_{yk}}\Delta v_{yk} + \frac{\partial H}{\partial v_{zk}}\Delta v_{zk} + \frac{\partial H}{\partial x_k}\Delta x_k + \frac{\partial H}{\partial y_k}\Delta y_k + \frac{\partial H}{\partial z_k}\Delta z_k + \frac{\partial H}{\partial t_k}\Delta t_k \tag{4-66}$$

4.3.3　主动段弹道摄动方程

由于火箭主动段弹道射程较小，研究扰动因素对主动段弹道参数偏差的影响时，可将纵向运动和侧向运动看成互相独立的两个运动，只研究纵向运动，其运动方程为

$$\begin{cases}
\dot{x}(t) = v\cos\theta \triangleq f_1(v,\theta) \\
\dot{y}(t) = v\sin\theta \triangleq f_2(v,\theta) \\
\dot{v}(t) = \dfrac{1}{m}(P_e\cos\alpha - C_x q S_m - R'\delta_\varphi \sin\alpha) + g\sin\theta \triangleq f_3(v,\theta,y,\alpha,\delta_\varphi,\lambda_i) \\
\dot{\theta}(t) = \dfrac{1}{mv}(P_e\sin\alpha + C_y^\alpha q S_m \alpha + R'\delta_\varphi \cos\alpha) + \dfrac{g}{v}\cos\theta \triangleq f_4(v,\theta,y,\alpha,\delta_\varphi,\lambda_i) \\
\dot{W}_{x1}(t) = \dfrac{1}{m}(P_e - C_x q S_m \cos\alpha + C_y^\alpha q S_m \alpha \sin\alpha) \triangleq f_5(v,\theta,y,\alpha,\delta_\varphi,\lambda_i) \\
\dot{W}_{y1}(t) = \dfrac{1}{m}(C_x q S_m \sin\alpha + C_y^\alpha q S_m \alpha\cos\alpha + 2R'\delta_\varphi) \triangleq f_6(v,\theta,y,\alpha,\delta_\varphi,\lambda_i) \\
M_{z1} = M_{z1}^\alpha \alpha + M_{z1}^\delta \delta_\varphi \triangleq f_7(v,\theta,y,\alpha,\delta_\varphi,\lambda_i) = 0 \\
\delta_\varphi = a_0^\varphi(\theta + \alpha - \varphi_{\mathrm{pr}})
\end{cases} \tag{4-67}$$

式中，前四个是质心运动方程，其中P_e为有效推力，R'为发动机控制力梯度，δ_φ为发动机等效摆动角，α为攻角，C_x为阻系数，C_y^α为升力系数对攻角的偏导数，q为动压，S_m为气动参考面积，$\lambda_i(i=1,2,\cdots,n)$为各干扰因素；第五、六式是视加速度方程，由此可求出扰动因素引起的视速度的偏差；第七式是力矩瞬时平衡方程；第八式是控制方程，其中a_0^φ为静态放大系数，φ_{pr}为随时间按一定规律变化的俯仰程序角。如果将第八式的δ_φ表达式代入前几式，可消去δ_φ，则可以得到

$$\begin{cases}
\dot{x}(t) = f_1(v,\theta) \\
\dot{y}(t) = f_2(v,\theta) \\
\dot{v}(t) = f_3(v,\theta,y,\alpha,\lambda_i) \\
\dot{\theta}(t) = f_4(v,\theta,y,\alpha,\lambda_i) \\
\dot{W}_{x1}(t) = f_5(v,\theta,y,\alpha,\lambda_i) \\
\dot{W}_{y1}(t) = f_6(v,\theta,y,\alpha,\lambda_i) \\
M_{z1}^\alpha \alpha + M_{z1}^\delta a_0^\varphi(\theta + \alpha - \varphi_{\mathrm{pr}}) = f_7(v,\theta,y,\alpha,\lambda_i) = 0
\end{cases} \tag{4-68}$$

式中，第五、六式独立，其余五式包含 x 、y 、v 、θ 和 α 五个未知参数。如果在标准条件下，用给定起始条件对式(4-68)进行数值积分，则可解出标准弹道运动参数。实际情况下，飞行条件将偏离标准条件，则运动参数的等时变分(等时偏差)为

$$\begin{cases}\delta x(t)=\Delta x(t)=x(t)-\tilde{x}(t)\\\delta y(t)=\Delta y(t)=y(t)-\tilde{y}(t)\\\delta v(t)=\Delta v(t)=v(t)-\tilde{v}(t)\\\delta\theta(t)=\Delta\theta(t)=\theta(t)-\tilde{\theta}(t)\\\delta\alpha(t)=\Delta\alpha(t)=\alpha(t)-\tilde{\alpha}(t)\\\delta W_{x1}(t)=\Delta W_{x1}(t)=W_{x1}(t)-\tilde{W}_{x1}(t)\\\delta W_{y1}(t)=\Delta W_{y1}(t)=W_{y1}(t)-\tilde{W}_{y1}(t)\end{cases} \tag{4-69}$$

以 $\tilde{\lambda}_i$ 表示标准飞行条件，λ_i 表示实际飞行条件，则 $\delta\lambda_i=\lambda_i-\tilde{\lambda}_i$ 为扰动，在小扰动情况下，根据摄动理论可以得到

$$\begin{cases}\delta\dot{x}(t)=a_{13}\delta v+a_{14}\delta\theta\\\delta\dot{y}(t)=a_{23}\delta v+a_{24}\delta\theta\\\delta\dot{v}(t)=a_{32}\delta y+a_{33}\delta v+a_{34}\delta\theta+a_{35}\delta\alpha+\sum\limits_{i=1}^{n}\dfrac{\partial f_3}{\partial\lambda_i}\delta\lambda_i\\\delta\dot{\theta}(t)=a_{42}\delta y+a_{43}\delta v+a_{44}\delta\theta+a_{45}\delta\alpha+\sum\limits_{i=1}^{n}\dfrac{\partial f_4}{\partial\lambda_i}\delta\lambda_i\\\delta\dot{W}_{x1}(t)=a_{52}\delta y+a_{53}\delta v+a_{54}\delta\theta+a_{55}\delta\alpha+\sum\limits_{i=1}^{n}\dfrac{\partial f_5}{\partial\lambda_i}\delta\lambda_i\\\delta\dot{W}_{y1}(t)=a_{62}\delta y+a_{63}\delta v+a_{64}\delta\theta+a_{65}\delta\alpha+\sum\limits_{i=1}^{n}\dfrac{\partial f_6}{\partial\lambda_i}\delta\lambda_i\\a_{72}\delta y+a_{73}\delta v+a_{74}\delta\theta+a_{75}\delta\alpha+\sum\limits_{i=1}^{n}\dfrac{\delta f_7}{\delta\lambda_i}\delta\lambda_i=0\end{cases} \tag{4-70}$$

式中，a_{ij} 是 $f_i(i=1,2,\cdots,7)$ 对 x 、y 、v 、θ 和 α 的偏导数，令

$$\begin{cases}\varepsilon_v=\sum\limits_{i=1}^{n}\dfrac{\partial f_3}{\partial\lambda_i}\delta\lambda_i,\varepsilon_\theta=\sum\limits_{i=1}^{n}\dfrac{\partial f_4}{\partial\lambda_i}\delta\lambda_i,\varepsilon_{W_x}=\sum\limits_{i=1}^{n}\dfrac{\partial f_5}{\partial\lambda_i}\delta\lambda_i,\varepsilon_{W_y}=\sum\limits_{i=1}^{n}\dfrac{\partial f_6}{\partial\lambda_i}\delta\lambda_i\\M_D=\sum\limits_{i=1}^{n}\dfrac{\delta f_7}{\delta\lambda_i}\delta\lambda_i\end{cases} \tag{4-71}$$

式中，ε_v 、ε_θ 、ε_{W_x} 、ε_{W_y} 和 M_D 为由诸扰动因素而产生的 $\dot{v}$ 、$\dot{\theta}$ 、$\dot{W}_{x1}$ 、$\dot{W}_{y1}$ 和 M_{z1} 的增量。从式(4-70)第七式中解出：

$$\delta\alpha=-\frac{1}{a_{75}}(a_{72}\delta y+a_{73}\delta v+a_{74}\delta\theta+M_D) \tag{4-72}$$

则可以得到

$$\dot{\boldsymbol{\varepsilon}}(t)=\boldsymbol{A}\boldsymbol{\varepsilon}(t)+\boldsymbol{F} \tag{4-73}$$

式中，$\boldsymbol{\varepsilon}=[\delta x,\delta y,\delta v,\delta\theta,\delta W_{x1},\delta W_{y1}]^{\mathrm{T}}$；$\boldsymbol{A}$ 为由 a_{ij} 组成的线性矩阵；$\boldsymbol{F}$ 为 a_{ij} 和 ε_v、ε_θ、ε_{W_x}、ε_{W_y}、M_D 组成的向量。因此，可以得到

$$\boldsymbol{\varepsilon}(t)=\phi(t,t_0)\boldsymbol{\xi}(t_0)+\int_0^t\phi(t,\tau)\boldsymbol{F}(\tau)\mathrm{d}\tau \tag{4-74}$$

给出各参数的初始偏差，根据式(4-74)可以计算任意时间的运动参数偏差。

4.4　射程控制方案

射程控制的目的是使得实际射程与标准射程一致，即

$$L(\boldsymbol{r}_k,\boldsymbol{v}_k)=\tilde{L}(\tilde{\boldsymbol{r}}_k,\tilde{\boldsymbol{v}}_k) \tag{4-75}$$

式中，$\boldsymbol{r}_k$ 和 $\boldsymbol{v}_k$ 为关机时刻火箭实际弹道的位置向量和速度向量；$\tilde{\boldsymbol{r}}_k$ 和 $\tilde{\boldsymbol{v}}_k$ 为关机时刻火箭标准弹道的位置向量和速度向量。射程控制方案有多种形式，主要包括按时间关机、按速度关机、按视速度关机、按射程关机等。本节中简单介绍按时间关机方案和按速度关机方案。

4.4.1　按时间关机的射程控制

按时间关机的射程控制是最简单而直接的方法，使发动机关机时刻 t_k 与标准弹道的关机时刻相等，即

$$t_k=\tilde{t}_k \tag{4-76}$$

但由于扰动因素的影响，按时间关机时射程存在等时偏差：

$$\delta L=\frac{\partial L}{\partial \boldsymbol{r}_k}\delta\boldsymbol{r}_k+\frac{\partial L}{\partial \boldsymbol{v}_k}\delta\boldsymbol{v}_k \tag{4-77}$$

式中，$\partial L/\partial\boldsymbol{r}_k$ 和 $\partial L/\partial\boldsymbol{v}_k$ 为误差传递系数。将火箭的运动分解成为纵向平面运动和侧向平面运动两个互相独立的运动来考虑，此时射程偏差 ΔL 为

$$\Delta L=L(x_k,y_k,v_k,\theta_k)-\tilde{L}(\tilde{x}_k,\tilde{y}_k,\tilde{v}_k,\tilde{\theta}_k) \tag{4-78}$$

射程控制的任务在于正确选择关机点参数，使 $\Delta L\to 0$。按时间关机的摄动制导，显然无法实现上述任务，其在关机点时刻射程偏差为

$$\Delta L=\frac{\partial L}{\partial v_k}\delta v_k+\frac{\partial L}{\partial \theta_k}\delta\theta_k+\frac{\partial L}{\partial x_k}\delta x_k+\frac{\partial L}{\partial y_k}\delta y_k \tag{4-79}$$

4.4.2　按速度关机的射程控制

设箭上有测量装置，能测出实际飞行速度的大小 v，然后与标准弹道关机速度 $\tilde{v}$ 比较，二者相等时关机，则关机方程为

$$v_k=\tilde{v}_k \tag{4-80}$$

此时主动段终点的速度偏差为

$$\Delta v_k = v_k - \tilde{v}_k = 0 \tag{4-81}$$

由于按速度关机，关机时刻 t_k 与标准关机时刻 $\tilde{t}_k$ 不等，时间偏差 Δt_k 为

$$\Delta t_k = t_k - \tilde{t}_k \tag{4-82}$$

由于在主动段干扰的作用较小，Δt_k 为小偏差，因此实际弹道飞行速度可在 $\tilde{t}_k$ 附近展开成泰勒级数，只取一阶项，则：

$$v_k = v(t_k) = v(\tilde{t}_k + \Delta t_k) = v(\tilde{t}_k) + \dot{v}(\tilde{t}_k)\Delta t_k \tag{4-83}$$

式中，$v(\tilde{t}_k)$ 为在 $\tilde{t}_k$ 时刻实际弹道的飞行速度。$v(\tilde{t}_k)$ 与标准弹道在 $\tilde{t}_k$ 时刻的飞行速度 $\tilde{v}(\tilde{t}_k)$ 不同，两者之差就是速度的等时偏差，即

$$\delta v_k = v(\tilde{t}_k) - \tilde{v}(\tilde{t}_k) \tag{4-84}$$

则可以得到

$$\Delta v_k = v_k - \tilde{v}_k = v(\tilde{t}_k) - \tilde{v}_k + \dot{v}(\tilde{t}_k)\Delta t_k = \delta v_k + \dot{v}(\tilde{t}_k)\Delta t_k \tag{4-85}$$

按速度关机 $\Delta v_k = 0$，故可知：

$$\Delta t_k = -\frac{\delta v_k}{\dot{v}(\tilde{t}_k)} \approx -\frac{\delta v_k}{\dot{\tilde{v}}(\tilde{t}_k)} \tag{4-86}$$

正是有了时间偏差 Δt_k，对等时关机的射程偏差起到了补偿作用，使按速度关机的射程偏差小于按时间关机的射程偏差。如图 4-6 所示，设主动段在干扰作用下，实际弹道的速度 v 比标准弹道的速度 $\tilde{v}$ 大，若按时间关机，$t = \tilde{t}_k$ 时产生速度偏差 $\delta v_k > 0$，而使 $\delta L > 0$；若按速度关机，关机时间为 t_k，比 $\tilde{t}_k$ 提前了 Δt_k，使射程偏差减小。射程偏差 ΔL 是否确实小于 δL 需要进一步的研究，为此，首先导出按速度关机时的射程偏差公式，然后与按时间关机的射程偏差公式进行比较。

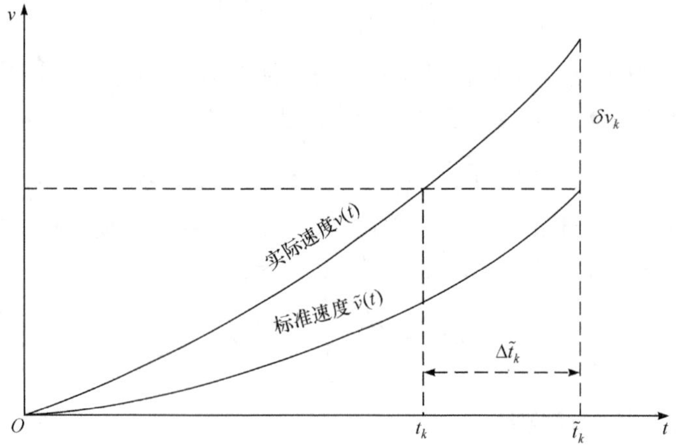

图 4-6 按速度关机与按时间关机的比较

1) 按速度关机时的射程偏差计算公式

在速度关机的条件下，被动段与标准弹道的终点运动参数偏差为

$$\begin{cases}\Delta v_k = v_k - \tilde{v}_k = v(t_k) - \tilde{v}(\tilde{t}_k) = 0 \\ \Delta\theta_k = \theta_k - \tilde{\theta}_k = \theta(t_k) - \tilde{\theta}(\tilde{t}_k) \\ \Delta x_k = x_k - \tilde{x}_k = x(t_k) - \tilde{x}(\tilde{t}_k) \\ \Delta y_k = y_k - \tilde{y}_k = y(t_k) - \tilde{y}(\tilde{t}_k)\end{cases} \tag{4-87}$$

为方便描述，上述偏差可表示为

$$\Delta L = L(x_k, y_k, v_k, \theta_k) - \tilde{L}(\tilde{x}_k, \tilde{y}_k, \tilde{v}_k, \tilde{\theta}_k) \tag{4-88}$$

根据摄动理论，可以得到

$$\Delta L = \frac{\partial L}{\partial \theta_k}\Delta\theta_k + \frac{\partial L}{\partial x_k}\Delta x_k + \frac{\partial L}{\partial y_k}\Delta y_k \tag{4-89}$$

式中，$\Delta\theta_k$、Δx_k 和 Δy_k 分别为按速度关机的实际弹道关机时刻运动参数对标准弹道关机时刻运动参数的偏差。

2) 按速度关机的射程偏差 ΔL 与按时间关机的射程偏差 δL 比较

与式(4-85)类似，可以得到

$$\begin{cases}\Delta\theta_k = \delta\theta_k + \dot{\theta}(\tilde{t}_k)\Delta t_k \\ \Delta x_k = \delta x_k + \dot{x}(\tilde{t}_k)\Delta t_k \\ \Delta y_k = \delta y_k + \dot{y}(\tilde{t}_k)\Delta t_k\end{cases} \tag{4-90}$$

由式(4-86)可知，按速度关机时有

$$\Delta t_k = -\frac{\delta v_k}{\dot{v}(\tilde{t}_k)} \approx -\frac{\delta v_k}{\dot{\tilde{v}}(\tilde{t}_k)} \tag{4-91}$$

将式(4-91)代入式(4-90)，可以得到

$$\begin{cases}\Delta\theta_k = \delta\theta_k - \dfrac{\dot{\theta}_k(\tilde{t}_k)}{\dot{v}_k(\tilde{t}_k)}\delta v_k = \delta\theta_k - \dfrac{\dot{\theta}_k}{\dot{v}_k}\delta v_k \\ \Delta x_k = \delta x_k - \dfrac{\dot{x}_k(\tilde{t}_k)}{\dot{v}_k(\tilde{t}_k)}\delta v_k = \delta x_k - \dfrac{\dot{x}_k}{\dot{v}_k}\delta v_k \\ \Delta y_k = \delta y_k - \dfrac{\dot{y}_k(\tilde{t}_k)}{\dot{v}_k(\tilde{t}_k)}\delta v_k = \delta y_k - \dfrac{\dot{y}_k}{\dot{v}_k}\delta v_k\end{cases} \tag{4-92}$$

将式(4-92)代入式(4-89)，可得

$$\begin{aligned}\Delta L &= -\frac{1}{\dot{v}_k}\left(\frac{\partial L}{\partial \theta_k}\dot{\theta}_k + \frac{\partial L}{\partial x_k}\dot{x}_k + \frac{\partial L}{\partial y_k}\dot{y}_k\right)\delta v_k + \frac{\partial L}{\partial \theta_k}\delta\theta_k + \frac{\partial L}{\partial x_k}\delta x_k + \frac{\partial L}{\partial y_k}\delta y_k \\ &\approx -\frac{1}{\dot{\tilde{v}}_k}\left(\frac{\partial L}{\partial \theta_k}\dot{\tilde{\theta}}_k + \frac{\partial L}{\partial x_k}\dot{\tilde{x}}_k + \frac{\partial L}{\partial y_k}\dot{\tilde{y}}_k\right)\delta v_k + \frac{\partial L}{\partial \theta_k}\delta\theta_k + \frac{\partial L}{\partial x_k}\delta x_k + \frac{\partial L}{\partial y_k}\delta y_k\end{aligned} \tag{4-93}$$

令

$$\left(\frac{\partial L}{\partial v_k}\right)^* = -\frac{1}{\dot{\tilde{v}}}\left(\frac{\delta L}{\delta\theta_k}\dot{\tilde{\theta}}_k + \frac{\delta L}{\delta x_k}\dot{\tilde{x}}_k + \frac{\delta L}{\delta y_k}\dot{\tilde{y}}_k\right) \tag{4-94}$$

则可以得到

$$\Delta L=\left(\frac{\partial L}{\partial v_k}\right)^*\delta v_k+\frac{\partial L}{\partial \theta_k}\delta\theta_k+\frac{\partial L}{\partial x_k}\delta x_k+\frac{\partial L}{\partial y_k}\delta y_k \tag{4-95}$$

按速度关机的射程偏差式(4-95)和按时间关机的射程偏差式(4-79)比较，两者的差别主要体现在 δv_k 项的系数，下面举例说明。

例 4.5 设某火箭弹道参数如下：

$$\frac{\partial L}{\partial v_k}=9040\text{s},\quad \frac{\partial L}{\partial \theta_k}=26400\text{m}/(°),\quad \frac{\partial L}{\partial x_k}=1.29,\quad \frac{\partial L}{\partial y_k}=9.59 \tag{4-96}$$

$$\tilde{\dot{\theta}}_k=-0.0433228(°)/\text{s},\quad \tilde{\dot{v}}_k=81.13\text{m}/\text{s}^2,\quad \tilde{\dot{x}}_k=6527.2\text{m}/\text{s},\quad \tilde{\dot{y}}_k=1056.2\text{m}/\text{s} \tag{4-97}$$

$$\delta v_k=1\text{m}/\text{s},\quad \delta\theta_k=0.01°,\quad \delta x_k=1000\text{m},\quad \delta y_k=1000\text{m},\quad \delta t_k=-0.012326\text{s} \tag{4-98}$$

根据式(4-94)和式(4-95)，可计算得到

$$\left(\frac{\partial L}{\partial v_k}\right)^*=-214.53623\text{s} \tag{4-99}$$

$$\Delta L=10929.45\text{m} \tag{4-100}$$

根据式(4-79)，可以得到

$$\frac{\partial L}{\partial v_k}=9040\text{s} \tag{4-101}$$

$$\delta L=20184\text{m} \tag{4-102}$$

通过上述计算表明：

$$\left|\left(\frac{\partial L}{\partial v_k}\right)^*\right|\ll\left(\frac{\partial L}{\partial v_k}\right) \tag{4-103}$$

因此，按速度关机产生的射程偏差 ΔL 小于按时间关机产生的射程偏差 δL，也可用式(4-104)说明二者关系：

$$\Delta L=-\frac{\tilde{\dot{L}}}{\tilde{\dot{v}}_k}\delta v_k+\delta L=\tilde{\dot{L}}\Delta t_k+\delta L \tag{4-104}$$

式(4-104)可通过将式(4-94)代入式(4-95)后化简得到。注意到射程是随时间增加的，即 $\tilde{\dot{L}}>0$。当 $\Delta v_k>0$ 时，$\delta L>0$，而 $\Delta t_k<0$，则 $\Delta L<\delta L$，故按速度关机的方案减小了射程偏差。但需要对火箭的飞行速度进行测量，因此箭上要有测量速度的设备，在结构上比按时间关机的方案复杂。

4.5 摄动制导计算

火箭摄动制导的目标是使得射程偏差ΔL 和横程偏差ΔH 都为零，一般分为横向导引和法向导引。横向导引控制质心横向运动参数，使关机点横向运动参数满足预定程序要求。法向导引控制弹道倾角，使其在关机点接近于标准值。

4.5.1 横向导引计算

已知横程偏差可表示为

$$\Delta H=\frac{\partial H}{\partial \boldsymbol{v}_k}\Delta \boldsymbol{v}_k+\frac{\partial H}{\partial \boldsymbol{r}_k}\Delta \boldsymbol{r}_k \tag{4-105}$$

或:

$$\Delta H=\frac{\partial H}{\partial \boldsymbol{v}_k}\Delta \boldsymbol{v}_k+\frac{\partial H}{\partial \boldsymbol{r}_k}\Delta \boldsymbol{r}_k+\frac{\partial H}{\partial t_k}\Delta t_k \tag{4-106}$$

横程控制要求在关机时刻 t_k 满足:

$$\Delta H(t_k)=0 \tag{4-107}$$

但关机时刻 t_k 是由射程控制来确定的，由于干扰的随机性，不可能同时满足射程偏差和横程偏差的关机条件。因此，往往采用先满足横程偏差后满足射程偏差的原则，即在标准弹道关机时刻 $\tilde{t}_k$ 之前某一时刻 $\tilde{t}_k-T$ 开始，直到 t_k 一直保持:

$$\Delta H(t)=0,\quad \tilde{t}_k-T\leqslant t<t_k \tag{4-108}$$

即先满足横程控制的要求，并加以保持，再按射程控制的要求关机。因为横向只能控制 z 与 v_z ，为满足式(4-108)，必须在 $\tilde{t}_k-T$ 之前足够长时间内对火箭的质心横向运动进行控制，故称横向控制为横向导引。

式(4-105)中的偏差为全偏差，将其换成等时偏差，则可以表示为

$$\Delta H(t_k)=\delta H(t_k)+\dot{H}(t_k)\Delta t_k \tag{4-109}$$

$$\delta H(t_k)=\frac{\partial H}{\partial \boldsymbol{v}_k}\delta \boldsymbol{v}_k+\frac{\partial H}{\partial \boldsymbol{r}_k}\delta \boldsymbol{r}_k \tag{4-110}$$

由于 t_k 是按射程控制关机的时间，故:

$$\Delta L(t_k)=\delta L(t_k)+\dot{L}(\tilde{t}_k)\Delta t_k=0 \tag{4-111}$$

$$\delta L(t_k)=\frac{\partial L}{\partial \boldsymbol{v}_k}\delta \boldsymbol{v}_k+\frac{\partial L}{\partial \boldsymbol{r}_k}\delta \boldsymbol{r}_k \tag{4-112}$$

$$\Delta t_k=-\frac{\delta L(t_k)}{\dot{L}(\tilde{t}_k)} \tag{4-113}$$

将式(4-113)代入式(4-109)，可以得到

$$\Delta H(t_k)=\delta H(t_k)-\frac{\dot{H}(t_k)}{\dot{L}(\tilde{t}_k)}\delta L(t_k) \tag{4-114}$$

进一步将式(4-111)和式(4-112)代入式(4-114)，可得

$$\begin{aligned}\Delta H(t_k)&=\left(\frac{\partial H}{\partial \boldsymbol{v}_k}-\frac{\dot{H}}{\dot{L}}\frac{\partial L}{\partial \boldsymbol{v}_k}\right)_{\tilde{t}_k}\delta \boldsymbol{v}_k+\left(\frac{\partial H}{\partial \boldsymbol{v}_k}-\frac{\dot{H}}{\dot{L}}\frac{\partial L}{\partial \boldsymbol{r}_k}\right)_{\tilde{t}_k}\delta \boldsymbol{r}_k\\&\triangleq K_1(\tilde{t}_k)\delta \boldsymbol{v}_k+K_2(\tilde{t}_k)\delta \boldsymbol{r}_k\end{aligned} \tag{4-115}$$

定义横向控制函数:

$$W_H(t)=K_1(\tilde{t}_k)\delta \boldsymbol{v}(t)+K_2(\tilde{t}_k)\delta \boldsymbol{r}(t) \tag{4-116}$$

则当 $t \to t_k$ 时，$W_H(t) \to \Delta H(t)$。因此，按 $W_H(t)=0$ 控制横向质心运动与按 $\Delta H(t) \to 0$ 控制横向质心运动是等价的。

横向导引系统利用与射程控制所用的位置速度信息相同这一点，经过横向导引计算，得出控制函数 $W_H(t)$，并将产生信号送入偏航控制系统。

横向导引计算方程为

$$u_\psi = a_0^H(t)\Delta H(t) \tag{4-117}$$

式中，$a_0^H(t)$ 为横向导引放大系数。

4.5.2 法向导引计算

与横向导引类似，有

$$\begin{aligned}\Delta\theta(t_k) &= \frac{\partial\theta}{\partial \boldsymbol{v}_k}\Delta\boldsymbol{v}_k + \frac{\partial\theta}{\partial \boldsymbol{r}_k}\Delta\boldsymbol{r}_k = \delta\theta(t_k) + \dot{\theta}(\tilde{t}_k)\Delta t_k \\ &= \left(\frac{\partial\theta}{\partial \boldsymbol{v}_k} - \frac{\dot{\theta}}{\dot{L}}\frac{\partial L}{\partial \boldsymbol{v}_k}\right)_{\tilde{t}_k}\delta\boldsymbol{v}_k + \left(\frac{\partial\theta}{\partial \boldsymbol{r}_k} - \frac{\dot{\theta}}{\dot{L}}\frac{\partial L}{\partial \boldsymbol{r}_k}\right)_{\tilde{t}_k}\delta\boldsymbol{r}_k\end{aligned} \tag{4-118}$$

$$\dot{\theta}(\tilde{t}_k) = \left(\frac{\partial\theta}{\partial v_x}\dot{v}_x + \frac{\partial\theta}{\partial v_y}\dot{v}_y + \frac{\partial\theta}{\partial v_z}\dot{v}_z + \frac{\partial\theta}{\partial x}\dot{x} + \frac{\partial\theta}{\partial y}\dot{y} + \frac{\partial\theta}{\partial z}\dot{z}\right)_{\tilde{t}_k} \tag{4-119}$$

如果选择法向控制函数：

$$W_\theta(t) = \left(\frac{\partial\theta}{\partial \boldsymbol{v}_k} - \frac{\dot{\theta}}{\dot{L}}\frac{\partial L}{\partial \boldsymbol{v}_k}\right)_{\tilde{t}_k}\delta\boldsymbol{v}(t) + \left(\frac{\partial\theta}{\partial \boldsymbol{r}_k} - \frac{\dot{\theta}}{\dot{L}}\frac{\partial L}{\partial \boldsymbol{r}_k}\right)_{\tilde{t}_k}\delta\boldsymbol{r}(t) \tag{4-120}$$

在远离 $\tilde{t}_k$ 的时间 t_θ 开始控制使 $W_\theta(t) \to 0$，则当时间 $t > t_k$ 时，满足了导引的要求，即 $W_\theta(t_k) \to \Delta\theta(t_k) \to 0$。法向导引信号加在俯仰控制系统上，通过对火箭质心纵向运动参数的控制，以达到法向导引的要求。

法向导引方程为

$$u_\varphi = a_0^\theta(t)\Delta\theta(t) \tag{4-121}$$

式中，a_0^θ 为法向导引放大系数，与俯仰控制通道有关。控制信号 u_φ 被送入俯仰回路，形成控制发动机摆动的导引指令，以实现对关机点速度倾角的控制。

思 考 题

1. 比较轨道摄动与弹道摄动的区别。
2. 比较摄动制导与轨迹跟踪制导的区别。
3. 摄动制导在大偏差情况下为何不能适用？
4. 火箭上升飞行过程中出现故障，推力损失 20%，此时能否采用轨迹跟踪制导？
5. 比较按速度关机和按时间关机两种控制方案的特点。
6. 横向导引律、法向导引律与 PID 控制的区别和联系。

第 5 章

运载火箭主动段迭代制导

5.1 显式制导的基本原理

显式制导是根据火箭瞬时状态产生显函数形式制导指令的制导方法，其突出特点是不依赖于标准弹道，且关机方程和导引指令形成的表达式都是以火箭运动参数的显函数形式给出的。显式制导能够克服摄动制导的缺点，有效提高制导的精度。需要注意的是，利用飞行器上的测量信息进行显式制导，能够减少由摄动制导所带来的方法误差，但工具误差仍然存在。

显式制导主要包括近似处理方法、预设控制函数方法和最优控制方法等类型，下面对其基本原理予以介绍。

5.1.1 近似处理方法

本质上，显式制导要求制导律具有显式的表达式，举例如下。

例 5.1 求解下列无量纲系统的显式制导律：

$$\dot{x}(t)=u \tag{5-1}$$

$$x(0)=0, x(1)=1 \tag{5-2}$$

式(5-1)是控制变量为常值的线性常微分方程，具有如下解析解：

$$x(t)=ut+c \tag{5-3}$$

式中，u 和积分常数 c 可由式(5-2)确定，即

$$x(0)=c=0, x(1)=u=1 \tag{5-4}$$

从而求出显式制导律 $u=1$ ，$x(t)=t$ 是该制导律作用下的轨迹。

例 5.2 求解下列无量纲系统的显式制导律：

$$\dot{x}(t)=\frac{1}{x^2(t)}+u \tag{5-5}$$

$$x(0)=0, x(1)=1 \tag{5-6}$$

假设式(5-5)不存在解析解，此时如何求得其显式形式的解？一个有效的途径是对常微分

方程做近似处理，使其能够求得解析解。

近似处理方法一般对非线性方程进行，将其转换为具有解析解的线性方程或弱非线性方程。下面给出几个简单例子说明近似处理方法的基本思想。

例 5.3　求解下列无量纲系统的显式制导律：

$$\dot{x}(t)=\frac{1}{x^2(t)}+u \tag{5-7}$$

$$x(0)=1000, x(100)=1200 \tag{5-8}$$

由于在初始点和终端点，$\frac{1}{x^2(t)}$的值相差较小，即

$$\frac{1}{x^2(0)}=0.000001,\quad \frac{1}{x^2(100)}=0.0000006944 \tag{5-9}$$

因此可以将式(5-7)中的非线性项$\frac{1}{x^2(t)}$近似处理为线性项，例如：

$$\dot{x}(t)=\frac{1}{x^2(0)}+u=10^{-6}+u \tag{5-10}$$

式(5-10)具有如下解析解：

$$x(t)=(10^{-6}+u)t+c \tag{5-11}$$

根据初始条件和终端条件，可以求得

$$c=1000 \tag{5-12}$$

$$u=1.99999999 \tag{5-13}$$

式(5-13)就是通过近似处理方法所得到的显式制导律。将其代入式(5-7)，可以得到

$$\dot{x}(t)=\frac{1}{x^2(t)}+1.99999999 \tag{5-14}$$

在 MATLAB 平台通过以下指令，可以得到其数值积分：

```
[t,x] = ode45(@(t,x) 1/x(1)^2+1.99999999,[0 100],1000)
plot(t,x)
xlabel('t')
ylabel('x')
```

近似处理方法的状态仿真曲线如图 5-1 所示。在近似处理所得到的显式制导律作用下，积分曲线在终端时刻的值约为1200，即终端误差比较小，一般来说能够满足制导任务的要求。

需要注意的是，使用近似处理方法的一个前提条件是近似处理后的模型与原模型偏差较小。如果两者存在较大误差，将会导致终端误差较大。下面通过例子来说明。

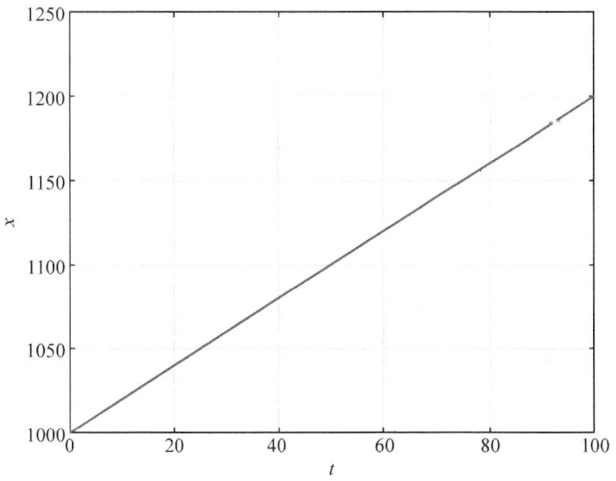

图 5-1 近似处理方法的状态仿真曲线(终端误差较小)

例 5.4 求解下列无量纲系统的显式制导律：

$$\dot{x}(t)=\frac{1}{x^2(t)}+u \tag{5-15}$$

$$x(0)=10, x(100)=20 \tag{5-16}$$

与例 5.3 类似，将式(5-15)中的非线性项 $\frac{1}{x^2(t)}$ 近似处理为线性项，例如：

$$\dot{x}(t)=\frac{1}{x^2(0)}+u=10^{-2}+u \tag{5-17}$$

式(5-17)具有如下解析解：

$$x(t)=(10^{-2}+u)t+c \tag{5-18}$$

根据初始条件和终端条件，可以求得

$$c=10 \tag{5-19}$$

$$u=0.09 \tag{5-20}$$

式(5-20)就是通过近似处理方法所得到的显式制导律。将其代入式(5-15)，可以得到

$$\dot{x}(t)=\frac{1}{x^2(t)}+0.09 \tag{5-21}$$

在 MATLAB 平台通过以下指令，可以得到其数值积分：

```
[t,x] = ode45(@(t,x) 1/x(1)^2+0.09,[0 100],10)
plot(t,x)
xlabel('t')
ylabel('x')
```

近似处理方法的状态仿真曲线如图 5-2 所示。在近似处理所得到的显式制导律作用下，积分曲线在终端时刻的值与目标终端条件之间存在明显的偏差，即终端误差较大。

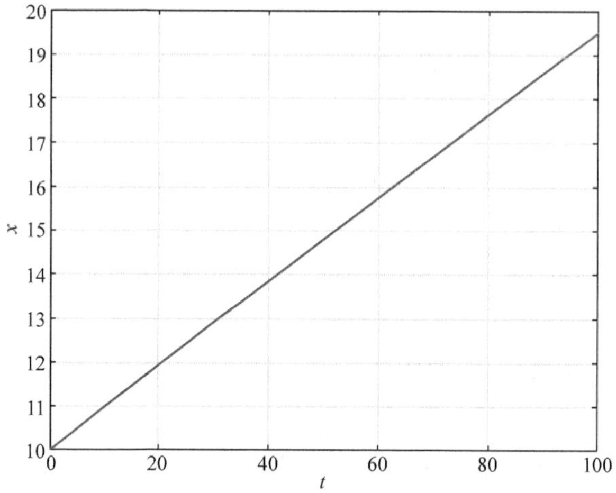

图 5-2 近似处理方法的状态仿真曲线(终端误差较大)

在绝大多数制导任务中，即使对动力学模型进行大量的近似处理，一般也无法求得其常微分方程的解析解，下面举例说明。

例 5.5 求解下列无量纲系统的显式制导律：

$$\dot{x}(t) = 0.01 + u(t) \tag{5-22}$$

$$x(0) = 10, x(100) = 20 \tag{5-23}$$

假设式(5-22)是经过近似处理后的线性常微分方程，但由于控制变量 $u(t)$ 为待确定变量，仍然无法求得其解析解。此时需要采用其他求解显式制导律的方法，如预设控制函数方法或最优控制方法。

5.1.2 预设控制函数方法

预设控制函数方法的基本原理是构建控制变量含有未知系数的近似函数形式，将其作为显式制导律代入制导模型中，并通过初始和终端条件确定系数的值。下面通过一例予以说明。

例 5.6 求解下列无量纲系统的显式制导律：

$$\dot{x}(t) = x(t) + u(t) \tag{5-24}$$

$$x(0) = 0, x(1) = 1 \tag{5-25}$$

假设控制变量 $u(t)$ 可通过以下形式的函数近似：

$$u(t) = t^2 + ct \tag{5-26}$$

式中，c 为未知系数，将其代入式(5-24)，可得

$$\dot{x}(t) = x(t) + t^2 + ct \tag{5-27}$$

上述常微分方程具有解析解：

$$x(t) = -2 - 2t - t^2 - c(1+t) + e^t d \tag{5-28}$$

式中，d 为积分常数。根据式(5-25)可以确定未知系数 c 、积分常数 d 及所对应的显式制导律 $u(t)$ 和最优轨迹 $x(t)$ 分别为

$$c = 0.784422, d = 2.78442 \tag{5-29}$$

$$u(t) = t^2 + 0.784422t \tag{5-30}$$

$$x(t) = -2 - 2t - t^2 - 0.784422(1+t) + 2.78442e^t \tag{5-31}$$

其仿真曲线绘制代码如下：

```
t=0:0.01:1
plot(t,-2-2*t-t.^2-0.784422*(1+t)+exp(t)*2.78442)
xlabel('t')
ylabel('x')
```

预设控制函数方法的状态仿真曲线如图 5-3 所示。

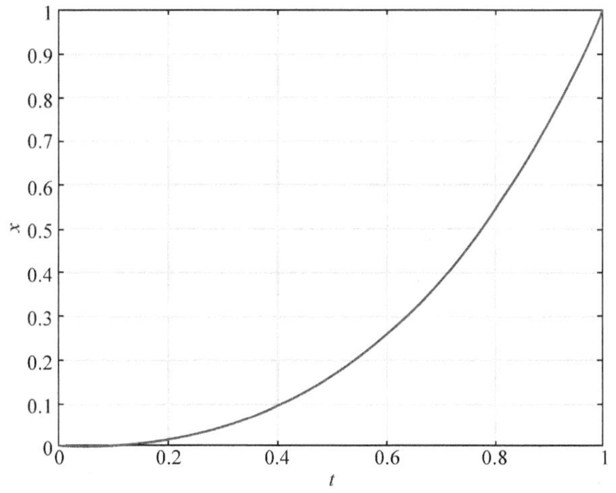

图 5-3　预设控制函数方法的状态仿真曲线

通过预设控制函数方法所得到的显式制导律为可行解，却非最优解。在飞行器制导问题中，常常要求满足一定性能指标的最优制导律，此时应该采用最优控制方法。

5.1.3　最优控制方法

最优控制方法通过引入性能指标，最优控制理论推导其一阶必要条件，并将原问题转换为两点边值问题进行求解。为求得最优控制问题的解析解，即显式制导律，最优控制方法常常与近似处理方法一起使用。首先通过近似处理的方法将原问题化简为线性问题或弱非线性问题，然后对近似处理后的模型进行最优控制求解，以求得其具有解析

表达式的最优解。

例 5.7　求解下列无量纲系统的显式制导律：

$$\min \quad J=\int_0^1 \frac{1}{2}u^2(t)\mathrm{d}t \tag{5-32}$$

$$\dot{x}(t)=x(t)+u(t) \tag{5-33}$$

$$x(0)=0, x(1)=1 \tag{5-34}$$

对于上述最优控制问题，可通过以下几个步骤进行求解。

(1) 哈密顿函数：

$$H=\frac{1}{2}u^2(t)+p(t)[x(t)+u(t)] \tag{5-35}$$

(2) 协态方程：

$$p'(t)=-\frac{\partial H}{\partial x(t)}=-p(t) \Rightarrow p(t)=c\mathrm{e}^{-t} \tag{5-36}$$

(3) 最优控制方程：

$$\frac{\partial H}{\partial u(t)}=u(t)+p(t)=0 \Rightarrow u(t)=-c\mathrm{e}^{-t} \tag{5-37}$$

(4) 将最优控制代入状态方程，可得

$$x'(t)=x(t)-c\mathrm{e}^{-t} \Rightarrow x(t)=\frac{c}{2}\mathrm{e}^{-t}+\mathrm{e}^{t}d \tag{5-38}$$

根据端点约束，可以求得积分常数：

$$c=-0.8509181282393214 \tag{5-39}$$

$$d=0.4254590641196607 \tag{5-40}$$

此时，最优控制和最优轨迹分别为

$$u(t)=0.8509181282393214\mathrm{e}^{-t} \tag{5-41}$$

$$x(t)=-\frac{0.8509181282393214}{2}\mathrm{e}^{-t}+0.4254590641196607\mathrm{e}^{t} \tag{5-42}$$

上述结果与预设控制函数方法所得到的解，即式(5-30)和式(5-31)相比，仿真曲线对比代码如下：

```
t=0:0.01:1;
figure(1)
plot(t, -0.8509181282393214/2*exp(-t)+0.4254590641196607*exp(t),'r-')
hold on
plot(t,-2-2*t-t.^2-0.784422*(1+t)+exp(t)*2.78442,'b--')
xlabel('t')
ylabel('x')
```

```
legend('最优控制方法','预设控制函数方法')
figure(2)
plot(t, 0.850918128239321 4*exp(-t),'r-')
hold on
plot(t,t.^2+0.784422*t,'b--')
xlabel('t')
ylabel('u')
legend('最优控制方法','预设控制函数方法')
```

最优控制方法的仿真曲线如图 5-4 所示。可以发现，最优控制方法所得到的显式制导律所消耗的能量显然要更小。

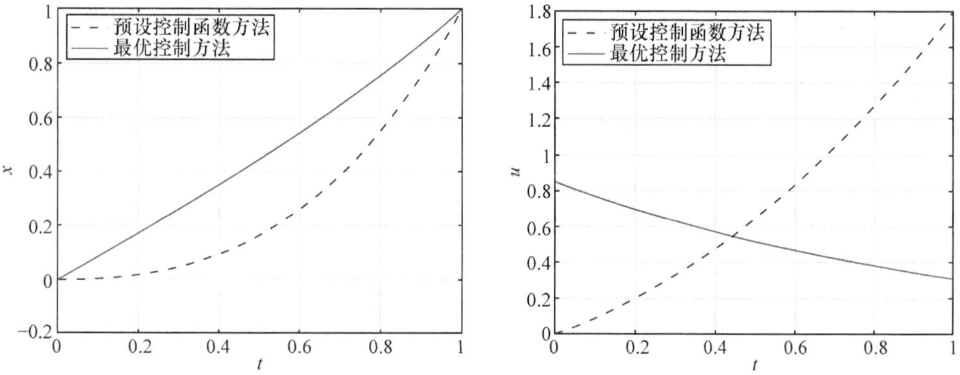

(a) 最优状态　　(b) 最优控制

图 5-4　最优控制方法的仿真曲线

5.2　迭代制导方法

运载火箭的显式制导包括闭路制导、迭代制导等方法。其中，闭路制导是利用级数展开法，并考虑地球曲率的影响对飞行器进行显式制导的方法。其基本原理是在导航计算基础上，箭上计算机计算出需要速度，它与火箭此时实际速度的差值即为火箭应该增加的速度，称为待增速度。导引的目的是让推力方向与待增速度方向平行，当待增速度小于允许值时即行关机。限于篇幅等原因，本章中仅介绍迭代制导方法。

迭代制导是随着现代计算机技术和最优控制理论的发展而出现的一种显式制导方法，具有制导精度高、任务适应性强、箭上飞行软件简单、对地面诸元准备要求相对较低的特点。迭代制导主要通过迭代法不断求解最佳关机点和最优弹道，所以被称为迭代制导方法[19]。

通常火箭从地面起飞，飞越大气层，然后进入真空飞行。为简化控制手段，一般情况下，对火箭在大气层内(低于九十公里高度)飞行采用固定程序控制。火箭进入真空飞行后，开始采用迭代制导方式。迭代制导与摄动制导相比，火箭飞行中姿态变化大，飞行攻角大，一般不宜在大气层内飞行段实施，同时火箭动力飞行的每段飞行时间和距离都不是很长。因此，在研究运载火箭的迭代制导方法时，为了简化制导计算，一般假设地球引力和火箭的推力为常值，并忽略气动力影响。在此基础上，迭代制导方法以飞行状态为状态参数，性能指标取为飞行时间最短(即燃料消耗最小)，控制量取为发动机的推力方向建立最优控制问题，并推导得到具有显式函数形式的最优制导律。因此，从显式制导原理的角度来看，迭代制导是基于近似处理、基于预设控制函数和基于最优控制等方法的综合应用。

迭代制导的优点为射前无需对不同的目标需求进行繁琐的标准弹道设计、偏导数计算和向箭上计算机输入相应参数。射前临时改变目标需求，只要向箭上计算机输入新的目标需求条件即可。一般情况下，迭代制导的精度要高一些。迭代制导的主要缺点为箭上运算比较复杂，对箭上计算机的运算速度、精度和容量要求很高[20]。迭代制导方法在美国土星五号运载火箭、中国长征二号 F 运载火箭的上面级制导任务中成功应用，是航天器制导领域最为著名的方法之一。

迭代制导计算的整个过程由下面几部分组成[21-22]：

(1) 运载火箭运动方程的简化；

(2) 最优控制推导和最优控制变量的求解；

(3) 火箭姿态角的计算；

(4) 入轨点轨道根数约束的转化；

(5) 入轨点纬度幅角的迭代计算；

(6) 剩余时间的迭代计算。

5.3 运载火箭运动方程的简化

建立在发射点地心引力惯性坐标系上的运载火箭运动方程可简化为

$$
\begin{cases}
\dot{x}(t) = V_x(t) \\
\dot{y}(t) = V_y(t) \\
\dot{z}(t) = V_z(t) \\
\dot{V}_x(t) = a_{11}\dot{W}_{x_1}(t) + a_{12}\dot{W}_{y_1}(t) + a_{13}\dot{W}_{z_1}(t) + g_x \\
\dot{V}_y(t) = a_{21}\dot{W}_{x_1}(t) + a_{22}\dot{W}_{y_1}(t) + a_{23}\dot{W}_{z_1}(t) + g_y \\
\dot{V}_z(t) = a_{31}\dot{W}_{x_1}(t) + a_{32}\dot{W}_{y_1}(t) + a_{33}\dot{W}_{z_1}(t) + g_z
\end{cases}
\tag{5-43}
$$

$$
\begin{cases}
\dot{W}_{x_1}(t) = \dfrac{P_{x_1} + R_{x_1}}{m} \\
\dot{W}_{y_1}(t) = \dfrac{P_{y_1} + R_{y_1}}{m} \\
\dot{W}_{z_1}(t) = \dfrac{P_{z_1} + R_{z_1}}{m}
\end{cases}
\tag{5-44}
$$

式中，$\dot{W}_{x_1}(t)$、$\dot{W}_{y_1}(t)$和$\dot{W}_{z_1}(t)$分别为箭体坐标系上的三个视加速度分量；P_{x_1}、P_{y_1}和P_{z_1}分别为推力在箭体坐标系上的三个分量；R_{x_1}、R_{y_1}和R_{z_1}分别为气动力在箭体坐标

系上的三个分量。

为降低制导模型的复杂度，假定：

(1) 第一级飞行按程序飞行，从第二级飞行开始制导。在第二级飞行时，一般已进入真空段，因此气动力的影响可以忽略，即

$$R_{x_1} = R_{y_1} = R_{z_1} = 0 \tag{5-45}$$

(2) 控制是连续的，因此发动机的摆角不会很大，可近似认为推力总是沿着箭体纵轴方向，即

$$P_{x_1} = P, \quad P_{y_1} = P_{z_1} = 0 \tag{5-46}$$

(3) 在系数 a_{ij} 中，由于姿态控制回路对滚转进行控制，故在飞行过程中，滚动角 γ 很小，可以忽略。

此时，箭体的运动方程可简化为

$$\begin{bmatrix} \ddot{x}(t) \\ \ddot{y}(t) \\ \ddot{z}(t) \end{bmatrix} = \frac{P}{m}\begin{bmatrix} \cos\varphi\cos\phi \\ \sin\varphi\cos\phi \\ -\sin\phi \end{bmatrix} + \begin{bmatrix} g_x \\ g_y \\ g_z \end{bmatrix} \tag{5-47}$$

式中，φ 是俯仰角；ϕ 是偏航角。

将运动方程从发射点地心引力惯性坐标系转换到制导坐标系上，在制导坐标系上进行制导方程计算。制导坐标系也称目标点轨道坐标系。原点选在地心，oy 轴为地心与入轨点的连线，指向上为正(远离地心)，ox 轴与 oy 轴垂直，且与入轨点的当地水平面平行，指向为运载火箭的运动方向，oz 轴与 ox 轴、oy 轴成右手定则。在制导坐标系上，运载火箭简化的运动方程即为

$$\begin{bmatrix} \ddot{\xi}(t) \\ \ddot{\eta}(t) \\ \ddot{\zeta}(t) \end{bmatrix} = \frac{P}{m}\begin{bmatrix} \cos\varphi_1\cos\phi_1 \\ \sin\varphi_1\cos\phi_1 \\ -\sin\phi_1 \end{bmatrix} + \begin{bmatrix} g_\xi \\ g_\eta \\ g_\zeta \end{bmatrix} \tag{5-48}$$

式中，ξ、η 和 ζ 是制导坐标系下火箭的位置状态，$\dot{\xi}$、$\dot{\eta}$ 和 $\dot{\zeta}$ 是制导坐标系下火箭的速度状态；φ_1 和 ϕ_1 分别是在制导坐标系下描述的俯仰角和偏航角。

球形地球模型下的制导必须考虑引力加速度大小和方向的瞬时变化，火箭在剩余飞行弹道中各点的引力加速度向量是一个未知位置的复杂函数，为简化计算得到制导方程解析解，对剩余弹道段的地球模型作局部平面化假设。此时，飞行过程引力加速度向量近似为火箭瞬时点的引力加速度向量与入轨点的引力加速度向量的平均值，即

$$\begin{bmatrix} g_\xi \\ g_\eta \\ g_\zeta \end{bmatrix} = 0.5\begin{bmatrix} g_{\xi_0} + g_{\xi_k} \\ g_{\eta_0} + g_{\eta_k} \\ g_{\zeta_0} + g_{\zeta_k} \end{bmatrix} \tag{5-49}$$

式中：

(1) g_ξ、g_η 和 g_ζ 分别是火箭位置和纬度有关的复杂函数 g 在 ξ、η 和 ζ 三个轴向上的分量。

(2) g_{ξ_0}、g_{η_0} 和 g_{ζ_0} 分别是火箭瞬时点的引力加速度向量在 ξ 、η 和 ζ 三个轴向上的分量。

(3) g_{ξ_k}、g_{η_k} 和 g_{ζ_k} 分别是火箭在入轨点的引力加速度向量在 ξ 、η 和 ζ 三个轴向上的分量。

随着火箭飞近目标，平均引力所带来的误差也随之减少，因此对引力加速度的上述处理一般不影响达到所期望的精度。

制导的任务就是控制 $\varphi_1(t)$ 和 $\phi_1(t)$，使其在入轨点满足下列条件：

$$\begin{cases} \xi(t_k) = \xi_{t_k} \\ \eta(t_k) = \eta_{t_k} \\ \zeta(t_k) = \zeta_{t_k} \\ \dot{\xi}(t_k) = \dot{\xi}_{t_k} \\ \dot{\eta}(t_k) = \dot{\eta}_{t_k} \\ \dot{\zeta}(t_k) = \dot{\zeta}_{t_k} \end{cases} \tag{5-50}$$

在以火箭的瞬时状态 $(\dot{\xi}_0,\dot{\eta}_0,\dot{\zeta}_0,\xi_0,\eta_0,\zeta_0)$ 为初值和入轨点的状态 $(\dot{\xi}_k,\dot{\eta}_k,\dot{\zeta}_k,\xi_k,\eta_k,\zeta_k)$ 为终端值的条件下，引进状态向量。令

$$\boldsymbol{X} = \begin{bmatrix} x_1 \\ x_2 \\ x_3 \\ x_4 \\ x_5 \\ x_6 \end{bmatrix} = \begin{bmatrix} \dot{\xi} \\ \xi \\ \dot{\eta} \\ \eta \\ \dot{\zeta} \\ \zeta \end{bmatrix} \tag{5-51}$$

将式(5-48)表示成一阶微分方程组：

$$\dot{\boldsymbol{X}}(t) = \begin{bmatrix} \dot{x}_1(t) \\ \dot{x}_2(t) \\ \dot{x}_3(t) \\ \dot{x}_4(t) \\ \dot{x}_5(t) \\ \dot{x}_6(t) \end{bmatrix} = \begin{bmatrix} 0 & 0 & 0 & 0 & 0 & 0 \\ 1 & 0 & 0 & 0 & 0 & 0 \\ 0 & 0 & 0 & 0 & 0 & 0 \\ 0 & 0 & 1 & 0 & 0 & 0 \\ 0 & 0 & 0 & 0 & 0 & 0 \\ 0 & 0 & 0 & 0 & 1 & 0 \end{bmatrix} \begin{bmatrix} x_1(t) \\ x_2(t) \\ x_3(t) \\ x_4(t) \\ x_5(t) \\ x_6(t) \end{bmatrix} + \frac{P}{m} \begin{bmatrix} \cos\varphi_1 \cos\phi_1 \\ 0 \\ \sin\varphi_1 \sin\phi_1 \\ 0 \\ -\sin\phi_1 \\ 0 \end{bmatrix} + \begin{bmatrix} g_\xi \\ 0 \\ g_\eta \\ 0 \\ g_\zeta \\ 0 \end{bmatrix} \tag{5-52}$$

5.4 最优控制的推导

为了使火箭以最短时间(消耗燃料最少)飞向预定的目标，其性能指标为

$$J = \int_0^{t_k} 1\mathrm{d}\tau \tag{5-53}$$

建立哈密顿函数：

$$H = \lambda_1\dot{x}_1 + \lambda_2\dot{x}_2 + \lambda_3\dot{x}_3 + \lambda_4\dot{x}_4 + \lambda_5\dot{x}_5 + \lambda_6\dot{x}_6 - 1 \tag{5-54}$$

代入状态方程组(5-52)后可进一步表示为

$$
\begin{aligned}
H = &\lambda_1\left(\frac{P}{m}\cos\varphi_1\cos\phi_1 + g_\xi\right) + \lambda_2 x_1 + \lambda_3\left(\frac{P}{m}\sin\varphi_1\sin\phi_1 + g_\eta\right) + \lambda_4 x_3 \\
&+ \lambda_5\left(-\frac{P}{m}\sin\phi_1 + g_\zeta\right) + \lambda_6 x_5 - 1
\end{aligned} \tag{5-55}
$$

根据哈密顿函数，协态方程具有以下形式：

$$
\begin{bmatrix} \dot\lambda_1(t) \\ \dot\lambda_2(t) \\ \dot\lambda_3(t) \\ \dot\lambda_4(t) \\ \dot\lambda_5(t) \\ \dot\lambda_6(t) \end{bmatrix} = -\frac{\partial H}{\partial \boldsymbol{X}^{\mathrm{T}}} = \begin{bmatrix} -\lambda_2(t) \\ 0 \\ -\lambda_4(t) \\ 0 \\ -\lambda_6(t) \\ 0 \end{bmatrix} \tag{5-56}
$$

式(5-56)为线性常微分方程，具有如下解析解：

$$
\begin{bmatrix} \lambda_1(t) \\ \lambda_2(t) \\ \lambda_3(t) \\ \lambda_4(t) \\ \lambda_5(t) \\ \lambda_6(t) \end{bmatrix} = \begin{bmatrix} \lambda_{10} - \lambda_{20}t \\ \lambda_{20} \\ \lambda_{30} - \lambda_{40}t \\ \lambda_{40} \\ \lambda_{50} - \lambda_{60}t \\ \lambda_{60} \end{bmatrix} \tag{5-57}
$$

式中，λ_{10}、λ_{20}、λ_{30}、λ_{40}、λ_{50} 和 λ_{60} 为协态变量在初始时刻的值。

为了使哈密顿函数 H 相对控制变量 φ_1 和 ϕ_1 为极值，则必须满足下列最优控制方程：

$$
\begin{cases} \dfrac{\partial H}{\partial \varphi_1} = -\dfrac{P}{m}\cos\phi_1(\lambda_1\sin\varphi_1 - \lambda_3\cos\varphi_1) = 0 \\ \dfrac{\partial H}{\partial \phi_1} = -\dfrac{P}{m}(\lambda_1\cos\varphi_1\sin\phi_1 + \lambda_3\sin\varphi_1\sin\phi_1 + \lambda_5\cos\phi_1) = 0 \end{cases} \tag{5-58}
$$

解得

$$
\begin{cases} \tan\varphi_1 = \dfrac{\lambda_3}{\lambda_1} \\ \tan\phi_1 = -\dfrac{\lambda_5}{\lambda_1\cos\varphi_1 + \lambda_3\sin\varphi_1} \end{cases} \tag{5-59}
$$

最优控制量的求解可以分为无位置约束和有位置约束两种情况。

1) 无位置约束

无位置约束情况下，$\lambda_2(t) = \lambda_4(t) = \lambda_6(t) = 0$，因此，式(5-59)可写成：

$$
\begin{cases} \tan\varphi_1 = \dfrac{\lambda_{30}}{\lambda_{10}} \\ \tan\phi_1 = -\dfrac{\lambda_{50}}{\lambda_{10}\cos\varphi_1 + \lambda_{30}\sin\varphi_1} \end{cases} \tag{5-60}
$$

即

$$\begin{cases}\varphi_1 = \tan^{-1}\dfrac{\lambda_{30}}{\lambda_{10}} = \tilde{\varphi}_1 \\ \phi_1 = \tan^{-1}\left(-\dfrac{\lambda_{50}}{\lambda_{10}\cos\varphi_1 + \lambda_{30}\sin\varphi_1}\right) = \tilde{\phi}_1\end{cases} \tag{5-61}$$

式中，$\tilde{\varphi}_1$ 和 $\tilde{\phi}_1$ 为常值。式(5-61)表明，为了达到规定速度的最优控制，其控制角 φ_1 和 ϕ_1 必须保持常值。

在上述假设条件下，运载火箭运动方程的简化形式可写成：

$$\begin{bmatrix}\ddot{\xi}(t) \\ \ddot{\eta}(t) \\ \ddot{\zeta}(t)\end{bmatrix} = \frac{P}{m}\begin{bmatrix}\cos\tilde{\varphi}_1\cos\tilde{\phi}_1 \\ \sin\tilde{\varphi}_1\cos\tilde{\phi}_1 \\ -\sin\tilde{\phi}_1\end{bmatrix} + \begin{bmatrix}g_\xi \\ g_\eta \\ g_\zeta\end{bmatrix} \tag{5-62}$$

式中，令 $P/m = V_e/(\tau - t)$，它是火箭在剩余飞行弹道(在时间间隔 $[0,t_k]$ 内火箭自瞬时点至入轨点的飞行轨迹)中，各时刻的发动机推力产生的加速度估算值，t 是以火箭各瞬时作为零秒，在剩余弹道中飞行的时间。τ 为火箭瞬时质量耗尽的时间，其值是火箭瞬时质量 $m(t)$ 与发动机燃料秒消耗量之比，即

$$\tau = \frac{m(t)}{\dot{m}} \tag{5-63}$$

此外，V_e 是发动机喷气速度，又称特征速度，其值为发动机比推力 I_{sp} 与重量、质量换算系数 $\tilde{g}$ 之积，即 $V_e = I_{sp}\tilde{g}$。解式(5-62)得

$$\begin{cases}\dot{\xi}_{t_k}(t) = V_e\ln\dfrac{\tau}{\tau - t_k}\cos\tilde{\varphi}_1\cos\tilde{\phi}_1 + g_\xi t_k + \dot{\xi}_0 \\ \dot{\eta}_{t_k}(t) = V_e\ln\dfrac{\tau}{\tau - t_k}\sin\tilde{\varphi}_1\cos\tilde{\phi}_1 + g_\eta t_k + \dot{\eta}_0 \\ \dot{\zeta}_{t_k}(t) = -V_e\ln\dfrac{\tau}{\tau - t_k}\sin\tilde{\phi}_1 + g_\zeta t_k + \dot{\zeta}_0\end{cases} \tag{5-64}$$

式中，$V_e\ln(\tau/\tau - t_k)$ 是 $V_e/(\tau - t)$ 在 $[0,t_k]$ 的积分值，它实际上就是剩余时间中发动机所能达到的速度增量。

由式(5-64)求得最优控制变量 $\tilde{\varphi}_1$ 和 $\tilde{\phi}_1$ 分别为

$$\begin{cases}\tilde{\varphi}_1 = \tan^{-1}\dfrac{\dot{\eta}_{t_k} - \dot{\eta}_0 - g_\eta t_k}{\dot{\xi}_{t_k} - \dot{\xi}_0 - g_\xi t_k} \\ \tilde{\phi}_1 = -\sin^{-1}\dfrac{\dot{\zeta}_{t_k} - \dot{\zeta}_0 - g_\zeta t_k}{V_e\ln\dfrac{\tau}{\tau - t_k}}\end{cases} \tag{5-65}$$

2) η_{t_k} 和 ζ_{t_k} 位置约束

在 η_{t_k} 和 ζ_{t_k} 位置约束情况下，$\lambda_2 = 0$，但 λ_4 和 λ_6 都不为 0，此时式(5-59)可写成：

$$
\begin{cases}
\tan\varphi_1 = \dfrac{\lambda_{30}-\lambda_{40}t}{\lambda_{10}} \\
\tan\phi_1 = -\dfrac{\lambda_{50}-\lambda_{60}t}{\lambda_{10}\cos\varphi_1+(\lambda_{30}-\lambda_{40}t)\sin\varphi_1}
\end{cases} \tag{5-66}
$$

即

$$
\begin{cases}
\varphi_1 = \tan^{-1}\left(\dfrac{\lambda_{30}-\lambda_{40}t}{\lambda_{10}}\right) \\
\phi_1 = \tan^{-1}\left(-\dfrac{\lambda_{50}-\lambda_{60}t}{\lambda_{10}\cos\varphi_1+(\lambda_{30}-\lambda_{40}t)\sin\varphi_1}\right)
\end{cases} \tag{5-67}
$$

由式(5-67)可知，当η_{t_k}和ζ_{t_k}位置约束时，最优控制变量φ_1和ϕ_1为非线性时变函数。将其代入运动方程后，运动方程为高度非线性常微分方程组，难以求得其解析解。此时，迭代制导采用了一种近似处理的方法，令

$$
\begin{cases}
\varphi_1 = \tilde{\varphi}_1 - k_1 + k_2 t \\
\phi_1 = \tilde{\phi}_1 - e_1 + e_2 t
\end{cases} \tag{5-68}
$$

式中，$\tilde{\varphi}_1$和$\tilde{\phi}_1$是无位置约束问题中的最优控制变量；k_1、k_2、e_1和e_2则是为了满足目标点位置约束的附加小角度的参数，是姿态角指令的重要补充。

假定修正量$(-k_1+k_2t)$和$(-e_1+e_2t)$是小量，可以得到

$$
\begin{cases}
\cos(-k_1+k_2t)=1 \\
\sin(-k_1+k_2t)=0
\end{cases},\quad
\begin{cases}
\cos(-e_1+e_2t)=1 \\
\sin(-e_1+e_2t)=0
\end{cases} \tag{5-69}
$$

所以有

$$
\begin{cases}
\cos\varphi_1 = \cos\tilde{\varphi}_1 + k_1\sin\tilde{\varphi}_1 - k_2 t\sin\tilde{\varphi}_1 \\
\sin\varphi_1 = \sin\tilde{\varphi}_1 - k_1\cos\tilde{\varphi}_1 + k_2 t\cos\tilde{\varphi}_1
\end{cases},\quad
\begin{cases}
\cos\phi_1 = \cos\tilde{\phi}_1 + e_1\sin\tilde{\phi}_1 - e_2 t\sin\tilde{\phi}_1 \\
\sin\phi_1 = \sin\tilde{\phi}_1 - e_1\cos\tilde{\phi}_1 + e_2 t\cos\tilde{\phi}_1
\end{cases} \tag{5-70}
$$

于是运载火箭运动方程的简化方程可写成：

$$
\begin{cases}
\ddot{\xi}(t) = \dfrac{V_{\mathrm{e}}}{\tau - t}\cos\phi_1(\cos\tilde{\varphi}_1 + k_1\sin\tilde{\varphi}_1 - k_2 t\sin\tilde{\varphi}_1) + g_\xi \\
\ddot{\eta}(t) = \dfrac{V_{\mathrm{e}}}{\tau - t}\cos\phi_1(\sin\tilde{\varphi}_1 - k_1\cos\tilde{\varphi}_1 + k_2 t\cos\tilde{\varphi}_1) + g_\eta \\
\ddot{\zeta}(t) = -\dfrac{V_{\mathrm{e}}}{\tau - t}(\sin\tilde{\phi}_1 - e_1\cos\tilde{\phi}_1 + e_2 t\cos\tilde{\phi}_1) + g_\zeta
\end{cases} \tag{5-71}
$$

将式(5-71)中的$\ddot{\eta}(t)$和$\ddot{\zeta}(t)$项分别进行一次积分和二次积分，并结合式(5-64)可以确定四个调节参数：

$$
\begin{cases}
k_1 = -\dfrac{\mathrm{d}\eta}{\left(S_{\mathrm{p}} - \dfrac{L_{\mathrm{p}}Q_{\mathrm{p}}}{J_{\mathrm{p}}}\right)\cos\tilde{\varphi}_1} \\
k_2 = \dfrac{L_{\mathrm{p}}}{J_{\mathrm{p}}}k_1
\end{cases},\quad
\begin{cases}
e_1 = -\dfrac{\mathrm{d}\zeta}{\left(S - \dfrac{LQ}{J}\right)\cos\tilde{\phi}_1} \\
e_2 = \dfrac{L}{J}e_1
\end{cases} \tag{5-72}
$$

式中，

$$\begin{cases} \mathrm{d}\zeta = \zeta_{t_k} - \zeta - \dot{\zeta} t_k - \dfrac{1}{2} g_\zeta t_k^2 + S \sin\tilde{\phi}_1 \\ \mathrm{d}\eta = \eta_{t_k} - \eta - \dot{\eta} t_k - \dfrac{1}{2} g_\eta t_k^2 - S_\mathrm{p} \sin\tilde{\varphi}_1 \\ L_\mathrm{p} = L\cos\tilde{\phi}_1 \\ J_\mathrm{p} = c_1 J - c_2 P \\ S_\mathrm{p} = c_1 S - c_2 Q \\ Q_\mathrm{p} = c_1 Q - c_2 U \\ c_1 = \cos\tilde{\phi}_1 + e_1 \sin\tilde{\phi}_1 \\ c_2 = e_2 \sin\tilde{\phi}_1 \end{cases} \tag{5-73}$$

$$\begin{cases} L = \displaystyle\int_0^{t_k} \frac{V_\mathrm{e}}{\tau - t} \mathrm{d}t = V_\mathrm{e} \ln\frac{\tau}{\tau - t_k} \\ J = \displaystyle\int_0^{t_k} \frac{V_\mathrm{e}}{\tau - t} t\mathrm{d}t = \int_0^{t_k} \left(\tau \frac{V_\mathrm{e}}{\tau - t} - V_\mathrm{e} \right) \mathrm{d}t = \tau L - V_\mathrm{e} t_k \\ S = \displaystyle\int_0^{t_k} \left(\int_0^{t} \frac{V_\mathrm{e}}{\tau - t} \mathrm{d}t \right) \mathrm{d}t = \int_0^{t_k} V_\mathrm{e} \ln\frac{\tau}{\tau - t} \mathrm{d}t = L t_k - J \\ Q = \displaystyle\int_0^{t_k} \left(\int_0^{t} \frac{V_\mathrm{e}}{\tau - t} t\mathrm{d}t \right) \mathrm{d}t = \tau S - t_k^2 V_\mathrm{e} / 2 \\ P = \displaystyle\int_0^{t_k} \frac{V_\mathrm{e}}{\tau - t} t^2 \mathrm{d}t = \tau J - t_k^2 V_\mathrm{e} / 2 \\ U = \displaystyle\int_0^{t_k} \left(\int_0^{t} \frac{V_\mathrm{e}}{\tau - t} t^2 \mathrm{d}t \right) \mathrm{d}t = \tau Q - t_k^3 V_\mathrm{e} / 6 \end{cases} \tag{5-74}$$

5.5 火箭姿态角的计算

用于控制火箭姿态的俯仰角 φ_{cx} 和偏航角 ϕ_{cx} 是相对于发射惯性坐标系定义的。令

$$\begin{cases} U_{1g} = \cos\varphi_{cx} \cos\phi_{cx} \\ U_{2g} = \sin\varphi_{cx} \cos\phi_{cx} \\ U_{3g} = -\sin\phi_{cx} \end{cases} \tag{5-75}$$

式中，U_{1g}、U_{2g} 和 U_{3g} 分别为控制参数在发射惯性坐标系下的三个分量，可由它在入轨点轨道坐标系下的三个分量 U_1、U_2 和 U_3 通过坐标转换获得，已知从发射点惯性坐标系到入轨点轨道坐标系的转换矩阵为 $\boldsymbol{M}$，计算公式如下：

$$\begin{bmatrix} U_{1g} \\ U_{2g} \\ U_{3g} \end{bmatrix} = \boldsymbol{M}^{\mathrm{T}} \begin{bmatrix} U_1 \\ U_2 \\ U_3 \end{bmatrix} \tag{5-76}$$

式中，

$$\begin{cases} U_1 = \cos\varphi_1 \cos\phi_1 \\ U_2 = \sin\varphi_1 \cos\phi_1 \\ U_3 = -\sin\phi_1 \end{cases}$$

因此可以得到

$$\begin{cases} \varphi_{cx} = \tan^{-1}(U_{2g} / U_{1g}) \\ \phi_{cx} = \sin^{-1}(-U_{3g}) \end{cases} \tag{5-77}$$

5.6　入轨点轨道根数约束的转化

卫星的入轨要求以椭圆轨道的基本参数表达。为便于利用 5.5 节推导得到的迭代制导方法，需要将这些轨道参数约束转化为终端的速度和位置坐标约束：

(1) 在入轨点轨道坐标系下将对轨道倾角和升交点赤经的约束转化为横向速度和横向位置坐标约束。5.5 节所得到的迭代制导采用入轨点轨道坐标系作为制导坐标系。采用入轨点轨道坐标系后，上述用于决定轨道面的轨道倾角 i 和升交点赤经 Ω 的约束，转化为 $O\xi$ 轴向速度和位置坐标约束，只要控制入轨点火箭运动参数，使得

$$V_{\zeta_k} = 0, \quad \zeta_k = 0 \tag{5-78}$$

即可将卫星送入所要求的轨道面，满足其轨道倾角 i 和升交点赤经 Ω 的要求。

(2) 将近地点高度、远地点高度和近地点幅角约束转化为速度和位置坐标约束。在获知入轨点纬度幅角(升交点至入轨点转过的地心角)之后，减去近地点幅角，即可得卫星入轨点真近点角 f。如果对近地点幅角 ω 无约束，卫星入轨点真近点角 f 可取理论弹道计算结果。

已知近地点高度 H_p 和远地点高度 H_a，可按式(5-79)计算轨道半长轴 a、偏心率 e 和半通径 p，即

$$\begin{cases} a = a_e + (H_a + H_p) / 2 \\ e = (H_a - H_p) / (2a) \\ p = a(1 - e^2) \end{cases} \tag{5-79}$$

由此可计算入轨点地心距 r、垂直速度 V_r 和水平速度 V_p。根据入轨点轨道坐标系的定义，$O\eta$ 轴方向位置坐标约束 η_k、$O\eta$ 轴方向速度约束 V_{η_k} 和 $O\xi$ 轴方向速度约束 V_{ξ_k} 具有如下形式：

$$
\begin{cases}
\eta_k = \dfrac{p}{1+e\cos f} \\
V_{\xi_k} = \dfrac{\sqrt{G_M p}}{\eta_k} \\
V_{\eta_k} = e\sin f\sqrt{\dfrac{G_M}{p}}
\end{cases} \tag{5-80}
$$

式中，f 为真近点角；$G_M = 398600.5\times10^9\,\mathrm{m}^3/\mathrm{s}^2$ 为地心引力常数。

5.7 入轨点纬度幅角的迭代计算

以一个时间节点迭代获得的入轨点纬度幅角作为初值，即

$$\beta_0 = \tan^{-1}(x_c / y_c) \tag{5-81}$$

式中，x_c 和 y_c 为火箭在地心轨道坐标系上的坐标；β_0 为当前位置与升交点的地心角，即为此时刻的升交点角距。

通过预测当前位置到入轨点在轨道平面中所转过的角度来迭代计算入轨点纬度幅角 β_k 的估计值：

$$\beta_k = \beta_0 + \Delta\beta \tag{5-82}$$

式中，$\Delta\beta$ 为当前位置到入轨点在轨道平面上转过角度的估计值：

$$\Delta\beta = \frac{\cos\theta}{\eta_k}(V_k t_k - L t_k + S) \tag{5-83}$$

式中，V_k 为入轨点的绝对速度。

5.8 剩余时间的迭代计算

剩余飞行时间 t_k 是以火箭瞬时作为零秒，火箭飞完剩余弹道尚需的估算时间。t_k 的求取是根据控制要求，建立火箭瞬时点至入轨点的期望速度增量与按运动方程在时间间隔 $[0,t_k]$ 上进行积分计算求得的剩余速度增量两者必须相等的概念，从而得到求解 t_k 的方程。剩余时间的结果可由下面两种方式迭代算出：

(1) 由瞬时控制点到入轨点的需要速度增量为

$$\Delta V^2 = \left(\dot\xi_k - \dot\xi_0 - g_\xi t_k\right)^2 + \left(\dot\eta_k - \dot\eta_0 - g_\eta t_k\right)^2 + \left(\dot\zeta_k - \dot\zeta_0 - g_\zeta t_k\right)^2 \tag{5-84}$$

推力必须提供的速度增量为

$$\Delta V = -V_e \ln\left(1 - \frac{t_k}{\tau}\right) \tag{5-85}$$

将式(5-85)代入式(5-84)可以得到

$$\left[V_e \ln(1 - t_k/\tau)\right]^2 = \left(\dot\xi_k - \dot\xi_0 - g_\xi t_k\right)^2 + \left(\dot\eta_k - \dot\eta_0 - g_\eta t_k\right)^2 + \left(\dot\zeta_k - \dot\zeta_0 - g_\zeta t_k\right)^2 \tag{5-86}$$

采用预先估算的火箭剩余时间值 t_{k0} 作为初值进行计算，经迭代数次后，把满足

$\left|t_{kn}-t_{k(n-1)}\right|<\varepsilon$ 的 t_{kn} 值记为 t_k，继续按顺序计算。整个飞行期间，后一时间点以前一时间点计算结果值 t_k 减去时间步长 Δt (即 $t_k-\Delta t$)为初值 t_{k0}，重复上述计算过程。最终，导引火箭到达入轨点，满足预定的入轨点状态。

(2) 假设剩余飞行时间为 t_k，要达到所需的终端速度条件，即

$$\begin{cases}\Delta\dot{\xi}=\dot{\xi}_k-\dot{\xi}-g_{\xi}t_k\\ \Delta\dot{\eta}=\dot{\eta}_k-\dot{\eta}-g_{\eta}t_k\\ \Delta\dot{\zeta}=\dot{\zeta}_k-\dot{\zeta}-g_{\zeta}t_k\\ \Delta V=\sqrt{\Delta\dot{\xi}^2+\Delta\dot{\eta}^2+\Delta\dot{\zeta}^2}\end{cases} \tag{5-87}$$

按需要速度关机，则要求推力在 $[0,t_k]$ 内提供的速度增量 L 与 ΔV 相等。迭代算法为

$$\Delta t_k=\frac{\tau-t_k}{2V_{\mathrm{e}}}\left(\frac{\Delta V^2}{L}-L\right) \tag{5-88}$$

式中，可以认为 $\left(\Delta V^2/L-L\right)$ 是需要速度与推力所能提供的速度的差值。$V_{\mathrm{e}}/\left(\tau-t_k\right)$ 是剩余时间估算为 t_k 这一时刻的视加速度，当 ΔV 接近 L 时，Δt_k 趋近于 0，从量纲上来说，速度与加速度的比值即为时间的量纲。

通常希望迭代次数越少越好。迭代次数取决于下列三个条件：初值的选择、计算步长、给定的精度。一般来说，刚加入迭代制导时，迭代次数较多，大约为三四次，很快每次迭代的次数就会减少到一次。

思　考　题

1. 当前状态偏差的反馈控制制导律如果具有显式表达式，能否称为显式制导？为什么？
2. 比较基于近似处理、基于预设控制函数和基于最优控制三种方法的特点和优缺点。
3. 为什么说迭代制导是一种属于基于近似处理、基于预设控制函数和基于最优控制等方法的综合运用？
4. 应用迭代制导的前提条件是什么？
5. 详细推导式(5-71)的解析解。
6. 根据齐奥尔科夫斯基公式，说明 $V_{\mathrm{e}}/(\tau-t)$ 在 $[0,t_k]$ 的积分值 $V_{\mathrm{e}}\ln(\tau/\tau-t_k)$ 是剩余时间中发动机所能达到的速度增量。
7. 文献[23]给出了求解迭代制导的 MATLAB 程序，对照本书推导，完成迭代制导数值仿真计算。
8. 2021 年 6 月 17 日，长征二号 F 遥十二运载火箭在酒泉卫星发射中心发射成功。请分析运载火箭主动段采用了什么制导方式？其基本原理是什么？

第 6 章

运载火箭主动段数值优化闭环制导

6.1 数值优化闭环制导的基本原理

在航空、航天技术发展初期，受计算机水平的限制，航空、航天飞行器只能采用简单的开环制导方式，由地面研究人员估计确定性被控对象及其环境的数学模型，预先详细设计并计算参考轨迹。由于实际飞行过程都具有不同程度的不确定性，这些不确定性有时表现在系统内部，有时表现在系统外部。从系统内部来讲，描述被控对象数学模型的结构和参数，设计者事先并不一定能准确知道。作为外部环境对系统的影响，可以等效地用多种扰动来表示，这些扰动通常是不可预测的。此外，还有一些测量时产生的不确定因素进入系统。地面设计的开环制导方案无法面对并处理客观存在的各式各样的不确定性，也无法实现自适应、自主制导，导致制导精度低、性能大幅度下降，甚至导致任务失败。以多级运载火箭为例，采用开环制导方式时通常依据预先设计的时间序列进行级间分离，受不确定因素的影响，设计分离时刻可能存在飞行状态尚未到达预定目标、剩余燃料尚可继续推进等情形，此时依据开环制导方案进行级间分离将不可避免地导致任务性能的降低甚至失败。

随着新型运载火箭技术的发展，传统的开环制导方式已无法满足其新的需求，因而对闭环制导提出非常迫切的要求，这是由新型运载火箭的特点决定的[8]：

(1) 新型运载火箭复飞间隔短的需求。航天飞机每两次发射之间所需的维修、测试和准备需约 3 个月的时间，传统的一次性运载火箭从研制到发射所需的时间更长，因此存在足够的时间允许进行开环制导设计与参考轨迹生成。新型可重复使用运载火箭再次飞行间隔短，数天甚至数小时后就可再次起飞。由于闭环制导是由机载计算机在线生成制导方案，并不需要地面设计支持，因此新型运载火箭在完成维修后立即可以实现复飞。

(2) 新型运载火箭全天候飞行的需求。开环制导强烈依赖于气象条件，风速太大或风的切变太大都会影响运载器的姿态，在环境恶劣时不得不推迟发射，等待天气好转或下一个发射窗口。例如，原定于 2009 年 10 月 27 日发射的美国战神 I-X 运载火箭，由于天气的原因，火箭的发射多次被推迟。这种推迟在新型运载火箭执行任务时是无法接受的。闭环制导能够修正气候变化造成的扰动影响，对环境的依赖远远低于开环制导，因而能够保证新型运载火箭全天候飞行的需求。

(3) 新型运载火箭执行突发性任务的需求。新型运载火箭的设计初衷旨在实现快速任务，它的任务模式多样、不可完全预知且具有突发性。此时开环制导便完全无法快速处理突发性任务，致使错失良机。

(4) 新型运载火箭精确制导的需求。由于空天飞行器任务的多样性，需要进行精确制导。开环制导是针对小扰动假设设计参考轨迹的，扰动的不可预测性致使开环制导精度较低，并且在大扰动情况下，实际飞行轨迹将会极大地偏离设计轨迹，从而导致飞行任务的失败。闭环制导根据瞬时状态重新计算生成制导方案，能够修正飞行过程中的各种扰动误差，从而保障新型运载火箭实施精确制导。

(5) 新型运载火箭故障处理的需求。开环制导是针对正常发射以及预定义故障处理模式设计的，因此当发生未知故障时，如火箭发生的故障(如推力损失)引起飞行器特性的变化，则很可能无法按原参考轨迹飞行，导致任务失败，甚至引起灾难性的后果。因此唯有引入闭环制导，在火箭出现故障或方案需紧急调整时自主、快速地设计飞行方案，才能确保新型运载火箭具有较高的可靠性与安全性。

由于航天技术与航天任务的复杂性，闭环制导一直未能广泛应用于航天运载器与轨道器的飞行制导中。一个例外是在著名的阿波罗计划中，发展并成功应用了迭代制导算法，其设计原则是在轨道机动过程中将重力系数固定为常数。这种方式具有较大的局限性，只适用于短距离的有动力飞行和特定的飞行任务。另外由于传统火箭、航天飞机的特点，开环制导方式尚能满足飞行任务的需求，因此并未对闭环制导方式提出迫切的要求。

显式制导是一种特殊的闭环制导方式，能够实现特殊场景下显式函数形式的制导。但显式制导大多在严苛的前提假设下得到，对更一般的场景通常无法适用。例如，迭代制导是在基于固定引力场并不考虑大气影响等假设条件下设计的，只能实现小范围的轨道入轨制导。对于大气层内主动段制导或大范围轨道转移等问题，大气影响无法忽略，引力场无法假设为固定常值，此时显然不能采用迭代制导，通常只能采用数值优化闭环制导方式。

从数学本质上，数值优化闭环制导属于求解一类复杂的、高度非线性的、受各种严格约束且终端时刻自由的泛函条件极值问题的快速优化技术。求解数值优化闭环制导的基本思想是迭代计算和逐次逼近，通常需要多次、一定时间的迭代过程才能求解得到其数值解。目前，数值优化闭环制导仍未广泛应用于工程中，其最主要的制约因素就是泛函条件极值问题数值解法的大量迭代计算特性与箭载计算机计算与存储能力的限制，致使闭环制导算法无法保证实时求解得到数值解。为使数值优化闭环制导能够应用于新型运载火箭，一方面需要箭载计算机硬件飞速发展，研制出快速、大容量、体积小、质量轻的实时计算机以提供更强大的计算能力；另外一方面还需要不断改进泛函条件极值问题的数值解法以减少其迭代次数，提升算法的计算效率和收敛能力。

近年来，国内外发展了多种数值优化闭环制导方法，并在运载火箭回收制导等问题中成功应用。限于篇幅，本章仅介绍基于线性重力假设的运载火箭主动段数值优化闭环制导方法的推导及求解过程。

6.2 动力学模型及其无量纲化

在发射惯性坐标系下建立火箭动力学方程：

$$\begin{cases}\dot{\boldsymbol{r}}(t)=\boldsymbol{V}(t)\\ \dot{\boldsymbol{V}}(t)=\boldsymbol{g}(\boldsymbol{r})+\dfrac{F_{\mathrm{T}}\mathbf{1}_{\mathrm{T}}}{m(t)}-\dfrac{F_A\mathbf{1}_b}{m(t)}+\dfrac{F_N\mathbf{1}_n}{m(t)}\end{cases} \tag{6-1}$$

式中，$\boldsymbol{r}\in\mathbb{R}^3$ 和 $\boldsymbol{V}\in\mathbb{R}^3$ 分别是发射惯性坐标系下的位置向量和速度向量；m 是飞行器质量，可由质量秒流率公式确定：

$$\dot{m}(t)=-\frac{F_{\mathrm{T}}}{g_0 I_{\mathrm{sp}}} \tag{6-2}$$

其他变量和参数说明如下：

(1) $\boldsymbol{g}(\boldsymbol{r})$ 为发射惯性坐标系下的引力加速度向量；

(2) g_0 为地球表面的参考引力加速度大小；

(3) I_{sp} 为发动机的比冲，比冲越高，表明单位质量的燃料燃烧产生的推力越大；

(4) $\mathbf{1}_{\mathrm{T}}$ 为发射惯性坐标系下的推力单位向量，此处假设推力方向总是与飞行器的体纵轴方向重合，即 $\mathbf{1}_{\mathrm{T}}=\mathbf{1}_b$；

(5) F_{T} 为发动机推力的大小；

(6) $\mathbf{1}_b$ 和 $\mathbf{1}_n$ 分别为体坐标系 O_BX_B 轴和 O_BY_B 轴在发射惯性坐标系下的单位向量，F_A 和 F_N 分别为轴向气动力和法向气动力的大小。

为便于数值优化计算，对上述的动力学方程进行无量纲化处理。定义 $\bar{m}$ 、$\bar{\boldsymbol{r}}$ 、$\bar{\boldsymbol{V}}$ 和 $\bar{t}$ 分别为无量纲化后的质量、位置向量、速度向量和时间，则有

$$\begin{cases}\bar{\boldsymbol{r}}=\dfrac{\boldsymbol{r}}{R_0}\\ \bar{\boldsymbol{V}}=\dfrac{\boldsymbol{V}}{\sqrt{R_0 g_0}}\\ \bar{m}=\dfrac{m}{M_0}\\ \bar{t}=\dfrac{t}{\sqrt{R_0/g_0}}\end{cases} \tag{6-3}$$

式中，R_0 是地球表面半径；g_0 是半径为 R_0 所对应的引力加速度值；M_0 是飞行器发射时的起飞质量。

将式(6-3)代入式(6-1)，化简后可以得到无量纲化后的表达形式，即

$$\begin{cases}\dot{\bar{\boldsymbol{r}}}(t)=\dot{\bar{\boldsymbol{V}}}(t)\\ \dot{\bar{\boldsymbol{V}}}(t)=\bar{\boldsymbol{g}}+\dfrac{F_{\mathrm{T}}\mathbf{1}_{\mathrm{T}}}{\bar{m}(t)M_0g_0}-\dfrac{F_A\mathbf{1}_b}{\bar{m}(t)M_0g_0}+\dfrac{F_N\mathbf{1}_n}{\bar{m}(t)M_0g_0}\end{cases} \tag{6-4}$$

式中，引力加速度、质量方程和相对速度向量表示为

$$\begin{cases} \bar{\boldsymbol{g}} = -\dfrac{1}{\bar{r}^3}\bar{\boldsymbol{r}} = -\dfrac{1}{\bar{r}^2}\mathbf{1}_r \\ \dot{\bar{m}}(t) = -\sqrt{\dfrac{R_0}{g_0^3}}\dfrac{F_{\mathrm{T}}}{M_0 I_{\mathrm{sp}}} \\ \bar{\boldsymbol{V}}_r = \bar{\boldsymbol{V}} - \dfrac{\boldsymbol{\omega}_E}{\sqrt{g_0 / R_0}} \times \bar{\boldsymbol{r}} - \dfrac{\boldsymbol{V}_w}{\sqrt{g_0 R_0}} \end{cases} \tag{6-5}$$

式中，$\boldsymbol{\omega}_E$ 为地球自转角速度矢量；$\dot{\bar{\boldsymbol{r}}} = \mathrm{d}\bar{\boldsymbol{r}} / \mathrm{d}\bar{t}$ ；$\dot{\bar{\boldsymbol{V}}}$ 和 $\dot{\bar{m}}$ 与 $\dot{\bar{\boldsymbol{r}}}$ 定义类似。为便于叙述，定义：

$$\begin{cases} A = \dfrac{F_A}{\bar{m} M_0 g_0} = \dfrac{R_0}{2\bar{m} M_0}\rho \bar{V}_r^2 S_{\mathrm{ref}} C_A \\ N = \dfrac{F_N}{\bar{m} M_0 g_0} = \dfrac{R_0}{2\bar{m} M_0}\rho \bar{V}_r^2 S_{\mathrm{ref}} C_N \\ T = \dfrac{F_{\mathrm{T}}}{\bar{m} M_0 g_0} \end{cases} \tag{6-6}$$

式中，A 、N 和 T 分别表示无量纲化之后的气动轴向力加速度、法向力加速度和推力加速度，则进一步得到

$$\begin{cases} \dot{\bar{\boldsymbol{r}}}(t) = \bar{\boldsymbol{V}}(t) \\ \dot{\bar{\boldsymbol{V}}}(t) = \bar{\boldsymbol{g}} + T\mathbf{1}_{\mathrm{T}} - A\mathbf{1}_b + N\mathbf{1}_n \\ \dot{\bar{m}}(t) = -\sqrt{\dfrac{R_0}{g_0}}\dfrac{T\bar{m}(t)}{I_{\mathrm{sp}}} \end{cases} \tag{6-7}$$

在不引起歧义的前提下，为叙述方便，在后面的表达式描述中仍然使用 m 、$\boldsymbol{r}$ 、$\boldsymbol{V}$ 和 $\boldsymbol{g}$ 来表示无量纲化之后的 $\bar{m}$ 、$\bar{\boldsymbol{r}}$ 、$\bar{\boldsymbol{V}}$ 和 $\bar{\boldsymbol{g}}$ 。

考虑运载火箭真空段飞行，不存在气动力和推力损失，即

$$\begin{cases} A = 0 \\ N = 0 \\ T = T_{\mathrm{vac}} \end{cases} \tag{6-8}$$

将式(6-8)代入式(6-7)，得到真空段无量纲化数学模型：

$$\begin{cases} \dot{\boldsymbol{r}}(t) = \boldsymbol{V}(t) \\ \dot{\boldsymbol{V}}(t) = \boldsymbol{g} + T\mathbf{1}_{\mathrm{T}} \\ \dot{m}(t) = -\sqrt{\dfrac{R_0}{g_0}}\dfrac{Tm(t)}{I_{\mathrm{sp}}} \end{cases} \tag{6-9}$$

6.3　线性重力假设模型

线性重力假设是指重力的大小与地心距成正比，其方向与地心向量方向相反，即

$$\boldsymbol{g}=-\omega^2\boldsymbol{r} \tag{6-10}$$

式中，ω 是无量纲的舒勒频率，满足：

$$\omega^2=\frac{1}{r_0^3} \tag{6-11}$$

式中，r_0 是线性重力假设引入点处的地心距。使用线性重力假设会导致相应的重力幅值精度损失，但误差相对较小，因此这样获得的飞行轨迹并不会偏离最优轨迹太远。在闭环仿真中，每个制导周期内都会更新轨迹，r_0 也随之更新，因此线性重力会越来越精确。将式(6-10)代入式(6-9)得到

$$\begin{cases}\dot{\boldsymbol{r}}(t)=\boldsymbol{V}(t)\\ \dot{\boldsymbol{V}}(t)=-\omega^2\boldsymbol{r}(t)+T\boldsymbol{1}_{\mathrm{T}}\\ \dot{m}(t)=-\sqrt{\dfrac{R_0}{g_0}}\dfrac{Tm(t)}{I_{\mathrm{sp}}}\end{cases} \tag{6-12}$$

6.4 最大推力推进的数值优化闭环制导

6.4.1 最优控制问题描述

假设在主动段飞行过程中，运载火箭以全推力推进飞行，即 $T=T_{\max}$。上面级在真空段的飞行是以当前真空段状态和入轨点状态作为边界条件，入轨时间自由，以发动机推力向量为控制变量，以有效载荷最大或燃料消耗最少为性能指标的最优控制问题。其性能指标为

$$\max\quad J=-\int_{t_0}^{t_{\mathrm{f}}}\dot{m}\mathrm{d}t=\int_{t_0}^{t_{\mathrm{f}}}\sqrt{\frac{R_0}{g_0^3}}\frac{F_{\mathrm{T}}}{M_0I_{\mathrm{sp}}}\mathrm{d}t=\int_{t_0}^{t_{\mathrm{f}}}\sqrt{\frac{R_0}{g_0}}\frac{Tm}{I_{\mathrm{sp}}}\mathrm{d}t \tag{6-13}$$

式中，t_0 是真空飞行的初始时刻；t_{f} 是终端时刻。

初始边界条件：

$$\boldsymbol{\Phi}_0(\boldsymbol{r}_0,\boldsymbol{V}_0)=0 \tag{6-14}$$

式中，$\boldsymbol{r}_0$ 和 $\boldsymbol{V}_0$ 分别为真空段初始时刻 t_0 的位置向量和速度向量。

终端边界条件：

$$\boldsymbol{\Phi}_{\mathrm{f}}(\boldsymbol{r}_{\mathrm{f}},\boldsymbol{V}_{\mathrm{f}})=0 \tag{6-15}$$

式中，$\boldsymbol{r}_{\mathrm{f}}$ 和 $\boldsymbol{V}_{\mathrm{f}}$ 分别为真空段终端时刻 t_{f} 的位置向量和速度向量，且满足 $\boldsymbol{\Phi}_{\mathrm{f}}\in\mathbb{R}^k$，$0<k\leqslant 6$ 是入轨条件的个数。

控制等式约束：

$$\boldsymbol{1}_{\mathrm{T}}^{\mathrm{T}}\boldsymbol{1}_{\mathrm{T}}=1 \tag{6-16}$$

根据最优控制理论，此时哈密顿函数表示为

$$H=\boldsymbol{P}_r^{\mathrm{T}}\boldsymbol{V}-\omega^2\boldsymbol{P}_V^{\mathrm{T}}\boldsymbol{r}+T\boldsymbol{P}_V^{\mathrm{T}}\boldsymbol{1}_{\mathrm{T}}+\sqrt{\frac{R_0}{g_0}}\frac{Tm}{I_{\mathrm{sp}}} \tag{6-17}$$

式中，$\boldsymbol{P}_r \in \mathbb{R}^3$ 和 $\boldsymbol{P}_V \in \mathbb{R}^3$ 分别表示位置的协态向量和速度的协态向量，其协态方程表示如下：

$$\begin{cases} \dot{\boldsymbol{P}}_r(t) = -\dfrac{\partial H}{\partial \boldsymbol{r}^{\mathrm{T}}(t)} = \omega^2 \boldsymbol{P}_V(t) \\ \dot{\boldsymbol{P}}_V(t) = -\dfrac{\partial H}{\partial \boldsymbol{V}^{\mathrm{T}}(t)} = -\boldsymbol{P}_r(t) \end{cases} \tag{6-18}$$

根据极大值原理：

$$\boldsymbol{P}_V^{*\mathrm{T}} \boldsymbol{1}_{\mathrm{T}}^* \geqslant \boldsymbol{P}_V^{*\mathrm{T}} \boldsymbol{1}_{\mathrm{T}} \tag{6-19}$$

显然，当发动机推力向量 $\boldsymbol{1}_{\mathrm{T}}$ 与速度的协态向量 $\boldsymbol{P}_V$ 同向时，$\boldsymbol{P}_V^{*\mathrm{T}} \boldsymbol{1}_{\mathrm{T}}^*$ 取最大值，即

$$\boldsymbol{1}_{\mathrm{T}} = \frac{\boldsymbol{P}_V}{P_V} = \boldsymbol{1}_{P_V} \tag{6-20}$$

至此，真空段的状态方程和协态方程表示为

$$\begin{cases} \dot{\boldsymbol{r}}(t) = \boldsymbol{V}(t) \\ \dot{\boldsymbol{V}}(t) = -\omega^2 \boldsymbol{r}(t) + T\dfrac{\boldsymbol{P}_V(t)}{P_V(t)} \\ \dot{\boldsymbol{P}}_r(t) = \omega^2 \boldsymbol{P}_V(t) \\ \dot{\boldsymbol{P}}_V(t) = -\boldsymbol{P}_r(t) \end{cases} \tag{6-21}$$

在相邻的轨迹更新时间间隔内，ω 为常量，因此式(6-21)中的状态微分方程就代表一个线性定常系统，可以使用线性系统理论中提供的方法求得解析解，而协态方程则很容易求出。

协态向量 $\boldsymbol{P} = [\boldsymbol{P}_r^{\mathrm{T}}, \boldsymbol{P}_V^{\mathrm{T}}]^{\mathrm{T}}$ 的解析解为

$$\boldsymbol{P}(t) = \begin{bmatrix} \boldsymbol{P}_r(t) \\ \boldsymbol{P}_V(t) \end{bmatrix} = \begin{bmatrix} \cos(\omega(t-t_0))\boldsymbol{P}_{r_0} + \omega\sin(\omega(t-t_0))\boldsymbol{P}_{V_0} \\ \dfrac{-\sin(\omega(t-t_0))}{\omega}\boldsymbol{P}_{r_0} + \cos(\omega(t-t_0))\boldsymbol{P}_{V_0} \end{bmatrix} \tag{6-22}$$

式中，$\boldsymbol{P}_{r_0}$ 和 $\boldsymbol{P}_{V_0}$ 为 t_0 时刻的协态向量。

状态向量 $\boldsymbol{X} = [\boldsymbol{r}^{\mathrm{T}}, \boldsymbol{V}^{\mathrm{T}}]^{\mathrm{T}}$ 的半解析解形式为

$$\boldsymbol{X} = \begin{bmatrix} \cos(\omega(t-t_0))\boldsymbol{r}_0 + \dfrac{\sin(\omega(t-t_0))}{\omega}\boldsymbol{V}_0 + \dfrac{\sin(\omega t)}{\omega}\boldsymbol{I}_{\mathrm{c}} - \dfrac{\cos(\omega t)}{\omega}\boldsymbol{I}_{\mathrm{s}} \\ -\omega\sin(\omega(t-t_0))\boldsymbol{r}_0 + \cos(\omega(t-t_0))\boldsymbol{V}_0 + \cos(\omega t)\boldsymbol{I}_{\mathrm{c}} + \sin(\omega t)\boldsymbol{I}_{\mathrm{s}} \end{bmatrix} \tag{6-23}$$

式中，$\boldsymbol{X}(t_0) = \boldsymbol{X}_0 = (\boldsymbol{r}_0^{\mathrm{T}}, \boldsymbol{V}_0^{\mathrm{T}})^{\mathrm{T}}$；$\boldsymbol{I}_{\mathrm{c}}$ 和 $\boldsymbol{I}_{\mathrm{s}}$ 是积分函数：

$$\begin{cases} \boldsymbol{I}_{\mathrm{c}} = \displaystyle\int_{t_0}^{t} \boldsymbol{1}_{P_V}(\tau)\cos(\omega\tau)T(\tau)\mathrm{d}\tau = \int_{t_0}^{t} \dot{\boldsymbol{I}}_{\mathrm{c}}(\tau)\mathrm{d}t \\ \boldsymbol{I}_{\mathrm{s}} = \displaystyle\int_{t_0}^{t} \boldsymbol{1}_{P_V}(\tau)\sin(\omega\tau)T(\tau)\mathrm{d}\tau = \int_{t_0}^{t} \dot{\boldsymbol{I}}_{\mathrm{s}}(\tau)\mathrm{d}t \end{cases} \tag{6-24}$$

式中，$\boldsymbol{I}_{\mathrm{c}}$ 和 $\boldsymbol{I}_{\mathrm{s}}$ 可以通过数值积分算法求解。对于积分算法，主要考虑其积分精度。四

阶 Newton-Cotes 法的截断误差在 $((t-t_0)/4)^7$ 数量级上，精度较高；而且，随着闭环制导 t_0 的不断更新，$t-t_0$ 的值也不断减小，积分误差也变小，因此在数值优化闭环制导求解过程中可使用四阶 Newton-Cotes 法进行积分：

$$I_i(t,t_0)=\frac{t-t_0}{90}[7\dot{I}_i(0)+32\dot{I}_i(\delta)+12\dot{I}_i(2\delta)+32\dot{I}_i(3\delta)+7\dot{I}_i(4\delta)] \tag{6-25}$$

式中，$i=c(s)$；$\delta=(t-t_0)/4$。式(6-22)和式(6-23)虽然给出了协态向量和状态向量的表达形式，但对于真空段最优轨迹问题，由于 $\boldsymbol{P}_0$ 未知，且终端时刻 t_f 自由，总共有7个未知量，因此至少需要关于 $\boldsymbol{P}_0$ 和 t_f 的 7 个独立方程才能求解。当得到 $\boldsymbol{P}_0$ 和 t_f 后，再代入式(6-22)和式(6-23)，便能够得到真空段任意飞行时刻的协态向量 $\boldsymbol{P}$ 和状态向量 $\boldsymbol{X}$。终端边界条件 $\boldsymbol{\Phi}_\mathrm{f}=0$ 是 $\boldsymbol{P}_0$ 和 t_f 的函数，终端哈密顿函数也是 $\boldsymbol{P}_0$ 和 t_f 的函数。根据最优控制理论，终端时刻自由的横截条件为

$$\begin{cases}\boldsymbol{P}_r(t_\mathrm{f})=\left(\dfrac{\partial\boldsymbol{\Phi}_\mathrm{f}}{\partial\boldsymbol{r}^\mathrm{T}}\right)^\mathrm{T}\boldsymbol{\xi}\\[2ex]\boldsymbol{P}_V(t_\mathrm{f})=\left(\dfrac{\partial\boldsymbol{\Phi}_\mathrm{f}}{\partial\boldsymbol{V}^\mathrm{T}}\right)^\mathrm{T}\boldsymbol{\xi}\end{cases} \tag{6-26}$$

式中，$\boldsymbol{\xi}\in\mathbb{R}^k$。至此，由边界条件、横截条件等共同构成了 $k+7$ 维非线性方程组，用以求解未知变量 $\boldsymbol{P}_0$、t_f 和 $\boldsymbol{\xi}$，即

$$\begin{cases}\boldsymbol{\Phi}_\mathrm{f}(\boldsymbol{r}_\mathrm{f},\boldsymbol{V}_\mathrm{f})=0\\[1ex]\boldsymbol{P}_r(t_\mathrm{f})-\left(\dfrac{\partial\boldsymbol{\Phi}_\mathrm{f}}{\partial\boldsymbol{r}^\mathrm{T}}\right)^\mathrm{T}\boldsymbol{\xi}=0\\[2ex]\boldsymbol{P}_V(t_\mathrm{f})-\left(\dfrac{\partial\boldsymbol{\Phi}_\mathrm{f}}{\partial\boldsymbol{V}^\mathrm{T}}\right)^\mathrm{T}\boldsymbol{\xi}=0\\[2ex]H(t_\mathrm{f})=\boldsymbol{P}_{r_\mathrm{f}}^\mathrm{T}\boldsymbol{V}_\mathrm{f}-\omega^2\boldsymbol{P}_{V_\mathrm{f}}^\mathrm{T}\boldsymbol{r}_\mathrm{f}+T_\mathrm{f}P_{V_\mathrm{f}}+\sqrt{\dfrac{R_0}{g_0}}\dfrac{T_\mathrm{f}m_\mathrm{f}}{I_\mathrm{sp}}=0\end{cases} \tag{6-27}$$

6.4.2 终端条件化简

式(6-27)中包含了额外的拉格朗日乘子向量 $\boldsymbol{\xi}$，增加了求解变量的维数和数值优化的难度。一个简单的处理方式是通过消除乘子向量 $\boldsymbol{\xi}$ 以得到 $6-k$ 个独立的约束等式，下面通过一例予以说明。

给定关机时刻地心距 r_f^*、关机点速度 V_f^*、飞行路径角 γ_f^* 和轨道倾角 i_f^*，即

$$\begin{cases}\dfrac{1}{2}\boldsymbol{r}_\mathrm{f}^\mathrm{T}\boldsymbol{r}_\mathrm{f}-\dfrac{1}{2}r_\mathrm{f}^{*2}=0\\[1ex]\boldsymbol{I}_N^\mathrm{T}(\boldsymbol{r}_\mathrm{f}\times\boldsymbol{V}_\mathrm{f})-\|\boldsymbol{r}_\mathrm{f}\times\boldsymbol{V}_\mathrm{f}\|\cos i=0\\[1ex]\boldsymbol{r}_\mathrm{f}^\mathrm{T}\boldsymbol{V}_\mathrm{f}-r_\mathrm{f}V_\mathrm{f}\sin\gamma_\mathrm{f}^*=0\end{cases} \tag{6-28}$$

式中，$\boldsymbol{I}_N$ 是发射惯性坐标系下 Z 轴的单位向量。

根据最优控制理论，式(6-28)所对应的横截条件为

$$\boldsymbol{P}_{r_\mathrm{f}} = -\frac{\boldsymbol{r}_\mathrm{f}}{r_\mathrm{f}^3} - \xi_1 \boldsymbol{r}_\mathrm{f} - \xi_2\left(\boldsymbol{V}_\mathrm{f}\times\boldsymbol{I}_N - \frac{\boldsymbol{V}_\mathrm{f}\times\boldsymbol{h}_\mathrm{f}}{\|\boldsymbol{r}_\mathrm{f}\times\boldsymbol{V}_\mathrm{f}\|}\cos i^*\right) - \xi_3\left(\boldsymbol{V}_\mathrm{f} - \frac{V_\mathrm{f}\boldsymbol{r}_\mathrm{f}}{r_\mathrm{f}}\sin\gamma_\mathrm{f}^*\right) \tag{6-29}$$

$$\boldsymbol{P}_{V_\mathrm{f}} = \boldsymbol{V}_\mathrm{f} - \xi_2\left(\boldsymbol{I}_N\times\boldsymbol{r}_\mathrm{f} - \frac{\boldsymbol{h}_\mathrm{f}\times\boldsymbol{r}_\mathrm{f}}{\|\boldsymbol{r}_\mathrm{f}\times\boldsymbol{V}_\mathrm{f}\|}\cos i^*\right) - \xi_3\left(\boldsymbol{r}_\mathrm{f} - \frac{r_\mathrm{f}\boldsymbol{V}_\mathrm{f}}{V_\mathrm{f}}\sin\gamma_\mathrm{f}^*\right) \tag{6-30}$$

式中，ξ_1、ξ_2、ξ_3 是无量纲拉格朗日乘子；$\boldsymbol{h}_\mathrm{f}$ 是 t_f 时刻的轨道动量矩，其表达式为 $\boldsymbol{h}_\mathrm{f} = \boldsymbol{r}_\mathrm{f}\times\boldsymbol{V}_\mathrm{f}$。

对式(6-29)与式(6-30)的左右两边同时点乘 $\boldsymbol{r}_\mathrm{f}$、$\boldsymbol{V}_\mathrm{f}$ 和 $\boldsymbol{h}_\mathrm{f}$，可以得到

$$\boldsymbol{h}_\mathrm{f}^\mathrm{T}\boldsymbol{P}_{r_\mathrm{f}} = -\xi_2\boldsymbol{h}_\mathrm{f}^\mathrm{T}(\boldsymbol{V}_\mathrm{f}\times\boldsymbol{I}_N) \tag{6-31}$$

$$\boldsymbol{h}_\mathrm{f}^\mathrm{T}\boldsymbol{P}_{V_\mathrm{f}} = -\xi_2\boldsymbol{h}_\mathrm{f}^\mathrm{T}(\boldsymbol{I}_N\times\boldsymbol{r}_\mathrm{f}) \tag{6-32}$$

$$\boldsymbol{r}_\mathrm{f}^\mathrm{T}\boldsymbol{P}_{r_\mathrm{f}} = -\frac{1}{r_\mathrm{f}} - \xi_1\boldsymbol{r}_\mathrm{f}^\mathrm{T}\boldsymbol{r}_\mathrm{f} \tag{6-33}$$

$$\boldsymbol{r}_\mathrm{f}^\mathrm{T}\boldsymbol{P}_{V_\mathrm{f}} = \boldsymbol{r}_\mathrm{f}^\mathrm{T}\boldsymbol{V}_\mathrm{f} - \xi_3\left(\boldsymbol{r}_\mathrm{f}^\mathrm{T}\boldsymbol{r}_\mathrm{f} - \frac{r_\mathrm{f}\boldsymbol{r}_\mathrm{f}^\mathrm{T}\boldsymbol{V}_\mathrm{f}}{V_\mathrm{f}}\sin\gamma_\mathrm{f}^*\right) \tag{6-34}$$

$$\boldsymbol{V}_\mathrm{f}^\mathrm{T}\boldsymbol{P}_{r_\mathrm{f}} = -\frac{\boldsymbol{V}_\mathrm{f}^\mathrm{T}\boldsymbol{r}_\mathrm{f}}{r_\mathrm{f}^3} - \xi_1\boldsymbol{V}_\mathrm{f}^\mathrm{T}\boldsymbol{r}_\mathrm{f} - \xi_3\left(\boldsymbol{V}_\mathrm{f}^\mathrm{T}\boldsymbol{V}_\mathrm{f} - \frac{V_\mathrm{f}\boldsymbol{V}_\mathrm{f}^\mathrm{T}\boldsymbol{r}_\mathrm{f}}{r_\mathrm{f}}\sin\gamma_\mathrm{f}^*\right) \tag{6-35}$$

$$\boldsymbol{V}_\mathrm{f}^\mathrm{T}\boldsymbol{P}_{V_\mathrm{f}} = V_\mathrm{f}^2 \tag{6-36}$$

将式(6-31)和式(6-32)中的乘子分量 ξ_2 消掉可得

$$\left(\boldsymbol{h}_\mathrm{f}^\mathrm{T}\boldsymbol{P}_{r_\mathrm{f}}\right)\left[\boldsymbol{h}_\mathrm{f}^\mathrm{T}\left(\boldsymbol{I}_N\times\boldsymbol{r}_\mathrm{f}\right)\right] - \left(\boldsymbol{h}_\mathrm{f}^\mathrm{T}\boldsymbol{P}_{V_\mathrm{f}}\right)\left[\boldsymbol{h}_\mathrm{f}^\mathrm{T}\left(\boldsymbol{V}_\mathrm{f}\times\boldsymbol{I}_N\right)\right] = 0 \tag{6-37}$$

式(6-33)、式(6-35)分别点乘 $\boldsymbol{V}_\mathrm{f}^\mathrm{T}\boldsymbol{r}_\mathrm{f}$ 和 $\boldsymbol{r}_\mathrm{f}^\mathrm{T}\boldsymbol{r}_\mathrm{f}$，可以得到

$$\left(\boldsymbol{V}_\mathrm{f}^\mathrm{T}\boldsymbol{r}_\mathrm{f}\right)\left(\boldsymbol{r}_\mathrm{f}^\mathrm{T}\boldsymbol{P}_{r_\mathrm{f}}\right) = -\left(\boldsymbol{V}_\mathrm{f}^\mathrm{T}\boldsymbol{r}_\mathrm{f}\right)\frac{1}{r_\mathrm{f}} - \xi_1\left(\boldsymbol{V}_\mathrm{f}^\mathrm{T}\boldsymbol{r}_\mathrm{f}\right)\left(\boldsymbol{r}_\mathrm{f}^\mathrm{T}\boldsymbol{r}_\mathrm{f}\right) \tag{6-38}$$

$$\begin{aligned}\left(\boldsymbol{r}_\mathrm{f}^\mathrm{T}\boldsymbol{r}_\mathrm{f}\right)\left(\boldsymbol{V}_\mathrm{f}^\mathrm{T}\boldsymbol{P}_{r_\mathrm{f}}\right) &= -\left(\boldsymbol{V}_\mathrm{f}^\mathrm{T}\boldsymbol{r}_\mathrm{f}\right)\frac{1}{r_\mathrm{f}} - \xi_1\left(\boldsymbol{r}_\mathrm{f}^\mathrm{T}\boldsymbol{r}_\mathrm{f}\right)\left(\boldsymbol{V}_\mathrm{f}^\mathrm{T}\boldsymbol{r}_\mathrm{f}\right)\\ &\quad - \xi_3\left[\left(\boldsymbol{r}_\mathrm{f}^\mathrm{T}\boldsymbol{r}_\mathrm{f}\right)\left(\boldsymbol{V}_\mathrm{f}^\mathrm{T}\boldsymbol{V}_\mathrm{f}\right) - r_\mathrm{f}V_\mathrm{f}\boldsymbol{V}_\mathrm{f}^\mathrm{T}\boldsymbol{r}_\mathrm{f}\sin\gamma_\mathrm{f}^*\right]\end{aligned} \tag{6-39}$$

式(6-38)减去式(6-39)可得

$$\left(\boldsymbol{V}_\mathrm{f}^\mathrm{T}\boldsymbol{r}_\mathrm{f}\right)\left(\boldsymbol{r}_\mathrm{f}^\mathrm{T}\boldsymbol{P}_{r_\mathrm{f}}\right) - \left(\boldsymbol{r}_\mathrm{f}^\mathrm{T}\boldsymbol{r}_\mathrm{f}\right)\left(\boldsymbol{V}_\mathrm{f}^\mathrm{T}\boldsymbol{P}_{r_\mathrm{f}}\right) = \xi_3\left[\left(\boldsymbol{r}_\mathrm{f}^\mathrm{T}\boldsymbol{r}_\mathrm{f}\right)\left(\boldsymbol{V}_\mathrm{f}^\mathrm{T}\boldsymbol{V}_\mathrm{f}\right) - r_\mathrm{f}V_\mathrm{f}\boldsymbol{V}_\mathrm{f}^\mathrm{T}\boldsymbol{r}_\mathrm{f}\sin\gamma_\mathrm{f}^*\right] \tag{6-40}$$

式(6-34)点乘 $\boldsymbol{V}_\mathrm{f}^\mathrm{T}\boldsymbol{V}_\mathrm{f}$：

$$\left(\boldsymbol{V}_\mathrm{f}^\mathrm{T}\boldsymbol{V}_\mathrm{f}\right)\left(\boldsymbol{r}_\mathrm{f}^\mathrm{T}\boldsymbol{P}_{V_\mathrm{f}}\right) = \left(\boldsymbol{V}_\mathrm{f}^\mathrm{T}\boldsymbol{V}_\mathrm{f}\right)\left(\boldsymbol{r}_\mathrm{f}^\mathrm{T}\boldsymbol{V}_\mathrm{f}\right) - \xi_3\left[\left(\boldsymbol{r}_\mathrm{f}^\mathrm{T}\boldsymbol{r}_\mathrm{f}\right)\left(\boldsymbol{V}_\mathrm{f}^\mathrm{T}\boldsymbol{V}_\mathrm{f}\right) - r_\mathrm{f}V_\mathrm{f}\boldsymbol{V}_\mathrm{f}^\mathrm{T}\boldsymbol{r}_\mathrm{f}\sin\gamma_\mathrm{f}^*\right] \tag{6-41}$$

式(6-40)与式(6-41)相加可以得到

$$V_{\mathrm{f}}^{2}\left(\boldsymbol{r}_{\mathrm{f}}^{\mathrm{T}}\boldsymbol{P}_{V_{\mathrm{f}}}\right)-r_{\mathrm{f}}^{2}\left(\boldsymbol{V}_{\mathrm{f}}^{\mathrm{T}}\boldsymbol{P}_{r_{\mathrm{f}}}\right)+\left(\boldsymbol{r}_{\mathrm{f}}^{\mathrm{T}}\boldsymbol{V}_{\mathrm{f}}\right)\left(\boldsymbol{r}_{\mathrm{f}}^{\mathrm{T}}\boldsymbol{P}_{r_{\mathrm{f}}}-V_{\mathrm{f}}^{2}\right)=0 \tag{6-42}$$

式(6-36)、式(6-37)和式(6-42)共同构成了简化横截条件，即

$$\begin{cases}\boldsymbol{V}_{\mathrm{f}}^{\mathrm{T}}\boldsymbol{P}_{V_{\mathrm{f}}}-V_{\mathrm{f}}^{2}=0\\ \left(\boldsymbol{h}_{\mathrm{f}}^{\mathrm{T}}\boldsymbol{P}_{r_{\mathrm{f}}}\right)\left[\boldsymbol{h}_{\mathrm{f}}^{\mathrm{T}}\left(\boldsymbol{I}_{N}\times\boldsymbol{r}_{\mathrm{f}}\right)\right]-\left(\boldsymbol{h}_{\mathrm{f}}^{\mathrm{T}}\boldsymbol{P}_{V_{\mathrm{f}}}\right)\left[\boldsymbol{h}_{\mathrm{f}}^{\mathrm{T}}\left(\boldsymbol{V}_{\mathrm{f}}\times\boldsymbol{I}_{N}\right)\right]=0\\ V_{\mathrm{f}}^{2}\left(\boldsymbol{r}_{\mathrm{f}}^{\mathrm{T}}\boldsymbol{P}_{V_{\mathrm{f}}}\right)-r_{\mathrm{f}}^{2}\left(\boldsymbol{V}_{\mathrm{f}}^{\mathrm{T}}\boldsymbol{P}_{r_{\mathrm{f}}}\right)+\left(\boldsymbol{r}_{\mathrm{f}}^{\mathrm{T}}\boldsymbol{V}_{\mathrm{f}}\right)\left(\boldsymbol{r}_{\mathrm{f}}^{\mathrm{T}}\boldsymbol{P}_{r_{\mathrm{f}}}-V_{\mathrm{f}}^{2}\right)=0\end{cases} \tag{6-43}$$

需要指出的是，在由横截条件消除乘子向量过程中，不同的处理方式可能会得到复杂程度迥异的终端条件[24]。如果终端条件等式对其他变量求偏导数，复杂的形式会使推导变得非常繁琐，且容易出错，因此建议尽量使用形式简单的终端条件。

6.4.3 数值求解方法

通过上述推导，基于最优控制理论的数值优化闭环制导问题最终转化为非线性方程的求根问题。求解这种类型的非线性方程组的基本方法有牛顿迭代法、最速下降法、共轭斜量法、延拓法等。在非线性方程组的求根问题中，算法的收敛性最为关键，其中包括收敛范围和收敛速度。收敛范围的大小表明算法对初值的敏感程度，收敛区域越小，则鲁棒性越差；收敛速度的快慢用收敛阶次来表征，收敛阶次越高，收敛越快。现在工程上广泛使用的求根算法主要有改进型牛顿法和鲍威尔法等，限于篇幅，本书中不对此展开介绍。

6.5 含无动力推进的数值优化闭环制导

6.5.1 最优控制问题描述

运载火箭上面级发动机一般为液体发动机，可调整推力大小以节省燃料消耗，即 $0\leqslant T\leqslant T_{\max}$。

含无动力推进的数值优化闭环制导的最优控制问题描述与最大推力推进的数值优化闭环制导一节中的描述大致相同，两个问题的不同之处主要体现在推力的幅值。在6.4 节中，假定推力总是取最大值。然而在此节中，推力可能存在无推力的滑行段。因此，除式(6-20)外，还需增加关于推力的最优控制方程及发动机开关机时刻判断等内容。为更清晰、完整描述整个最优控制问题，6.4 节中的类似推导过程也将在本节中重复叙述。

针对无量纲化动力学方程(6-12)，取最小燃料为性能指标：

$$\max\quad J=-\int_{t_0}^{t_{\mathrm{f}}}\dot{m}\mathrm{d}t=\int_{t_0}^{t_{\mathrm{f}}}\sqrt{\frac{R_0}{g_0^3}}\frac{F_{\mathrm{T}}}{M_0 I_{\mathrm{sp}}}\mathrm{d}t=\int_{t_0}^{t_{\mathrm{f}}}\sqrt{\frac{R_0}{g_0}}\frac{Tm}{I_{\mathrm{sp}}}\mathrm{d}t \tag{6-44}$$

式中，t_0是真空飞行的初始时刻；t_{f}是终端时刻。

初始边界条件：

$$\boldsymbol{\Phi}_0(\boldsymbol{r}_0,\boldsymbol{V}_0)=0 \tag{6-45}$$

式中，$\boldsymbol{r}_0$ 和 $\boldsymbol{V}_0$ 分别为真空段初始时刻的位置向量和速度向量。

终端边界条件：

$$\boldsymbol{\Phi}_\mathrm{f}(\boldsymbol{r}_\mathrm{f},\boldsymbol{V}_\mathrm{f})=0 \tag{6-46}$$

式中，$\boldsymbol{r}_\mathrm{f}$ 和 $\boldsymbol{V}_\mathrm{f}$ 分别为真空段终端时刻的位置向量和速度向量；$\boldsymbol{\Phi}_\mathrm{f}\in\mathbb{R}^k$。

控制约束：

$$\mathbf{1}_\mathrm{T}^\mathrm{T}\mathbf{1}_\mathrm{T}=1 \tag{6-47}$$

$$0\leqslant T\leqslant T_{\max} \tag{6-48}$$

根据最优控制理论，此时哈密顿函数表示为

$$H=\boldsymbol{P}_r^\mathrm{T}\boldsymbol{V}-\omega^2\boldsymbol{P}_V^\mathrm{T}\boldsymbol{r}+T\boldsymbol{P}_V^\mathrm{T}\mathbf{1}_\mathrm{T}-P_m\sqrt{\frac{R_0}{g_0}}\frac{Tm}{I_\mathrm{sp}}+\sqrt{\frac{R_0}{g_0}}\frac{Tm}{I_\mathrm{sp}} \tag{6-49}$$

式中，$\boldsymbol{P}_r\in\mathbb{R}^3,\boldsymbol{P}_V\in\mathbb{R}^3$ 和 $P_m\in\mathbb{R}$ 分别表示位置、速度和质量的协态变量，其协态方程表示如下：

$$\begin{cases}\dot{\boldsymbol{P}}_r(t)=-\dfrac{\partial H}{\partial \boldsymbol{r}^\mathrm{T}(t)}=\omega^2\boldsymbol{P}_V(t)\\ \dot{\boldsymbol{P}}_V(t)=-\dfrac{\partial H}{\partial \boldsymbol{V}^\mathrm{T}(t)}=-\boldsymbol{P}_r(t)\\ \dot{\boldsymbol{P}}_m(t)=-\dfrac{\partial H}{\partial m(t)}=P_m(t)\sqrt{\dfrac{R_0}{g_0}}\dfrac{T}{I_\mathrm{sp}}-\sqrt{\dfrac{R_0}{g_0}}\dfrac{T}{I_\mathrm{sp}}\end{cases} \tag{6-50}$$

根据极大值原理，当 $\mathbf{1}_\mathrm{T}$ 与 $\boldsymbol{P}_V$ 同向时，$\boldsymbol{P}_V^{*\mathrm{T}}\mathbf{1}_\mathrm{T}^*$ 取最大值，即

$$\mathbf{1}_\mathrm{T}^*=\frac{\boldsymbol{P}_V}{P_V}=\mathbf{1}_{P_V} \tag{6-51}$$

为给出推力幅值的最优控制条件，哈密顿函数可改写为以下形式：

$$H=\boldsymbol{P}_r^\mathrm{T}V-\omega^2\boldsymbol{P}_V^\mathrm{T}r+T\boldsymbol{P}_V^\mathrm{T}\mathbf{1}_\mathrm{T}-P_m\sqrt{\frac{R_0}{g_0}}\frac{Tm}{I_\mathrm{sp}}+\sqrt{\frac{R_0}{g_0}}\frac{Tm}{I_\mathrm{sp}}=H_0+ST \tag{6-52}$$

$$H_0=\boldsymbol{P}_r^\mathrm{T}\boldsymbol{V}-\omega^2\boldsymbol{P}_V^\mathrm{T}\boldsymbol{r} \tag{6-53}$$

$$S=\boldsymbol{P}_V^\mathrm{T}\mathbf{1}_\mathrm{T}-P_m\sqrt{\frac{R_0}{g_0}}\frac{m}{I_\mathrm{sp}}+\sqrt{\frac{R_0}{g_0}}\frac{m}{I_\mathrm{sp}}=P_V-P_m\sqrt{\frac{R_0}{g_0}}\frac{m}{I_\mathrm{sp}}+\sqrt{\frac{R_0}{g_0}}\frac{m}{I_\mathrm{sp}} \tag{6-54}$$

式中，$P_V=\|\boldsymbol{P}_V\|$；H_0 为无推力哈密顿函数；S 为开关函数，其决定了推力幅值的大小。

根据极大值原理：

$$ST^*\geqslant ST \tag{6-55}$$

可以得到

$$T=\begin{cases}T_{\max}, & S>0\\ 0, & S\leqslant 0\\ \text{奇异}, & S\equiv 0\end{cases} \tag{6-56}$$

根据开关函数，可以判断最优轨迹可能存在三种类型的弧段：

(1) 当$S>0$时，推力为$T_{\max}$，此时为发动机点火推进段。

(2) 当$S\leqslant 0$时，推力为0，此时为无推力滑行段。

(3) 当$S\equiv 0$时，此时为奇异段。奇异最优控制理论是最优控制理论的一类分支，其理论和计算较为复杂。为简单起见，假设不存在奇异段。此时，推力为Bang-Bang形式。

根据式(6-56)，对发动机开关机时刻开关函数是否经过零值进行判断，即

$$S=0 \tag{6-57}$$

$\boldsymbol{P}_r$ 和 $\boldsymbol{P}_V$ 的解析解为

$$\begin{bmatrix}\boldsymbol{P}_r(t)\\ \boldsymbol{P}_V(t)\end{bmatrix}=\begin{bmatrix}\cos(\omega(t-t_0))\boldsymbol{P}_{r_0}+\omega\sin(\omega(t-t_0))\boldsymbol{P}_{V_0}\\ \dfrac{-\sin(\omega(t-t_0))}{\omega}\boldsymbol{P}_{r_0}+\cos(\omega(t-t_0))\boldsymbol{P}_{V_0}\end{bmatrix} \tag{6-58}$$

式中，$\boldsymbol{P}_{r_0}$ 和 $\boldsymbol{P}_{V_0}$ 为t_0时刻的协态向量。因此，P_V 可以表示为

$$P_V=\sqrt{\cos^2[\omega(t-t_0)]P_{V_0}^2+\sin^2[\omega(t-t_0)]\frac{P_{r_0}^2}{\omega^2}-\sin[2\omega(t-t_0)]\frac{\boldsymbol{P}_{V_0}^{\mathrm{T}}\boldsymbol{P}_{r_0}}{\omega}} \tag{6-59}$$

6.5.2 滑行段开关函数解析判断

对于滑行段，由于P_m和m都是常值，因此滑行段与推进段的开关函数$S=0$可以转化为

$$P_V(t_{s_\mathrm{f}})-P_V(t_{s_0})=0 \tag{6-60}$$

式中，t_{s_f} 和t_{s_0} 分别是滑行段的结束时刻和开始时刻。因此，滑行段的最优结束时刻完全由协态变量$\boldsymbol{P}_V$决定[25]。

将式(6-59)代入式(6-60)可以得到

$$\begin{aligned}&\sin[\omega(t_{s_\mathrm{f}}-t_{s_0})]\\ &\cdot\left\{-\sin[\omega(t_{s_\mathrm{f}}-t_{s_0})]P_{V_0}^2+\sin[\omega(t_{s_\mathrm{f}}-t_{s_0})]\frac{P_{r_0}^2}{\omega^2}-2\cos[\omega(t_{s_\mathrm{f}}-t_{s_0})]\frac{\boldsymbol{P}_{V_0}^{\mathrm{T}}\boldsymbol{P}_{r_0}}{\omega}\right\}=0\end{aligned} \tag{6-61}$$

式(6-61)等价于求解下列非线性方程的零点：

$$\sin[\omega(t_{s_\mathrm{f}}-t_{s_0})]=0 \tag{6-62}$$

$$\tan[\omega(t_{s_\mathrm{f}}-t_{s_0})]=\frac{2\omega\boldsymbol{P}_{V_0}^{\mathrm{T}}\boldsymbol{P}_{r_0}}{P_{r_0}^2-P_{V_0}^2\omega^2} \tag{6-63}$$

显然，式(6-62)的其中一个零点是$t=t_{s_0}$，此时滑行段的长度为 0，即为滑行段开始时刻，可以排除在外。

式(6-62)与式(6-63)的根分别为

$$t_i = \frac{i\pi}{\omega} + t_{s_0}, \quad i = 1, 2, \cdots, n_1 \tag{6-64}$$

$$t_j = \frac{\varDelta}{\omega} + t_{s_0} + (j-1)\pi, \quad j = 1, 2, \cdots, n_2 \tag{6-65}$$

式中，n_1 和 n_2 分别是 $2\omega\sqrt{a^3}$ 和 $2\omega\sqrt{a^3} - \varDelta/\pi + 1$ 的整数部分，且有

$$\varDelta = \tan^{-1}\left[\frac{2\omega \boldsymbol{P}_{V_0}^{\mathrm{T}} \boldsymbol{P}_{r_0}}{P_{r_0}^2 - P_{V_0}^2 \omega^2}\right], \quad \varDelta \in [0, \pi] \tag{6-66}$$

由于当 $x \in [0, \pi]$ 时，$\tan x$ 的取值是 $(-\infty, \infty)$，因此满足上述方程的 $\varDelta \in [0, \pi]$ 总是存在的。由式(6-64)和式(6-65)可知，线性重力模型下滑行段开关条件的最大零点个数为 $n_1 + n_2$。由于 n_1 和 n_2 的取值完全由 a 和 $\varDelta$ 决定，所以最大零点个数随着滑行段初始状态和协态变量的变化而变化。因此，可以得到如下结论：

(1) 对于线性重力模型，滑行段开关条件的最大零点个数是不确定的。

(2) 当滑行段是圆轨道或近圆轨道，滑行段开关条件的最大零点个数为 5，即此时，$\omega\sqrt{a^3} = 1$，从而有 $n_1 = 2$，$n_2 = 3$（一般来说 $\varDelta < \pi$），则 $n_1 + n_2 = 5$。

(3) 当 $\boldsymbol{P}_{V_0}^{\mathrm{T}} \boldsymbol{P}_{r_0} \neq 0$ 时，滑行段开关条件的第一个零点为 $t_1 = t_{s_0} + \varDelta/\omega$；当 $\boldsymbol{P}_{V_0}^{\mathrm{T}} \boldsymbol{P}_{r_0} = 0$ 时，滑行段开关条件第一个零点为 $t_1 = t_{s_0} + \pi$。

思　考　题

1. 简述数值优化闭环制导的优缺点。
2. 比较迭代制导和基于线性重力假设的数值优化闭环制导的区别。
3. 为什么基于线性重力假设的数值优化闭环制导没有解析制导律？
4. 为什么时间最优闭环制导的最优推力为最大推力，而燃料最优闭环制导的最优推力为 Bang-Bang 形式？

第 7 章

近地航天器轨道机动制导

7.1 轨道机动的基本概念

轨道机动是指航天器主动改变自身飞行轨道的过程。轨道机动是航天器自发的主动行为，具有目的性，并且面向于应用的飞行历程，因此某些干扰因素所导致的轨道漂移不属于轨道机动的范畴。

在人造卫星发展的初期，轨道机动主要是指入轨时的变轨、轨道提升和轨道转移等，是基于脉冲推力下的开普勒轨道飞行。随着空间应用领域的扩展，轨道机动幅度和范围越来越大、快速性要求越来越强、过程越来越复杂。载人飞行实现后就进一步对轨道机动提出了新的要求：如果载人飞船出现故障，营救飞船需要在指定时间机动到飞船所在的任意位置，与之对接并实施救援。因此，当前对轨道机动就有了新的诠释，即大范围、快速、自主、精确的轨道机动，这种属于主动改变飞行轨道的任意机动范畴，既不限于短时间，也不限于小幅度推力，并且没有参考航天器，是真正意义上的轨道机动。这种机动的起因完全是自己的任务或快速响应的需求，如空间营救、空间碎片规避、空间操作占位、来袭规避、空间攻击、反侦察、反干扰机动等。

轨道机动定义中所指的主动地改变飞行轨道并不限于航天器主动施加推力，还包括主动地利用环境或外界所提供的动力，如空气动力、太阳光压、其他星体的引力等。按照飞行任务，轨道机动主要包括轨道转移、轨道保持、轨道交会对接等技术[26]：

(1) 轨道转移，是改变轨道参数以便从初始轨道过渡到中间轨道或最终轨道的过程，它涉及较大的轨道变化，如在发射卫星时由停泊轨道向大椭圆目标的过渡轨道转移。

(2) 轨道保持，是使飞行器轨道的一个或者几个轨道要素保持不变，它主要利用飞行器上的发动机调整其速度，以达到修正轨道参数的目的，如地球静止卫星的位置保持、对地观测卫星的轨道保持等。

(3) 轨道交会对接，是指两个航天器在太空轨道上交会，并对接合拢成在机械上连成一体的航天器复合体的过程。

如按照发动机推进方式区分，航天器轨道机动又可分为大推力脉冲式机动和小推力连续式机动：

(1) 大推力脉冲式机动的发动机在非常短暂的时间内产生推力，使航天器获得脉冲速度。

(2) 小推力连续式机动是指在持续的一段时间内，依靠小的作用力改变轨道。例如，利用电推进、太阳光压等进行的机动都是连续式机动。

早期的航天器主要采用脉冲式发动机，其依赖于化学推进系统。虽然脉冲式发动机可以瞬时获得较大的速度增量，但它所需的推进剂较多，从而减少了航天器的有效载荷。随着人类对于太空探索的不断深入，传统的脉冲式发动机越来越难以满足深空探测等任务的多样性和姿态、轨道控制的高性能指标要求。与此同时，以电推进、等离子推进、太阳风帆推进为代表的连续推进技术迅速发展，并得到了广泛关注。一般使用化学推进系统所产生的推力比冲为 200～500s，而使用电推进系统的推力效率是其 10 倍左右，氙离子推进系统的比冲值可以达到 4000s。因此，连续式推力发动机因其比冲大、效率高等特点在越来越多的空间任务中得到应用。

7.2　航天器轨道拦截制导

7.2.1　Lambert 问题

固定时间的轨道交会两点边值问题，也称为 Lambert 问题，是航天器轨道动力学中一个最基本的问题。经典的 Lambert 问题描述如下：给定相对于引力中心的初始位置向量 $\boldsymbol{r}_1$ 和目标位置向量 $\boldsymbol{r}_2$，设转移时间 $\Delta t = t_2 - t_1$ 固定，求圆锥曲线转移轨道，满足轨迹从初始点出发，在经过时间 t_2 后正好到达目标点。由于圆锥曲线转移轨道可由轨道六要素确定，即半长轴 a、偏心率 e、轨道倾角 i、升交点赤经 Ω、近地点幅角 ω 和真近点角 f。如图 7-1 所示，轨道倾角 i 和升交点赤经 Ω 能够由角动量 $\boldsymbol{h}$ 的单位向量 $\mathbf{1}_h$ 确定，即

$$\begin{cases}\cos\Omega = \mathbf{1}_X^{\mathrm{T}}(\mathbf{1}_Z \times \mathbf{1}_h) \\ \cos i = \mathbf{1}_h^{\mathrm{T}}\mathbf{1}_Z\end{cases} \tag{7-1}$$

式中，$\mathbf{1}_X = [1,0,0]^{\mathrm{T}}$；$\mathbf{1}_Z = [0,0,1]^{\mathrm{T}}$；$\mathbf{1}_h = \boldsymbol{r}_1 \times \boldsymbol{r}_2 / \|\boldsymbol{r}_1 \times \boldsymbol{r}_2\|$。

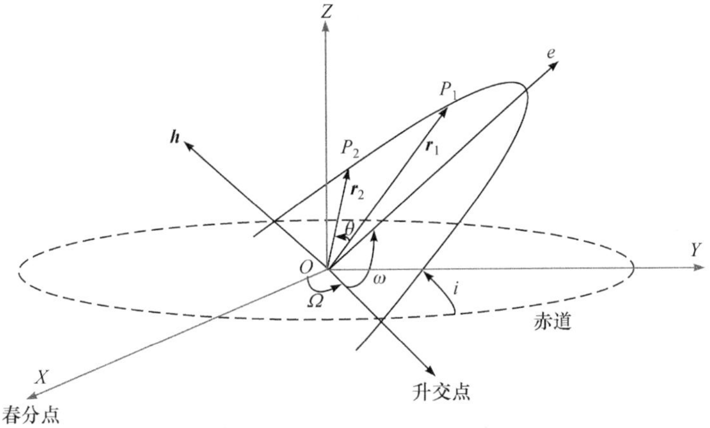

图 7-1　地心惯性坐标系下 Lambert 问题示意图

在确定轨道倾角 i 和升交点赤经 Ω 的值后，剩余的 4 个轨道要素可在轨道平面内确定，如图 7-2 所示。

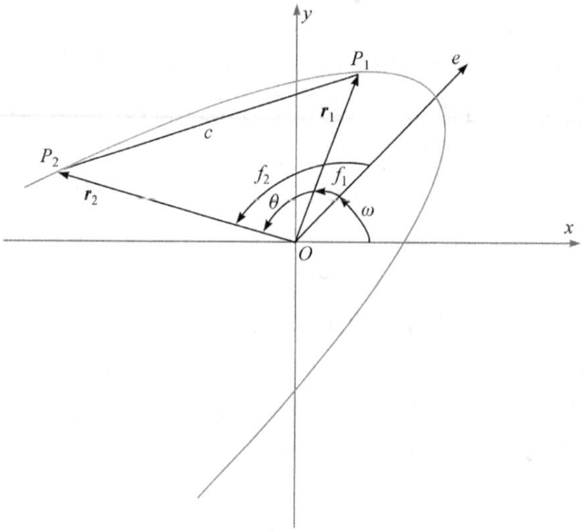

图 7-2　轨道平面坐标系下 Lambert 问题示意图

图 7-2 中，c 是 P_1 和 P_2 间的弦长；此外，初始位置向量 $\boldsymbol{r}_1$ 和目标位置向量 $\boldsymbol{r}_2$ 可进一步表示为

$$\begin{cases}\boldsymbol{r}_1 = x_1\mathbf{1}_x + y_1\mathbf{1}_y \\ \boldsymbol{r}_2 = x_2\mathbf{1}_x + y_2\mathbf{1}_y\end{cases} \tag{7-2}$$

式中，x_1、y_1、x_2 和 y_2 分别为 $\boldsymbol{r}_1$ 和 $\boldsymbol{r}_2$ 在 x 和 y 轴上的坐标，可由下列表达式确定：

$$\begin{cases} x_1 = r_1\cos(f_1+\omega) = \dfrac{p\cos(f_1+\omega)}{1+e\cos f_1} \\ y_1 = r_1\sin(f_1+\omega) = \dfrac{p\sin(f_1+\omega)}{1+e\cos f_1} \\ x_2 = r_2\cos(f_2+\omega) = \dfrac{p\cos(f_2+\omega)}{1+e\cos f_2} \\ y_2 = r_2\sin(f_2+\omega) = \dfrac{p\sin(f_2+\omega)}{1+e\cos f_2} \end{cases} \tag{7-3}$$

式中，f_1 和 f_2 分别为航天器在初始位置和目标位置的真近点角；p 是半通径。

根据轨道力学可知，圆锥曲线转移轨道的转移时间可以表示为以下形式：

$$\Delta t = t_2 - t_1 = \frac{h^3}{\mu^2}\int_{f_1}^{f_2}\frac{\mathrm{d}f}{(1+e\cos f)^2} \tag{7-4}$$

式中，h 为角动量的幅值。当转移轨道为椭圆轨道($0<e<1$)，转移时间方程可以进一步表示为

$$\begin{aligned}\Delta t = \frac{a^{\frac{3}{2}}}{\sqrt{\mu}}\Bigg[&\frac{e\sqrt{1-e^2}\sin f_1}{1+e\cos f_1} - \frac{e\sqrt{1-e^2}\sin f_2}{1+e\cos f_2} \\ &+2\tan^{-1}\left(\sqrt{\frac{1-e}{1+e}}\tan\frac{f_2}{2}\right) - 2\tan^{-1}\left(\sqrt{\frac{1-e}{1+e}}\tan\frac{f_1}{2}\right)\Bigg]\end{aligned} \tag{7-5}$$

对于抛物线轨道 $(e=1)$，转移时间方程为

$$\Delta t=\frac{p^{\frac{3}{2}}}{\sqrt{\mu}}\left(\frac{1}{2}\tan\frac{f_2}{2}+\frac{1}{6}\tan^3\frac{f_2}{2}-\frac{1}{2}\tan\frac{f_1}{2}-\frac{1}{6}\tan^3\frac{f_1}{2}\right) \tag{7-6}$$

对于双曲线轨道 $(e>1)$，转移时间方程为

$$\begin{aligned}\Delta t=\frac{a^{\frac{3}{2}}}{\sqrt{\mu}}\Bigg[&\frac{e\sqrt{e^2-1}\sin f_2}{1+e\cos f_2}-\frac{e\sqrt{e^2-1}\sin f_1}{1+e\cos f_1}\\&+\ln\left(\frac{\sqrt{e+1}+\sqrt{e-1}\tan\frac{f_1}{2}}{\sqrt{e+1}-\sqrt{e-1}\tan\frac{f_1}{2}}\right)-\ln\left(\frac{\sqrt{e+1}+\sqrt{e-1}\tan\frac{f_2}{2}}{\sqrt{e+1}-\sqrt{e-1}\tan\frac{f_2}{2}}\right)\Bigg]\end{aligned} \tag{7-7}$$

根据式(7-3)，f_1 和 f_2 的三角函数可以表示为

$$\begin{cases}\cos f_1=\dfrac{x_1\cos\omega+y_1\sin\omega}{p-ex_1\cos\omega-ey_1\sin\omega}\\ \sin f_1=\dfrac{y_1\cos\omega-x_1\sin\omega}{p-ex_1\cos\omega-ey_1\sin\omega}\\ \cos f_2=\dfrac{x_2\cos\omega+y_2\sin\omega}{p-ex_2\cos\omega-ey_2\sin\omega}\\ \sin f_2=\dfrac{y_2\cos\omega-x_2\sin\omega}{p-ex_2\cos\omega-ey_2\sin\omega}\end{cases} \tag{7-8}$$

则 r_1 和 r_2 具有以下形式：

$$\begin{cases}r_1=p-e(x_1\cos\omega+y_1\sin\omega)\\ r_2=p-e(x_2\cos\omega+y_2\sin\omega)\end{cases} \tag{7-9}$$

求解式(7-9)，可以得到 $\cos\omega$ 和 $\sin\omega$ 的表达式：

$$\begin{cases}\cos\omega=-\dfrac{py_c+(r_2y_1-r_1y_2)}{e(x_2y_1-x_1y_2)}\\ \sin\omega=\dfrac{px_c+(r_2x_1-r_1x_2)}{e(x_2y_1-x_1y_2)}\end{cases} \tag{7-10}$$

式中，x_c 和 y_c 定义如下：

$$\begin{cases}x_c=x_2-x_1\\ y_c=y_2-y_1\end{cases} \tag{7-11}$$

由于 $\cos\omega^2+\sin\omega^2=1$，可以进一步得到 Lambert 问题的基础方程：

$$\frac{c^2p^2+p[2r_2(x_1x_c+y_1y_c)-2r_1(x_2x_c+y_2y_c)]+2r_1^2r_2^2-2r_1r_2(x_1x_2+y_1y_2)}{e^2(x_2y_1-x_1y_2)^2}=1 \tag{7-12}$$

式中，

$$c=\sqrt{(x_2-x_1)^2+(y_2-y_1)^2} \tag{7-13}$$

1) 椭圆轨道

对于椭圆轨道 $(0<e<1)$，如果将半长轴 a 作为求解 Lambert 问题的独立变量，根据式(7-12)，偏心率 e 可以表示为 a 的函数：

$$e=\frac{\sqrt{C_1 \pm C_2}}{\sqrt{2ac}} \tag{7-14}$$

式中，C_1 和 C_2 分别为

$$\begin{cases} C_1=2a^2c^2-a(r_1+r_2)[c^2-(r_1-r_2)^2]+\dfrac{1}{4}[(r_1+r_2)^2-c^2][c^2-(r_1-r_2)^2] \\ C_2=\dfrac{1}{2}[c^2-(r_1-r_2)^2]\sqrt{(r_1+r_2)^2-c^2}\sqrt{(2a-s)[2a-(s-c)]} \end{cases} \tag{7-15}$$

式中，$r_1+r_2>c$；$\|r_1-r_2\|<c$；s 为

$$s=\frac{r_1+r_2+c}{2} \tag{7-16}$$

对于椭圆轨道，最小能量转移轨道的半长轴为

$$a_m=\frac{s}{2} \tag{7-17}$$

其他所有经过 P_1 和 P_2 的轨道都满足 $a \geqslant a_m$，或 $2a \geqslant s$。因此，C_2 可以进一步表示为

$$C_2=\frac{1}{2}[c^2-(r_1-r_2)^2]\sqrt{(r_1+r_2)^2-c^2}\sqrt{(2a-s)}\sqrt{2a-(s-c)} \tag{7-18}$$

根据式(7-8)、式(7-10)和式(7-14)，式(7-5)可以改写为以下形式：

$$\begin{aligned} \Delta t=&\left(\frac{s}{2a}\right)^{-\frac{3}{2}}\mu^{-\frac{1}{2}} \\ &\cdot\left[\pm\frac{\sqrt{(2a-s)s}}{2a}+\chi^{\frac{1}{2}}\frac{\sqrt{(2a-\chi s)s}}{2a}+\cot^{-1}\left(\mp\frac{\sqrt{2a-s}}{\sqrt{s}}\right)-\cot^{-1}\left(\chi^{-\frac{1}{2}}\frac{\sqrt{2a-\chi s}}{\sqrt{s}}\right)\right] \end{aligned} \tag{7-19}$$

式中，χ 的定义如下：

$$\chi=\frac{s-c}{s} \tag{7-20}$$

需要注意的是，当转移角 θ 由 0 到 π 单调递增时，参数 χ 由 1 到 0 单调递减；当转移角 θ 由 π 到 2π 单调递增时，参数 χ 由 0 到 1 单调递增。这就意味着当 χ 为确定值时，存在两个相应的转移角。定义：

$$\lambda=\sqrt{\frac{s-c}{s}} \tag{7-21}$$

此时，当转移角 θ 由 0 到 2π 单调递增时，λ 由 1 到 -1 单调递减，并且当 $\theta=\pi$ 时，$\lambda=0$。

显然，采用半长轴 a 作为独立变量求解 Lambert 问题存在以下两点缺陷：

(1) 如图 7-3 所示，转移时间为半长轴 a 的双值函数，即对于同一个 a 存在两个转移轨道；

(2) 转移时间关于 a 的导数在 $a=s/2$ 处趋向无穷。

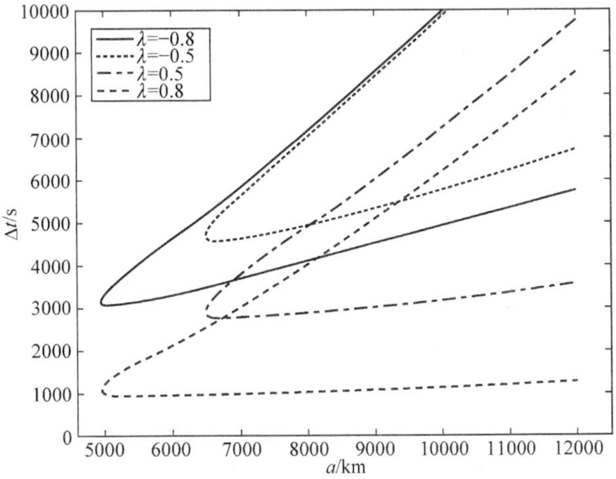

图 7-3　转移时间 Δt 关于独立变量 a 的曲线图

因此引入一个新的独立变量 z_1，其定义为

$$z_1^2=2a-s \tag{7-22}$$

将式(7-22)代入式(7-14)可以得到

$$e=\frac{\sqrt{C_3+z_1[c^2-(r_1-r_2)^2]\sqrt{(r_1+r_2)^2-c^2}\sqrt{z_1^2+c}}}{(z_1^2+s)c} \tag{7-23}$$

式中，C_3 定义如下：

$$\begin{aligned}C_3&=(z_1^2+s)^2c^2-(z_1^2+s)(r_1+r_2)[c^2-(r_1-r_2)^2]\\&\quad+\frac{1}{2}[(r_1+r_2)^2-c^2][c^2-(r_1-r_2)^2]\end{aligned} \tag{7-24}$$

由于 $s>0$，$z_1^2=2a-s<2a$，可以得到

$$z_1\in(-\sqrt{2a},\sqrt{2a}) \tag{7-25}$$

如果进一步引入无量纲独立变量 z_2：

$$z_2^2=\frac{z_1^2}{2a}=\frac{2a-s}{2a} \tag{7-26}$$

则可以得到 $z_2\in(-1,1)$。此时，转移时间方程可以表示为

$$\Delta t=\frac{1}{\sqrt{2\mu}}\left(\frac{s}{1-z_2^2}\right)^{\frac{3}{2}}\left[-z_2\sqrt{1-z_2^2}+\sqrt{\lambda(1-z_2^2)}\sqrt{1-\lambda(1-z_2^2)}\right.$$
$$\left.+\tan^{-1}\left(\frac{\sqrt{1-z_2^2}}{z_2}\right)-\tan^{-1}\left(\frac{\sqrt{\lambda(1-z_2^2)}}{\sqrt{1-\lambda(1-z_2^2)}}\right)\right] \tag{7-27}$$

此时，转移时间是 z_2 的单值函数，且其关于 z_2 的导数都是有限值，即有效规避了 a 作为独立变量时所带来的缺陷。

2) 抛物线轨道

对于抛物线轨道 $(e=1)$，a 趋向无穷，则

$$z_2^2=\lim_{a\to\infty}\frac{2a-s}{2a}=1 \tag{7-28}$$

3) 双曲线轨道

对于双曲线轨道 $(e>1)$，通过与椭圆轨道类似的推导过程，可以得到

$$\Delta t=\frac{1}{2\sqrt{2\mu}}\left(\frac{s}{z_2^2-1}\right)^{\frac{3}{2}}\left[2z_2\sqrt{1-z_2^2}-2\sqrt{\lambda(z_2^2-1)}\sqrt{1+\lambda(z_2^2-1)}\right.$$
$$\left.-\ln\left(\frac{z_2+\sqrt{z_2^2-1}}{z_2-\sqrt{z_2^2-1}}\right)+\ln\left(\frac{\sqrt{1+\lambda(z_2^2-1)}+\sqrt{\lambda(z_2^2-1)}}{\sqrt{1+\lambda(z_2^2-1)}-\sqrt{\lambda(z_2^2-1)}}\right)\right] \tag{7-29}$$

式中，$z_2\in(1,\infty)$。转移时间 Δt 关于 z_2 的函数曲线图如图 7-4 所示。显然，$\Delta t(z_2)$ 在 $z_2\in(-1,\infty)$ 内都为单调递减的单值函数。当 $z_2=0$，所得到的 Δt 为从 P_1 到 P_2 的最小能量转移轨道的转移时间[27]。

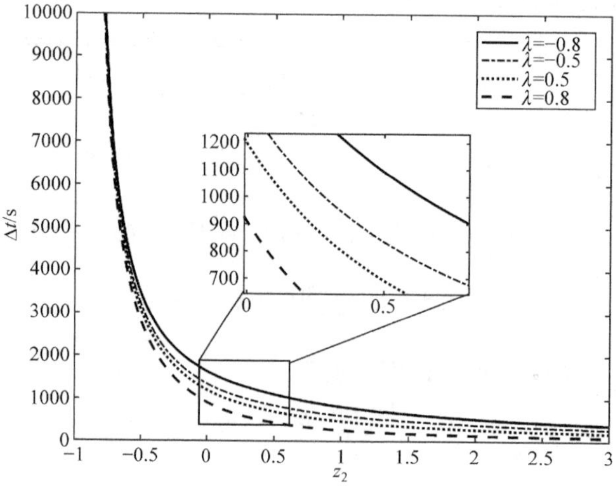

图 7-4 转移时间 Δt 关于独立变量 z_2 的函数曲线图

7.2.2 多圈 Lambert 问题

Lambert 问题需要求解一条圆锥曲线，使得它经过两个给定位置向量 r_1 和 r_2 的转移

时间正好为给定的值 Δt 。当转移时间较短时，转移轨道只需要经过单圈椭圆轨道到达 r_2 ，称为单圈 Lambert 问题。当转移时间较长时，转移轨道可以经过多圈椭圆轨道之后再达到 r_2 ，此时称为多圈 Lambert 问题[28]。此外，如图 7-5 所示，对于给定的长半轴，虚焦点 F_2 和 F_2^* 分别代表短路径轨道和长路径轨道，且 F_2 和 F_2^* 关于线段 $\overline{P_1P_2}$ 对称。如图 7-5 所示，对于短路径轨道，F_1 和 F_2 位于线段 $\overline{P_1P_2}$ 的相同边；对于长路径轨道，F_1 和 F_2^* 位于线段 $\overline{P_1P_2}$ 的相反边。

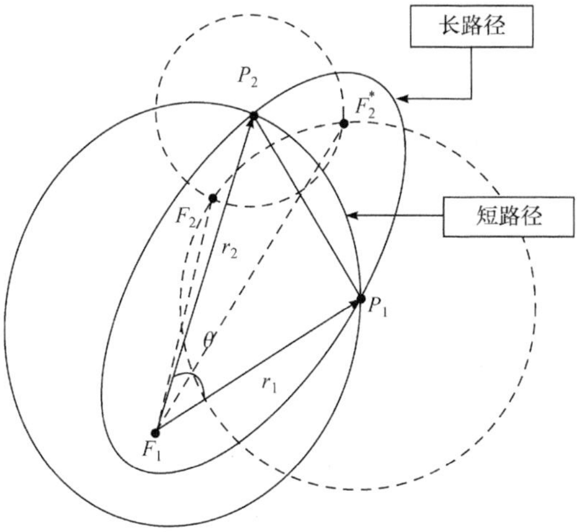

图 7-5　Lambart 问题短路径和长路径轨道示意图

Lambert 问题的拉格朗日时间转移方程为

$$\Delta t = \sqrt{\frac{a^3}{\mu}}(2\pi N + \alpha - \beta - \sin\alpha + \sin\beta) \tag{7-30}$$

式中，N 为转移圈数，其值为零或正整数。当 $N=0$ 时称为单圈 Lambert 问题；当 $N \geqslant 1$ 时称为多圈 Lambert 问题。α 和 β 称为拉格朗日乘子，且有

$$\cos\alpha = 1 - \frac{s}{a},\quad \cos\beta = 1 - \frac{s-c}{a} = \cos\alpha + \frac{c}{a} \tag{7-31}$$

记 α_0 与 β_0 分别为反余弦函数 $\arccos(1-s/a)$ 与 $\arccos[1-(s-c)/a]$ 的幅值，满足 $0 \leqslant \alpha_0 \leqslant \pi$ 和 $0 \leqslant \beta_0 \leqslant \beta_m < \pi$ ，其中，$\beta_m = \arccos[1-(s-d)/a_m]$ 。根据 α 和 β 的几何意义，其象限判定如下：

(1) 如果 $\theta \leqslant \pi$ ，对于短路径轨道，有 $\alpha = \alpha_0$ ，$\beta = \beta_0$ ；对于长路径轨道，有 $\alpha = 2\pi - \alpha_0$ ，$\beta = \beta_0$ ；

(2) 如果 $\theta > \pi$ ，对于短路径轨道，有 $\alpha = 2\pi - \alpha_0$ ，$\beta = -\beta_0$ ；对于长路径轨道，有 $\alpha = \alpha_0$ ，$\beta = -\beta_0$ 。

对拉格朗日方程关于 a 求导可得

$$\frac{\mathrm{d}t_\mathrm{f}}{\mathrm{d}a} = \frac{3}{2}\sqrt{\frac{a}{\mu}}\left[2N\pi + \alpha - \sin\alpha - \frac{4\sin^3(\alpha/2)}{3\cos(\alpha/2)} - \beta + \sin\beta + \frac{4\sin^3(\beta/2)}{3\cos(\beta/2)}\right] \tag{7-32}$$

经研究可知，对于最大圈数为 N_{max} 的多圈 Lambert 问题，存在 $2N_{max}+1$ 个转移轨道解。在确定转移圈数后，通过数值求根算法即可求解对应的 Lambert 问题的解。

例 7.1 近地轨道 $r_1=[5000,10000,2100]$km，$r_2=[-14600,2500,7000]$km，转移时间为 24h，求出其所有 Lambert 问题的解。

Lambert 问题求解函数代码如下：

```
function [v1,v2]=solve_lambert(r1,r2,t,GM,lw,N,branch)
%输入:
%          r1=初始位置向量(km)
%          r2=目标位置向量(km)
%          t=转移时间(s)
%          GM=重力参数(km^3/s^2)
%          lw= 1: 长路径; 0: 短路径
%          N=转移圈数
%          branch=1:左分支; 0: 右分支(N>0)
if t<=0
   disp('Negative time as input');
   v1=NaN;
   v2=NaN;
   return
end
tol=1e-11;
%无量纲化
R=sqrt(r1'*r1);
V=sqrt(GM/R);
T=R/V;
r1=r1/R;
r2=r2/R;
t=t/T;
r2mod=sqrt(r2'*r2);
theta=real(acos((r1'*r2)/r2mod));
%计算夹角,并确定是大弧还是小弧
if lw
   theta=2*pi-theta;
end
c=sqrt(1+r2mod^2-2*r2mod*cos(theta));
s=(1+r2mod+c)/2;
am=s/2;
```

```
lambda=sqrt(r2mod)*cos(theta/2)/s;
if N==0
    inn1=-.5233;
    inn2=.5233;
    x1=log(1+inn1);
    x2=log(1+inn2);
    y1=log(x2tof(inn1,s,c,lw,N))-log(t);
    y2=log(x2tof(inn2,s,c,lw,N))-log(t);
    %牛顿迭代
    err=1;
    i=0;
    while (err>tol) && (y1~=y2)
        i=i+1;
        xnew=(x1*y2-y1*x2)/(y2-y1);
        ynew=log(x2tof(exp(xnew)-1,s,c,lw,N))-log(t);
        x1=x2;
        y1=y2;
        x2=xnew;
        y2=ynew;
        err=abs(x1-xnew);
    end
    x=exp(xnew)-1;
else
    if branch==1
        inn1=-.5234;
        inn2=-.2234;
    else
        inn1=0.2;
        inn2=.5234;
    end
    x1=tan(inn1*pi/2);
    x2=tan(inn2*pi/2);
    y1=x2tof(inn1,s,c,lw,N)-t;
    y2=x2tof(inn2,s,c,lw,N)-t;
    err=1;
    i=0;
    %牛顿迭代
    while ((err>tol) && (i<90) && (y1~=y2))
```

```
        i=i+1;
        xnew=(x1*y2-y1*x2)/(y2-y1);
        ynew=x2tof(atan(xnew)*2/pi,s,c,lw,N)-t;
        x1=x2;
        y1=y2;
        x2=xnew;
        y2=ynew;
        err=abs(x1-xnew);
    end
    x=atan(xnew)*2/pi;
end
a=am/(1-x^2);                              %半长轴解
if x<1
    beta=2*asin(sqrt((s-c)/2/a));
    if lw
        beta=-beta;
    end
    alfa=2*acos(x);
    psi=(alfa-beta)/2;
    eta2=2*a*sin(psi)^2/s;
    eta=sqrt(eta2);
else
    beta=2*asinh(sqrt((c-s)/2/a));
    if lw
        beta=-beta;
    end
    alfa=2*acosh(x);
    psi=(alfa-beta)/2;
    eta2=-2*a*sinh(psi)^2/s;
    eta=sqrt(eta2);
end
p=r2mod/am/eta2*sin(theta/2)^2;
sigma1=1/eta/sqrt(am)*(2*lambda*am-(lambda+x*eta));
ih=cross(r1,r2)/norm(cross(r1,r2));
if lw
    ih=-ih;
end
```

```
vr1 = sigma1;
vt1 = sqrt(p);
v1  = vr1 * r1   +   vt1 * cross(ih,r1);
vt2=vt1/r2mod;
vr2=-vr1+(vt1-vt2)/tan(theta/2);
v2=vr2*r2/r2mod+vt2*cross(ih,r2/r2mod);
v1=v1*V;
v2=v2*V;
if err>tol
   v1=[100 100 100]';
   v2=[100 100 100]';
end

function t=x2tof(x,s,c,lw,N)
am=s/2;
a=am/(1-x^2);
if x<1
   beta=2*asin(sqrt((s-c)/2/a));
   if lw
      beta=-beta;
   end
   alfa=2*acos(x);
else
   alfa=2*acosh(x);
   beta=2*asinh(sqrt((s-c)/(-2*a)));
   if lw
      beta=-beta;
   end
end
t=tofabn(a,alfa,beta,N);

function t=tofabn(sigma,alfa,beta,N)
if sigma>0
   t=sigma*sqrt(sigma)*((alfa-sin(alfa))-(beta-sin(beta))+N*
2*pi);
else
   t=-sigma*sqrt(-sigma)*((sinh(alfa)-alfa)-(sinh(beta)-
beta));
```

```
end
```

7.2.3 轨道拦截制导策略

远距离轨道拦截飞行过程一般可分为远程导引段(初制导)、自由滑行段(中制导)和近程导引段(末制导)。其中，远程导引段实质为轨道转移过程，使拦截器由原运行轨道变轨进入拦截轨道；近程导引段为自动寻的制导过程，用以消除各种误差引起的零控脱靶量，确保拦截器直接碰撞杀伤目标。由于在拦截末端拦截器与目标相对运动速度可能很大，在拦截器探测距离较近的情况下，留给末制导的时间较短，该段的脱靶量修正能力有限，因此末制导前的零控脱靶量不能过大。Lambert 方法是远距离空间拦截初制导基础，但 Lambert 方法建立在严格二体问题假设和地球中心引力场假设之下，依据 Lambert 方法的初制导在方法上存在误差。初制导结束后由于各种摄动因素的存在会产生拦截终端零控脱靶量，其大小随拦截轨道的不同而不同。对于某些远距离拦截，摄动引起的零控脱靶量可达几十千米。另外，初制导精度、目标轨道预测的偏差、目标在拦截过程中的机动均会引起终端零控脱靶量。如何采取有效方法减小拦截过程中的零控脱靶量，对于末段的成功拦截至关重要。零控脱靶量大小与末制导能量需求之间的相互关系，可以从整体上对初制导精度需求、燃料需求、目标预测精度需求、对付目标机动的能力以及末制导的性能需求进行分析[29]。

1) 考虑环境摄动因素的固定时间拦截初制导

基于 Lambert 方法的制导方法是大气层外远距离拦截变轨导引段的最基本方法。拦截器采用 Lambert 制导进入拦截轨道后的实际飞行中存在各种摄动因素，其飞行轨道并非严格 Kepler 轨道，其后每一时刻的实际位置与沿理想 Kepler 轨道运行所对应的位置存在偏差。对于近地轨道飞行的航天器来说，环境摄动因素主要包括：地球引力场的非中心性、近地轨道高度上稀薄大气的阻力、其他天体(月球和太阳)引力、太阳光压力等。减小上述多种摄动因素所导致的偏差，可以为末制导创造更好的初始条件。

对于严格二体问题假设下的固定时间拦截问题，初制导的目的是通过改变拦截器的速度使其进入一条 Kepler 拦截轨道，沿该轨道飞行预定时间后到达预定点，而此刻目标也正好飞抵该位置点。因此，空间拦截对时间和位置的要求都非常严格(同时到达空间同一位置)。但各种摄动因素的存在，使得拦截器在初制导结束后不能在预定时刻到达预定位置，这种偏差可以用等时脱靶量来描述：把拦截器飞行预定拦截时间后到达的实际位置称为等时拦截点，记为 $\boldsymbol{r}_{\mathrm{L}}^*$ ，$\boldsymbol{r}_{\mathrm{L}}^*$ 与预测拦截点 $\boldsymbol{r}_{\mathrm{T}}^*$ 之间的向量差定义为等时脱靶量 $\boldsymbol{L}_{\mathrm{m}}^*$ ，即

$$\boldsymbol{L}_{\mathrm{m}}^* = \boldsymbol{r}_{\mathrm{L}}^* - \boldsymbol{r}_{\mathrm{T}}^* \tag{7-33}$$

设某时刻 τ 的拦截器位置 $\boldsymbol{r}_{\mathrm{I}}$ ，预测飞行时间 t ，预测拦截点 $\boldsymbol{r}_{\mathrm{T}}^*$ ，按照二体问题假设下的Lambert方法导引可得到需要速度 $\boldsymbol{v}_n$ 。由于各种摄动因素的存在，以 $\boldsymbol{r}_{\mathrm{I}}$ 和 $\boldsymbol{v}_n$ 为初始状态，拦截器无控飞行 t 时间后并不能到达预测拦截点 $\boldsymbol{r}_{\mathrm{T}}^*$ 。正是因为忽略各种摄动因素

而使 Lambert 方法导引带有方法误差，最终这些摄动力的存在而导致的等时脱靶量 L_{m}^{*} 可能达到几十千米甚至上百千米。在拦截器与目标高速相对运动情况下，拦截器末制导系统要完成如此大的偏差修正并不是一件容易的事情。因此，有必要在拦截器初始变轨段制导中尽可能地减小 L_{m}^{*}。

考虑摄动因素，拦截器在赤道惯性坐标系中的运动方程为

$$\begin{cases}\dot{\boldsymbol{r}}(t)=\boldsymbol{v}(t)\\ \dot{\boldsymbol{v}}(t)=-\dfrac{\mu}{r(t)^{3}}\boldsymbol{r}(t)+\boldsymbol{f}\end{cases}\tag{7-34}$$

式中，$\boldsymbol{r}$ 和 $\boldsymbol{v}$ 分别是拦截器在赤道惯性坐标系的位置向量和速度向量；$\boldsymbol{f}$ 是摄动加速度向量。冲量变轨拦截问题可以看成一个两点边值问题(初值确定问题)，即已知变轨点位置 $\boldsymbol{r}_0$ 和飞行时间 t 后的终端位置 $\boldsymbol{r}_{\mathrm{f}}$ ($\boldsymbol{r}_{\mathrm{f}}=\boldsymbol{r}_{\mathrm{T}}^{*}$)，如何确定变轨点需要速度 $\boldsymbol{v}_0$。

将式(7-34)记为

$$\begin{cases}\dot{Y}(t)=F(t,Y(t))\\ Y_i(t_0)=a_i,i=1,2,3\\ Y_j(t_{\mathrm{f}})=b_j,j=1,2,3\end{cases}\tag{7-35}$$

式中，$a_1=x_0$、$a_2=y_0$ 和 $a_3=z_0$ 为初始位置分量；$b_1=x_{\mathrm{f}}$、$b_2=y_{\mathrm{f}}$ 和 $b_3=z_{\mathrm{f}}$ 为终端位置分量。

可以采用不同的迭代方法求解非线性两点边值问题，如单步打靶法。上述两点边值问题求解时需要给出未知初值(初始速度)的一个较好估计，而基于二体问题假设的 Lambert 方法所给出的需要速度 $\boldsymbol{v}_n$ 是此初值非常好的估计。由于摄动影响较小，$\boldsymbol{v}_n$ 和实际需要速度 $\boldsymbol{v}_{nr}$ 非常接近。用 $\boldsymbol{v}_n$ 作为初值，迭代收敛速度很快，一般迭代 1～2 次就能满足初制导精度要求。

2) 中段修正制导

远距离拦截过程中目标的机动对拦截末制导的影响很大。在目标机动后，快速确定新的拦截点，并以新拦截点对拦截器实施制导是应对拦截过程中目标机动的唯一办法。另外，拦截前目标轨道预测会存在偏差，而在拦截过程中预测精度可能会不断提高，当初始预测偏差较大时，也需要在拦截过程中改变拦截点。只要拦截器能实现在新拦截点处击毁目标，新拦截点原则上可以任意选择。

3) 比例导引末制导

由于各种误差因素的存在，仅经过初制导(和中制导)并不能完全消除拦截脱靶量。因此，对于直接碰撞杀伤目标的动能拦截器，需要由精确末制导来进一步减小脱靶量。

在末制导阶段，拦截器和目标在地心赤道惯性坐标系的质心运动方程分别为

$$\begin{cases}\dot{\boldsymbol{r}}_{\mathrm{I}}(t)=\boldsymbol{v}_{\mathrm{I}}(t)\\ \dot{\boldsymbol{v}}_{\mathrm{I}}(t)=-\dfrac{\mu}{r_{\mathrm{I}}(t)^{3}}\boldsymbol{r}_{\mathrm{I}}(t)+\boldsymbol{a}_{\mathrm{I}}\end{cases}\tag{7-36}$$

$$\begin{cases}\dot{\boldsymbol{r}}_{\mathrm{T}}(t)=\boldsymbol{v}_{\mathrm{T}}(t)\\ \dot{\boldsymbol{v}}_{\mathrm{T}}(t)=-\dfrac{\mu}{r_{\mathrm{T}}(t)^{3}}\boldsymbol{r}_{\mathrm{T}}(t)+\boldsymbol{a}_{\mathrm{T}}\end{cases} \tag{7-37}$$

式中，$\boldsymbol{v}_{\mathrm{I}}$ 和 $\boldsymbol{v}_{\mathrm{T}}$ 分别为拦截器的速度向量和目标的速度向量；$\boldsymbol{r}_{\mathrm{I}}$ 和 $\boldsymbol{r}_{\mathrm{T}}$ 分别为拦截器的位置向量和目标的位置向量；$\boldsymbol{a}_{\mathrm{I}}$ 和 $\boldsymbol{a}_{\mathrm{T}}$ 分别为拦截器的加速度向量和目标的加速度向量。

目标与拦截器的相对位置向量和相对速度向量可在地心赤道惯性坐标系内分别表示为

$$\begin{cases}\boldsymbol{R}=\boldsymbol{r}_{\mathrm{T}}-\boldsymbol{r}_{\mathrm{I}}\\ \boldsymbol{V}=\boldsymbol{v}_{\mathrm{T}}-\boldsymbol{v}_{\mathrm{I}}\end{cases} \tag{7-38}$$

拦截器与目标距离的变化率为

$$\dot{R}=\frac{\boldsymbol{R}\cdot\boldsymbol{V}}{|\boldsymbol{R}|} \tag{7-39}$$

为了方便描述相对运动，在地心赤道惯性坐标系内建立如图 7-6 所示的视线坐标系 $ox_sy_sz_s$，其中 ox_s 轴是从拦截器指向目标的视线，那么，从拦截器指向目标的视线方向可以用视线倾角和视线偏角表示为

$$q_{\theta}=-\tan^{-1}\frac{R_z}{\sqrt{R_x^2+R_y^2}} \tag{7-40}$$

$$q_{\psi}=\tan^{-1}\frac{R_y}{R_x} \tag{7-41}$$

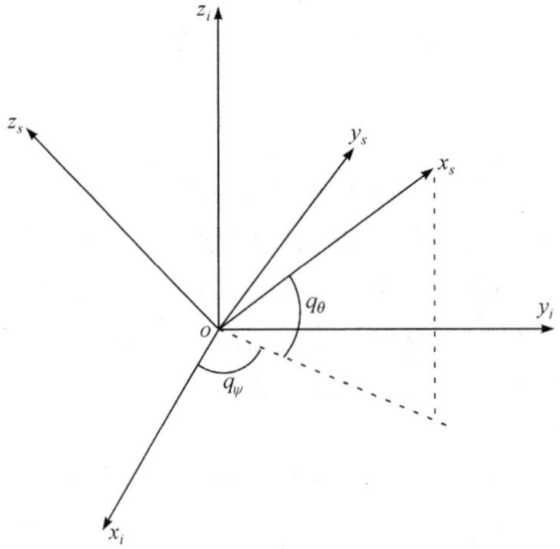

图 7-6　末制导视线坐标系定义

视线角速率为

$$\dot{q}_{\theta}(t)=-\frac{(R_x^2+R_y^2)V_z-R_z(R_xV_x+R_yV_y)}{(R_x^2+R_y^2+R_z^2)\sqrt{R_x^2+R_y^2}} \tag{7-42}$$

$$\dot{q}_{\psi}(t)=\frac{R_xV_y-R_yV_x}{R_x^2+R_y^2} \tag{7-43}$$

比例导引是一种简单、有效而易于实现的自动导引方法，在工程实践中得到了广泛的应用。比例导引可以有效地拦截机动不大的目标，当拦截器和目标均作等速飞行且目标无机动，将终端脱靶量作为唯一的指标时，比例导引律是一种最优导引律。由于轨道目标一般不具有强机动性，因此，比例导引比较适合应用于空间轨道拦截末制导。

根据平行接近原理，只要两个质点在相互接近过程中相对视线角速率为零，那么这两个质点就能相遇。鉴于拦截发生在大气层外，拦截器的机动仅由轨控发动机提供，适合采用真比例导引，即比例导引律发出垂直于拦截器至目标的瞬时视线的加速度指令，指令加速度幅值与视线角速率和弹目接近速率成比例。

假定拦截器末制导采用双平面导引控制方案，且制导过程中拦截器控制系统能基本保持弹体坐标系的 x_b 轴与视线方向一致，而拦截器滚转角保持为 0°或某个常量，因此三维末制导仿真中可采用如下比例导引形式：

$$\begin{cases}a_{\text{I}y}=N\,|\,\dot{R}_1\,|\,\dot{q}_{\psi}\\ a_{\text{I}z}=-N\,|\,\dot{R}\,|\,\dot{q}_{\theta}\end{cases} \tag{7-44}$$

式中，$a_{\text{I}y}$ 和 $a_{\text{I}z}$ 为指令加速度在弹体坐标系内的两个分量；N 为有效导航比；$R_1=R\cos q_{\theta}$；$\dot{R}_1=\dot{R}\cos q_{\theta}-\dot{q}_{\theta}R\sin q_{\theta}$；$\dot{R}$ 为拦截器与目标之间的接近速率；$\dot{q}_{\theta}$ 为视线倾角角速率；$\dot{q}_{\psi}$ 为视线偏角角速率。拦截器的导引头可提供视线角速率信息，拦截器与目标之间的接近速率取某一近似常数。

7.3　航天器轨道交会对接制导

7.3.1　轨道交会对接制导的基本原理

轨道交会对接技术是指两个航天器(一个称为目标航天器，另一个称为追踪航天器)于同一时间在轨道同一位置以相同速度相会合并在结构上连成一个整体的技术。轨道交会对接包括两部分相互衔接的轨道操作：轨道交会和轨道对接。轨道交会是指目标航天器(被动航天器)，不作任何机动(或做少量机动)，在已知轨道上稳定飞行，而追踪航天器(主动航天器)执行一系列的轨道机动，与目标航天器在空间轨道上按预定位置和时间相会[30]。交会的预定位置范围随着空间交会目的不同有各种不同的规定，如以目标航天器为中心，以若干公里为半径的球形范围。轨道对接是指在完成交会后，两个航天器在空间轨道上接近、接触、捕获和校正，最后紧固连接成一个复合航天器的过程。

一般来讲，航天器要进行轨道对接，必须先进行轨道交会，但是进行轨道交会的航天器不一定要进行轨道对接，如一个航天器向另一个航天器靠拢。轨道拦截也是交会的一种形式。

轨道交会对接技术是进行高级空间操作的一项关键技术，可以用于：

(1) 在轨组装大型航天器；

(2) 轨道平台或空间站补给；

(3) 空间站人员轮换；

(4) 航天器在轨维修；

(5) 在轨捕获航天器并返回；

(6) 深空探测时航天器重新组装。

从发射入轨后开始，交会对接飞行阶段一般分为四个阶段：远距离导引段、近距离导引段、平移靠拢段和对接段。从广义上来说，交会对接飞行阶段还包括组合体飞行段和撤离段[31]。

1) 远距离导引段

远距离导引段是指追踪航天器入轨后，在地面控制下完成若干次轨道机动，到追踪航天器上的敏感器捕获到目标航天器为止。根据航天器轨道和地面测控系统的制导能力，该捕获范围为几十公里至一百多公里。当追踪航天器捕获到目标航天器，并开始确定测量信息和建立通信联系时，就转入近距离导引段。欧美国家通常将该阶段称为调相段，俄罗斯和我国则称之为远距离导引段或者地面导引段。远距离导引段的轨道机动任务主要是调整两个航天器的相位角，并修正初始轨道平面偏差。

2) 近距离导引段

近距离导引段从星上敏感器捕获到目标航天器起，到星载交会控制系统将追踪航天器导引到目标航天器附近某一点(如保持点或接近走廊外一点)为止。根据星载交会测量敏感器的性能、目标航天器的控制区域定义和对接机构的对接轴方向，近距离导引段的终点通常位于目标航天器轨道平面内，距离目标航天器几百米。根据控制目标及任务不同，近距离导引段通常分为两个小的阶段：寻的段和接近段。寻的交会也称为远距离交会。寻的段的主要任务是捕获目标轨道，减小接近速度。寻的段通常从两个航天器相距一百多公里或几十公里开始到相距几公里结束。接近段的目标是减小两个航天器的相对距离，从两个航天器相距几公里开始到相距几百米结束。

3) 平移靠拢段

平移靠拢段是指从追踪航天器进入接近走廊开始到追踪航天器与目标航天器对接机构开始接触为止的飞行段。在平移靠拢段中，追踪航天器在接近走廊内逼近目标航天器，沿准直线做受迫运动，直到两个航天器对接机构接触。为此要求精确调整两者之间的横向位置和相对姿态以及最终对接速度，以满足对接初始条件的要求。

4) 对接段和组合体飞行段

从追踪航天器与目标航天器对接机构首次接触开始，到对接机构将两个航天器连接为一个整体并进行气密性等项检查为对接段。从对接机构完成对接起，经两个航天器组合飞行，到追踪航天器与目标航天器分离为止称为组合体飞行段[32]。

5) 撤离段

从对接的两个航天器分离开始，到追踪航天器自主控制撤离到安全距离为止称为撤离段。这里的安全距离能够保证追踪航天器执行大冲量机动变轨或再入时不会影响到目标航天器。在撤离段中，首先利用对接机构的弹开速度自由飞行，然后追踪航天器起控并远离目标航天器。

由于交会对接不同飞行阶段具有不同的特点，通常在各个阶段采用不同的制导方式。例如，在远距离导引段可以采用多脉冲霍曼制导方法，而在近距离导引段采用Clohessy-Wiltshire (C-W)交会制导方法。

7.3.2 C-W 相对运动动力学模型

依据交会对接过程中两个航天器距离的不同，交会对接动力学模型由两部分组成：二体动力学模型和航天器相对运动动力学模型。二体动力学模型用于计算追踪航天器相距目标航天器较远时，也就是在变轨阶段的航天器运动规律。当追踪航天器与目标航天器相距较近时，用航天器相对运动动力学模型来计算追踪航天器相对目标航天器的运动参数更加比较方便[33]。

1) 轨道上的相对运动

交会对接通常包括一个被动的目标航天器和一个追踪航天器。追踪航天器通过机动完成与目标航天器的交会对接任务。常见的一个例子是航天飞机(追踪航天器)与国际空间站(目标航天器)的交会对接。如图 7-7 所示，在地心赤道坐标系中，目标航天器的位置向量为 $\boldsymbol{r}_0$，运动坐标系以目标航天器为坐标原点，x 轴沿 $\boldsymbol{r}_0$ 方向，即沿半径向外。y 轴沿与 $\boldsymbol{r}_0$ 相垂直且指向目标航天器当地地平方向。因此，x 轴与 y 轴均位于目标航天器轨道平面内，而 z 轴则垂直于此平面。

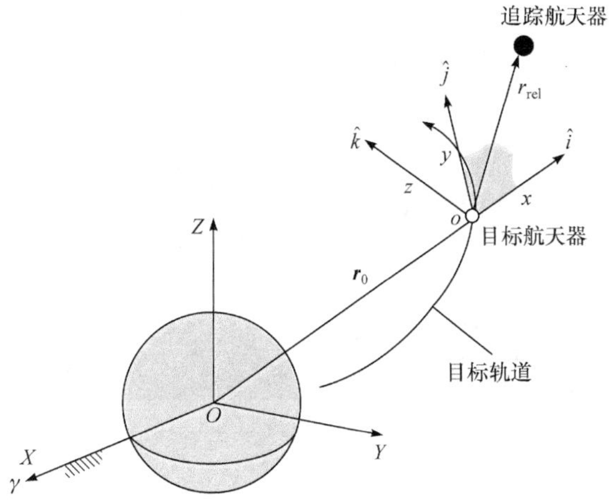

图 7-7 轨道相对运动坐标系示意图

固连于目标航天器上 xyz 轴的角速度即为位置向量 $\boldsymbol{r}_0$，可以得到

$$\boldsymbol{h} = \boldsymbol{r}_0 \times \boldsymbol{v}_0 = r_0 v_0 \hat{\boldsymbol{k}} = r_0^2 \ \boldsymbol{\Omega} \tag{7-45}$$

式中，角速度向量 $\boldsymbol{\Omega}$ 为

$$\boldsymbol{\Omega} = \frac{\boldsymbol{r}_0 \times \boldsymbol{v}_0}{r_0^2} \tag{7-46}$$

由式(7-46)可以得到角加速度向量 $\dot{\boldsymbol{\Omega}}$，即

$$\dot{\boldsymbol{\Omega}} = \frac{1}{r_0^2}(\dot{\boldsymbol{r}}_0 \times \boldsymbol{v}_0 + \boldsymbol{r}_0 \times \dot{\boldsymbol{v}}_0) - \frac{2}{r_0^3}\dot{r}_0 \boldsymbol{r}_0 \times \boldsymbol{v}_0 \tag{7-47}$$

根据目标航天器的角加速度 $\dot{\boldsymbol{v}}_0$ 定义：

$$\dot{\boldsymbol{v}}_0 = -\frac{\mu}{r_0^3}\boldsymbol{r}_0 \tag{7-48}$$

因此可以得到以下关系式：

$$\boldsymbol{r}_0 \times \dot{\boldsymbol{v}}_0 = \boldsymbol{r}_0 \times \left(-\frac{\mu}{r_0^3}\boldsymbol{r}_0\right) = 0 \tag{7-49}$$

将式(7-46)、式(7-48)和式(7-49)代入式(7-47)，可得

$$\dot{\boldsymbol{\Omega}} = -\frac{2}{r_0}\dot{r}_0\boldsymbol{\omega} = -\frac{2\boldsymbol{r}_0 \cdot \boldsymbol{v}_0}{r_0^2}\boldsymbol{\omega} \tag{7-50}$$

由式(7-46)和式(7-50)即可确定运动坐标系中的角速度和角加速度。

图 7-8 描述了追踪航天器相对于目标航天器的运动轨迹，其运动相当于在目标航天器上设置一个观察者，观察追踪飞行器相对目标飞行器的运动轨迹。

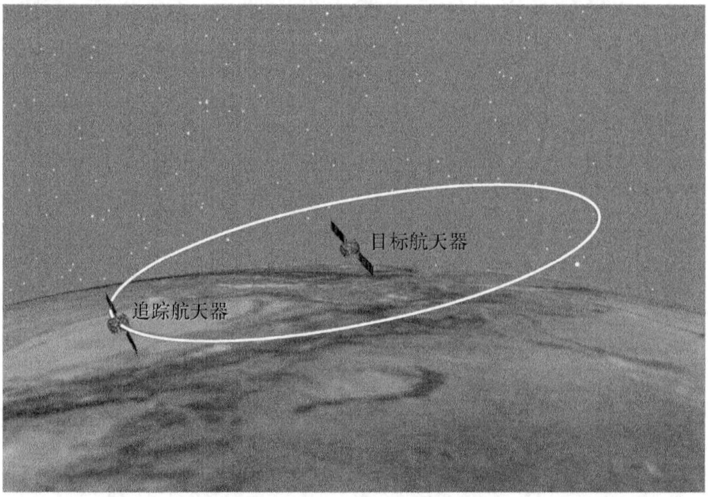

图 7-8 追踪航天器相对于目标航天器的运动轨迹示意图

2) 轨道相对运动方程的线性化

图 7-9 给出了绕地球轨道上的两个航天器。目标航天器 A 的惯性位置向量为 $\boldsymbol{r}_0$，追踪航天器 B 的位置向量为 $\boldsymbol{r}$，追踪航天器的位置向量为 $\delta\boldsymbol{r}$，即

$$\boldsymbol{r} = \boldsymbol{r}_0 + \delta\boldsymbol{r} \tag{7-51}$$

式中，$\delta\boldsymbol{r}$ 与 $\boldsymbol{r}_0$ 相比是一小量，即

$$\frac{\delta r}{r_0} \leqslant 1 \tag{7-52}$$

式中，$\delta r = \|\delta\boldsymbol{r}\|$；$r_0 = \|\boldsymbol{r}_0\|$。当两个航天器相距很近，如交会对接机动时，这一结论是成立的。

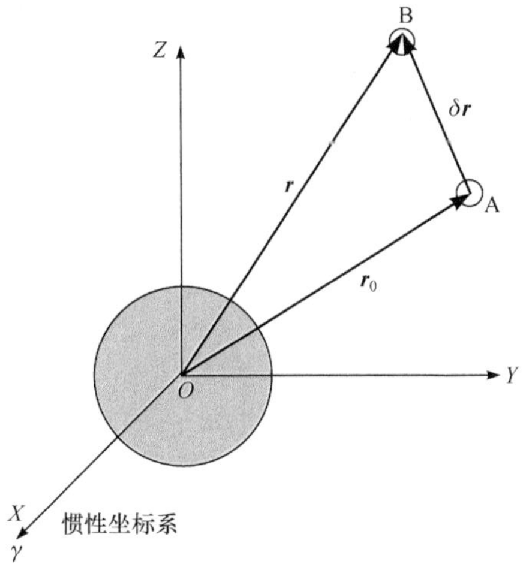

图 7-9　追踪航天器 B 相对于目标航天器 A 的位置

追踪航天器 B 的运动方程为

$$\ddot{\boldsymbol{r}} = -\frac{\mu}{r^3}\boldsymbol{r} \tag{7-53}$$

式中，$r = \|\boldsymbol{r}\|$。将式(7-51)代入式(7-53)中可以得到追踪航天器相对于目标航天器的运动方程：

$$\delta\ddot{\boldsymbol{r}} = -\ddot{\boldsymbol{r}} - \frac{\mu}{r^3}(\boldsymbol{r}_0 + \delta\boldsymbol{r}) \tag{7-54}$$

由于

$$r^2 = \boldsymbol{r}\cdot\boldsymbol{r} = (\boldsymbol{r}_0 + \delta\boldsymbol{r})\cdot(\boldsymbol{r}_0 + \delta\boldsymbol{r}) = r_0^2\left[1 + \frac{2\boldsymbol{r}_0\cdot\delta\boldsymbol{r}}{r_0^2} + \left(\frac{\delta r}{r_0}\right)^2\right] \tag{7-55}$$

δr 相对于 r_0 是一个极小量，因此 $(\delta r / r_0)^2$ 可近似为 0，式(7-55)可写为

$$r^2 = r_0^2\left(1 + \frac{2\boldsymbol{r}_0\cdot\delta\boldsymbol{r}}{r_0^2}\right) \tag{7-56}$$

事实上，$\delta r / r_0$ 一次方以上的高阶项在推导过程中都可忽略。由于 $r^{-3} = (r^2)^{-\frac{3}{2}}$，$r^{-3}$ 可表示为

$$r^{-3} = r_0^{-3}\left(1 + \frac{2\boldsymbol{r}_0\cdot\delta\boldsymbol{r}}{r_0^2}\right)^{-\frac{3}{2}} \tag{7-57}$$

利用二项式定理：

$$(a+b)^n = a^n + na^{n-1}b + \frac{n(n-1)}{2!}a^{n-2}b^2 + \frac{n(n-1)(n-2)}{3!}a^{n-3}b^3 + \cdots \tag{7-58}$$

舍去 $\delta r / r_0$ 一次方以上的高阶项，可得

$$\left(1+\frac{2\boldsymbol{r}_0\cdot\delta\boldsymbol{r}}{r_0^2}\right)^{-\frac{3}{2}}=1-\frac{3}{2}\frac{2\boldsymbol{r}_0\cdot\delta\boldsymbol{r}}{r_0^2} \tag{7-59}$$

因此，式(7-57)可写为

$$r^{-3}=r_0^{-3}\left(1-\frac{3\boldsymbol{r}_0\cdot\delta\boldsymbol{r}}{r_0^2}\right) \tag{7-60}$$

将式(7-60)代入式(7-54)中，可得

$$\delta\ddot{\boldsymbol{r}}=-\ddot{\boldsymbol{r}}_0-\frac{\mu}{r_0^3}\boldsymbol{r}_0-\frac{\mu}{r_0^3}\left[\delta\boldsymbol{r}-\frac{3}{r_0^3}(\boldsymbol{r}_0\cdot\delta\boldsymbol{r})\boldsymbol{r}_0\right] \tag{7-61}$$

目标航天器的运动方程为

$$\ddot{\boldsymbol{r}}_0=-\frac{\mu}{r_0^3}\boldsymbol{r}_0 \tag{7-62}$$

将式(7-62)代入式(7-61)，最终可得

$$\delta\ddot{\boldsymbol{r}}=-\frac{\mu}{r_0^3}\left[\delta\boldsymbol{r}-\frac{3}{r_0^3}(\boldsymbol{r}_0\cdot\delta\boldsymbol{r})\boldsymbol{r}_0\right] \tag{7-63}$$

式(7-63)是式(7-53)的线性化，即追踪航天器相对于目标航天器的运动方程。式(7-63)之所以是线性的，是因为$\delta\boldsymbol{r}$仅在分子中出现，且只有一次方项出现。

3) C-W 方程

如图 7-10 所示，设一运动坐标系 xyz 固连于目标航天器 A 上。与图 7-7 相类似，但不同之处是$\delta\boldsymbol{r}$ 满足式(7-52)的约束条件，运动坐标系的原点为 A，x 轴沿着 $\boldsymbol{r}_0$ 方向，所以有

$$\hat{\boldsymbol{i}}=\frac{\boldsymbol{r}_0}{r_0} \tag{7-64}$$

y 轴与当地地平方向一致，z 轴垂直于 A 的轨道平面，即 $\hat{\boldsymbol{k}}=\hat{\boldsymbol{i}}\times\hat{\boldsymbol{j}}$ 。运动坐标系的惯性角速度为 $\boldsymbol{\Omega}$ ，惯性角加速度为 $\dot{\boldsymbol{\Omega}}$ 。

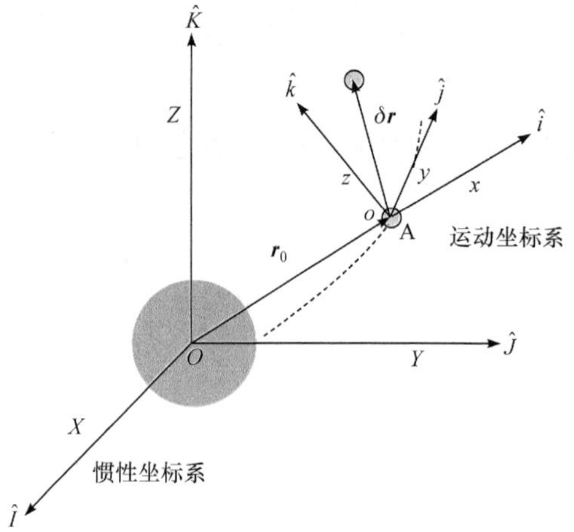

图 7-10　C-W 运动坐标系

根据相对加速度公式可知：

$$\ddot{\boldsymbol{r}}=\ddot{\boldsymbol{r}}_0+\dot{\boldsymbol{\Omega}}\times\delta\boldsymbol{r}+\boldsymbol{\Omega}\times(\boldsymbol{\Omega}\times\delta\boldsymbol{r})+2\boldsymbol{\Omega}\times\delta\boldsymbol{v}+\delta\boldsymbol{a} \tag{7-65}$$

在运动坐标系中可将相对位置、相对速度和相对加速度分别表示如下：

$$\begin{cases}\delta\boldsymbol{r}=\delta x\hat{\boldsymbol{i}}+\delta y\hat{\boldsymbol{j}}+\delta z\hat{\boldsymbol{k}}\\ \delta\boldsymbol{v}=\delta\dot{x}\hat{\boldsymbol{i}}+\delta\dot{y}\hat{\boldsymbol{j}}+\delta\dot{z}\hat{\boldsymbol{k}}\\ \delta\boldsymbol{a}=\delta\ddot{x}\hat{\boldsymbol{i}}+\delta\ddot{y}\hat{\boldsymbol{j}}+\delta\ddot{z}\hat{\boldsymbol{k}}\end{cases} \tag{7-66}$$

为简单起见，此时设目标航天器 A 的运行轨道为圆。因此 $\dot{\boldsymbol{\Omega}}=0$，将其和式(7-51)一起代入式(7-65)，可得

$$\delta\ddot{\boldsymbol{r}}=\boldsymbol{\Omega}\times(\boldsymbol{\Omega}\times\delta\boldsymbol{r})+2\boldsymbol{\Omega}\times\delta\boldsymbol{v}+\delta\boldsymbol{a} \tag{7-67}$$

对等号右边第一项运用向量运算法则，可得

$$\delta\ddot{\boldsymbol{r}}=\boldsymbol{\Omega}(\boldsymbol{\Omega}\cdot\delta\boldsymbol{r})-\boldsymbol{\Omega}^2\delta\boldsymbol{r}+2\boldsymbol{\Omega}\times\delta\boldsymbol{v}+\delta\boldsymbol{a} \tag{7-68}$$

由于 A 的轨道为圆，可以将角速度写为

$$\boldsymbol{\Omega}=n\hat{\boldsymbol{k}} \tag{7-69}$$

式中，n 是平均角速度，为常量，因此有

$$\boldsymbol{\Omega}\cdot\delta\boldsymbol{r}=n\boldsymbol{k}\cdot(\delta x\hat{\boldsymbol{i}}+\delta y\hat{\boldsymbol{j}}+\delta z\hat{\boldsymbol{k}})=n\delta z \tag{7-70}$$

$$\boldsymbol{\Omega}\times\delta\boldsymbol{v}=n\boldsymbol{k}\times(\delta\dot{x}\hat{\boldsymbol{i}}+\delta\dot{y}\hat{\boldsymbol{j}}+\delta\dot{z}\hat{\boldsymbol{k}})=-n\delta\dot{y}\hat{\boldsymbol{i}}+n\delta\dot{x}\hat{\boldsymbol{j}} \tag{7-71}$$

将式(7-69)～式(7-71)代入式(7-68)，可得

$$\delta\ddot{\boldsymbol{r}}=(-n^2\delta x-2n\delta\dot{y}+\delta\ddot{x})\hat{\boldsymbol{i}}+(-n^2\delta y+2n\delta\dot{x}+\delta\ddot{y})\hat{\boldsymbol{j}}+\delta\ddot{z}\hat{\boldsymbol{k}} \tag{7-72}$$

式(7-72)给出了追踪航天器相对加速度向量在运动坐标系中的各分量。由于 A 的轨道为圆轨道，其平均角速度为

$$n=\frac{v}{r_0}=\frac{1}{r_0}\sqrt{\frac{\mu}{r_0}} \tag{7-73}$$

因此可以得到

$$\frac{\mu}{r_0^3}=n^2 \tag{7-74}$$

将式(7-74)代入追踪航天器相对于目标航天器线性化运动方程式(7-63)，可以得到

$$\delta\ddot{\boldsymbol{r}}=-n^2\left[\delta x\hat{\boldsymbol{i}}+\delta y\hat{\boldsymbol{j}}+\delta z\hat{\boldsymbol{k}}-\frac{3}{r_0^2}(r_0\delta x)r_0\hat{\boldsymbol{i}}\right]=2n^2\delta x\hat{\boldsymbol{i}}-n^2\delta y\hat{\boldsymbol{j}}-n^2\delta z\hat{\boldsymbol{k}} \tag{7-75}$$

综合式(7-72)和式(7-75)，可以得到

$$\begin{cases}\delta\ddot{x}-3n^2\delta x-2n\delta\dot{y}=0\\ \delta\ddot{y}+2n\delta\dot{x}=0\\ \delta\ddot{z}+n^2\delta z=0\end{cases} \tag{7-76}$$

式(7-76)即为 C-W 方程，其对应的运动坐标系称为 C-W 坐标系。式(7-76)为一组耦合的二阶常系数微分方程，其初始条件为

$$\begin{cases}\delta x=\delta x_0, & \delta y=\delta y_0, & \delta z=\delta z_0\\ \delta\dot{x}=\delta\dot{x}_0, & \delta\dot{y}=\delta\dot{y}_0, & \delta\dot{z}=\delta\dot{z}_0, & t=0\end{cases} \tag{7-77}$$

将运动坐标系中相对速度的 x 、 y 和 z 分量，分别记为 δu 、 δv 和 δw ，即

$$\delta u=\delta\dot{x},\quad \delta v=\delta\dot{y},\quad \delta w=\delta\dot{z} \tag{7-78}$$

相应地，相对速度的初始条件应为

$$\delta u_0=\delta\dot{x}_0,\quad \delta v_0=\delta\dot{y}_0,\quad \delta w_0=\delta\dot{z}_0 \tag{7-79}$$

引入矩阵标记来定义相对位置向量和速度向量：

$$\delta\boldsymbol{r}(t)=\begin{bmatrix}\delta x(t)\\ \delta y(t)\\ \delta z(t)\end{bmatrix},\quad \delta\boldsymbol{v}(t)=\begin{bmatrix}\delta u(t)\\ \delta v(t)\\ \delta w(t)\end{bmatrix} \tag{7-80}$$

其初始值为

$$\delta\boldsymbol{r}_0=\begin{bmatrix}\delta x_0\\ \delta y_0\\ \delta z_0\end{bmatrix},\quad \delta\boldsymbol{v}_0=\begin{bmatrix}\delta u_0\\ \delta v_0\\ \delta w_0\end{bmatrix} \tag{7-81}$$

则 C-W 方程的解析解可以表示为

$$\delta\boldsymbol{r}(t)=\boldsymbol{\Phi}_{rr}(t)\delta\boldsymbol{r}_0+\boldsymbol{\Phi}_{rv}(t)\delta\boldsymbol{v}_0 \tag{7-82}$$

$$\delta\boldsymbol{v}(t)=\boldsymbol{\Phi}_{vr}(t)\delta\boldsymbol{r}_0+\boldsymbol{\Phi}_{vv}(t)\delta\boldsymbol{v}_0 \tag{7-83}$$

式中，

$$\boldsymbol{\Phi}_{rr}(t)=\begin{bmatrix}4-3\cos nt & 0 & 0\\ 6(\sin nt-nt) & 1 & 0\\ 0 & 0 & \cos nt\end{bmatrix} \tag{7-84}$$

$$\boldsymbol{\Phi}_{vr}(t)=\begin{bmatrix}3n\sin nt & 0 & 0\\ 6n(\cos nt-1) & 0 & 0\\ 0 & 0 & -n\sin nt\end{bmatrix} \tag{7-85}$$

$$\boldsymbol{\Phi}_{rv}(t)=\begin{bmatrix}\dfrac{1}{n}\sin nt & \dfrac{2}{n}(1-\cos nt) & 0\\ -\dfrac{2}{n}(1-\cos nt) & \dfrac{1}{n}(4\sin nt-3nt) & 0\\ 0 & 0 & \dfrac{1}{n}\sin nt\end{bmatrix} \tag{7-86}$$

$$\boldsymbol{\Phi}_{vv}(t)=\begin{bmatrix}\cos nt & 2\sin nt & 0\\ -2\sin nt & 4\cos nt-3 & 0\\ 0 & 0 & \cos nt\end{bmatrix} \tag{7-87}$$

7.3.3 C-W 双脉冲交会制导

图 7-11 给出了在追踪航天器附近与目标航天器双脉冲交会制导示意图。在$t=0^-$时刻($t=0$之前瞬时)，追踪航天器 B 相对于目标航天器 A 的位置向量$\delta\boldsymbol{r}_0$和速度向量$\delta\boldsymbol{v}_0^-$为已知。在$t=0$时刻进行脉冲机动，在$t=0^+$时刻($t=0$之后瞬时)瞬间将速度变为$\delta\boldsymbol{v}_0^+$。要确定出交会机动轨道开始处的δu_0^+、δv_0^+和δw_0^+，以及追踪航天器 B 能在规定的t_{f}时刻准确达到目标航天器处的δu_{f}^-、δv_{f}^-和δw_{f}^-。将追踪航天器 B 置于交会轨道所需要的速度增量为

$$\Delta\boldsymbol{v}_0=\delta\boldsymbol{v}_0^+-\delta\boldsymbol{v}_0^-=\begin{bmatrix}\delta u_0^+\\ \delta v_0^+\\ \delta w_0^+\end{bmatrix}-\begin{bmatrix}\delta u_0^-\\ \delta v_0^-\\ \delta w_0^-\end{bmatrix} \tag{7-88}$$

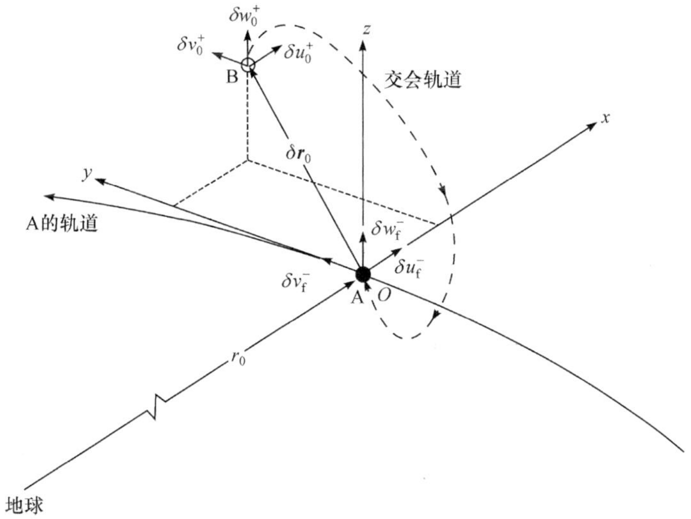

图 7-11　在追踪航天器附近与目标航天器双脉冲交会制导示意图

在t_1时刻，追踪航天器 B 将到达运动坐标系的目标航天器 A 处，即$\delta\boldsymbol{r}_{\mathrm{f}}=\delta\boldsymbol{r}(t_{\mathrm{f}})=0$。计算式(7-82)在$t_{\mathrm{f}}$时刻的值，可得

$$0=\boldsymbol{\Phi}_{rr}(t_{\mathrm{f}})\delta\boldsymbol{r}_0+\boldsymbol{\Phi}_{rv}(t_{\mathrm{f}})\delta\boldsymbol{v}_0^+ \tag{7-89}$$

由此解出

$$\delta\boldsymbol{v}_0^+=-\boldsymbol{\Phi}_{rv}^{-1}(t_{\mathrm{f}})\boldsymbol{\Phi}_{rr}(t_{\mathrm{f}})\delta\boldsymbol{r}_0 \tag{7-90}$$

式中，$\boldsymbol{\Phi}_{rv}^{-1}(t_{\mathrm{f}})$为$\boldsymbol{\Phi}_{rv}(t_{\mathrm{f}})$的逆矩阵。将式(7-90)代入式(7-83)，可得追踪航天器B于$t=t_{\mathrm{f}}^-$时刻到达 A 时的速度$\delta\boldsymbol{v}_{\mathrm{f}}^-$为

$$\delta\boldsymbol{v}_{\mathrm{f}}^-=\boldsymbol{\Phi}_{vr}(t_{\mathrm{f}})\delta\boldsymbol{r}_0+\boldsymbol{\Phi}_{vv}(t_{\mathrm{f}})\delta\boldsymbol{v}_0^+=[\boldsymbol{\Phi}_{vr}(t_{\mathrm{f}})-\boldsymbol{\Phi}_{vv}(t_{\mathrm{f}})\boldsymbol{\Phi}_{rv}^{-1}(t_{\mathrm{f}})\boldsymbol{\Phi}_{rr}(t_{\mathrm{f}})]\delta\boldsymbol{r}_0 \tag{7-91}$$

显然，在$t=t_{\mathrm{f}}$时刻需要一个脉冲制导，以使得追踪航天器 B 相对于 A 是静止的($\delta\boldsymbol{v}_{\mathrm{f}}^+=0$)：

$$\delta \boldsymbol{v}_{\mathrm{f}} = \delta \boldsymbol{v}_{\mathrm{f}}^{+} - \delta \boldsymbol{v}_{\mathrm{f}}^{-} = 0 - \delta \boldsymbol{v}_{\mathrm{f}}^{-} = -\delta \boldsymbol{v}_{\mathrm{f}}^{-} \tag{7-92}$$

例 7.2 目标航天器和追踪航天器均位于 300km 的绕圆轨道上。追踪航天器在目标航天器后 2km 处，执行一次双脉冲交会制导以便于 1.49h 后与目标航天器相交会，求所需要的总速度增量。

对于圆轨道，存在

$$v = \sqrt{\frac{\mu}{r}} = \sqrt{\frac{398600}{6378+300}} \approx 7.726(\mathrm{km/s}) \tag{7-93}$$

所以平均角速度为

$$n = \frac{v}{r} = \frac{7.726}{6378} \approx 0.0012114(\mathrm{rad/s}) \tag{7-94}$$

对于此平均角速度以及交会时间 $t = 1.49$, $h = 5364\mathrm{s}$，C-W 方程矩阵为

$$\boldsymbol{\Phi}_{rr}(t) = \begin{bmatrix} 1.009 & 0 & 0 \\ -37.669 & 1 & 0 \\ 0 & 0 & 0.997 \end{bmatrix} \tag{7-95}$$

$$\boldsymbol{\Phi}_{vr}(t) = \begin{bmatrix} -2.6881\times10^{-4} & 0 & 0 \\ -2.0851\times10^{-5} & 0 & 0 \\ 0 & 0 & 8.9603\ \times10^{-5} \end{bmatrix} \tag{7-96}$$

$$\boldsymbol{\Phi}_{rv}(t) = \begin{bmatrix} -66.946 & 5.1928 & 0 \\ -5.1928 & -16360 & 0 \\ 0 & 0 & -66.946 \end{bmatrix} \tag{7-97}$$

$$\boldsymbol{\Phi}_{vv}(t) = \begin{bmatrix} 0.997 & -0.1549 & 0 \\ 0.1549 & 0.98798 & 0 \\ 0 & 0 & 0.997 \end{bmatrix} \tag{7-98}$$

追踪航天器在 C-W 坐标系中的初始位置和最终位置分别为

$$\delta \boldsymbol{r}_0 = \begin{bmatrix} 0 \\ -2 \\ 0 \end{bmatrix}(\mathrm{km}), \quad \delta \boldsymbol{r}_{\mathrm{f}} = \begin{bmatrix} 0 \\ 0 \\ 0 \end{bmatrix}(\mathrm{km}) \tag{7-99}$$

因此，解第一个 C-W 方程：$\delta \boldsymbol{r}_{\mathrm{f}} = \boldsymbol{\Phi}_{rr}\delta \boldsymbol{r}_0 + \boldsymbol{\Phi}_{rv}\delta \boldsymbol{v}_0^{+}$，可得

$$\delta \boldsymbol{v}_0^{+} = \begin{bmatrix} -9.4824\times10^{-6} \\ -1.2225\times10^{-4} \\ 0 \end{bmatrix}(\mathrm{km/s}) \tag{7-100}$$

由第二个 C-W 方程：$\delta \boldsymbol{v}_{\mathrm{f}}^{-} = \boldsymbol{\Phi}_{vr}\delta \boldsymbol{r}_0 + \boldsymbol{\Phi}_{vv}\delta \boldsymbol{v}_0^{+}$，可得

$$\delta \boldsymbol{v}_{\mathrm{f}}^{-}=\begin{bmatrix} 9.4824\times 10^{-6} \\ -1.2225\times 10^{-4} \\ 0 \end{bmatrix}(\mathrm{km/s}) \tag{7-101}$$

因为追踪航天器与目标航天器位于同一圆轨道上，所以初始时刻的相对速度为零，即 $\boldsymbol{v}_0^{-}=0$，因此得到

$$\Delta \boldsymbol{v}_0=\boldsymbol{v}_0^{+}-\boldsymbol{v}_0^{-}=\begin{bmatrix} -9.4824\times 10^{-6} \\ -1.2225\times 10^{-4} \\ 0 \end{bmatrix}(\mathrm{km/s}) \tag{7-102}$$

即

$$\|\Delta \boldsymbol{v}_0\|\approx 0.1226(\mathrm{km/s}) \tag{7-103}$$

在交会制导的最后时刻，$\delta \boldsymbol{v}_{\mathrm{f}}^{+}=\boldsymbol{0}$，所以得到

$$\Delta \boldsymbol{v}_{\mathrm{f}}=\boldsymbol{v}_{\mathrm{f}}^{+}-\boldsymbol{v}_{\mathrm{f}}^{-}=\begin{bmatrix} -9.4824\times 10^{-6} \\ 1.2225\times 10^{-4} \\ 0 \end{bmatrix}(\mathrm{km/s}) \tag{7-104}$$

因此可得

$$\|\Delta \boldsymbol{v}_{\mathrm{f}}\|\approx 0.1226(\mathrm{km/s}) \tag{7-105}$$

所需要的总的速度增量为

$$\Delta v_{总}=\|\Delta \boldsymbol{v}_0\|+\|\Delta \boldsymbol{v}_{\mathrm{f}}\|=0.2452(\mathrm{km/s}) \tag{7-106}$$

注意此时所涉及的运动均位于目标航天器的轨道平面内，不存在垂直于平面(z 轴方向)的运动。

思　考　题

1. 比较大推力脉冲式发动机和小推力连续式发动机的特点。
2. 交会必先对接，对接未必交会，这种说法是否正确？
3. 什么是 Lambert 问题？为何 Lambert 制导能用于拦截目标飞行器？
4. 采用例 7.1 中提供的 MATLAB 代码，求出其所有的 Lambert 解。
5. 2021 年 6 月 17 日 15 时 54 分，神舟十二号飞船采用自主快速交会对接模式，经过 6 次自主变轨，与运行在约 390km 的近圆轨道的天和核心舱前向端口成功对接，历时约 6.5 小时。此前飞船交会对接大约 2 天时间，过程中还需要大量的人工参与。根据光明日报的报道，此次交会对接技术有了巨大的提升，做到了全相位、全自动的快速交会对接。全相位指的是无论是飞行器与空间站的相对位置是 1/4 圈还是半圈、整

圈，都能以最快速度或在规定时间内对接好。请问：

(1) 全相位快速对接在远距离段主要采用了什么制导方式？简述其基本原理。

(2) 全相位快速对接在近距离段主要采用了什么制导方式？为什么可以采用这种方式？

(3) 神舟十二号与天和核心舱前向端口成功对接，是属于哪种逼近方向对接方式？

(4) 面对以往卡脖子的芯片，此次神舟十二号飞船的控制计算机、数据管理计算机完全使用国产 CPU 芯片，元器件和原材料全面实现自主可控，并进行了多项国产化芯片应用改进，硬件和软件全面升级，使得飞船计算能力大幅提升。请问为何计算能力制约了自主制导技术的应用？

第 8 章

深空探测器自主制导

8.1 深空探测技术

对未知世界的探索，是人类发展的永恒动力；对茫茫宇宙的认知，是人类的不懈追求。进入 21 世纪以来，随着航天技术与空间科学的飞速发展，人类认识宇宙的手段越来越丰富，范围也越来越广，开展地、月、日大系统研究，探索更深、更远、更广阔的太空，已成为人类航天活动的重要方向。

关于深空探测，目前存在几种不同的定义[34]：

(1) 对 200 万千米以远的天体或空间环境进行探测(1988 年国际电信联盟)。

(2) 对月球以及更远的天体或空间开展的探测活动。

(3) 脱离地球引力场，进入太阳系空间或宇宙空间的探测活动。

开展深空探测活动是人类探索宇宙奥秘、寻求长久发展的必然途径，是在近地空间活动取得重大突破的基础上，向更广阔的太阳系空间的必然拓展，具有重要的发展意义：

(1) 有利于促进对太阳系及宇宙的形成与演化、生命起源与进化等重大科学问题的研究，从而进一步认识地球以及空间现象和地球之间的关系；

(2) 有利于推动空间技术的跨越式可持续发展，从而不断提升人类进入太空的能力；

(3) 有利于催生一系列基础性、前瞻性的新学科、新技术，从而促进一系列相关科学技术的发展；

(4) 有利于培养和造就创新型人才队伍，从而推动人类社会可持续发展。

8.1.1 深空探测发展历程

1958 年美国发射月球探测器先驱者 0 号至今，世界各国针对月球及其以远空间开展了数百次探测活动，人类航天器的足迹已到达了太阳系中的各大行星(图 8-1)。20 世纪 90 年代以前，主要探测目标为月球、火星和金星。在这一阶段，仅有美国和苏联两国开展深空探测方面的活动。该阶段的深空探测多以实现突破为主，任务量紧密但探测的科学回报较低，失败率也很高。20 世纪 90 年代中期开始，欧盟国家、日本和中国等开始涉足深空探测，并结合技术发展水平和科学探测意义，将探测目标重点锁定在月球、小行星和火星。尽管该阶段的任务没有20世纪60～70年代密集，但任务类型更为复杂，科学回报显著提高，更为理智和意义深远。

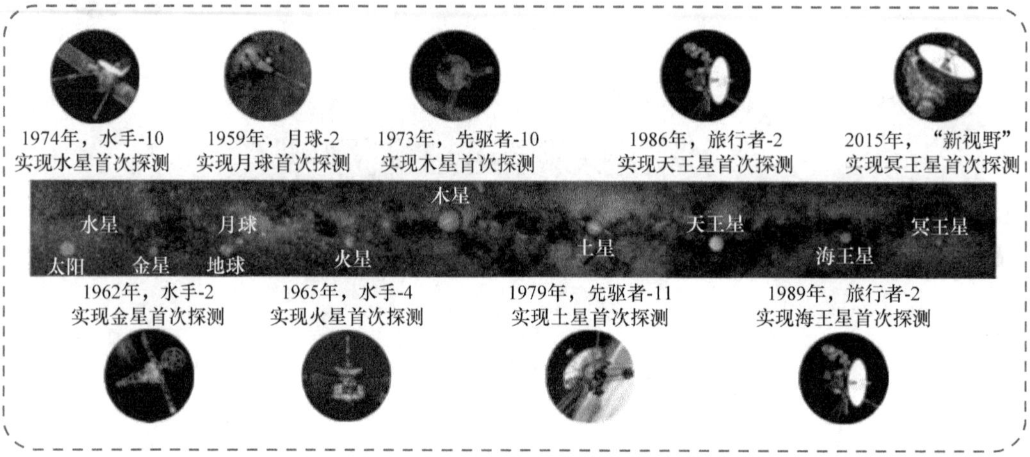
1974年，水手-10
实现水星首次探测
1959年，月球-2
实现月球首次探测
1973年，先驱者-10
实现木星首次探测
1986年，旅行者-2
实现天王星首次探测
2015年，“新视野”
实现冥王星首次探测
木星
水星
月球
天王星
冥王星
土星
海王星
太阳
金星
地球
火星
1962年，水手-2
实现金星首次探测
1965年，水手-4
实现火星首次探测
1979年，先驱者-11
实现土星首次探测
1989年，旅行者-2
实现海王星首次探测

图 8-1 人类探测器已实现太阳系各大行星的探测

1) 月球和小天体的探测

月球和小天体都具有可接近性好、资源可利用性高等优点。因此，在当前技术水平下，进行月球和小天体的探测与资源利用成为各国关注的一个焦点。

月球作为距离地球最近的天体，是所有国家开展深空探测的首选目标。1959 年，苏联的月球 2 号实现了月球硬着陆任务，开启了人类征服近地以远空间的征程。在此之后，美、欧、日、中、印等国先后完成了月球探测任务。这些探测任务揭开了月球的神秘面纱，使得月球成为人们研究最多的天体，以及人类唯一涉足的地外天体。由于月球可接近性好，进行月球资源的开采和利用将是缓解地球资源压力的一条重要途径。同时，开展月球探测可以为未来深空无人和载人探测提供技术基础。

小天体指围绕太阳运转，但不符合行星和矮行星条件的天体，主要包括小行星、彗星、流星体和其他星际物质。其中，小行星作为太阳系天体的一类特殊成员，一直受到天文和航天领域的高度关注。1801 年意大利天文学家皮亚齐发现第一颗小行星Ceres以来，在太阳系内发现的小行星数目已超过 70 万颗。目前，大约 90%的已知小行星位于火星轨道和木星轨道之间的主小行星带上。在剩余的小天体中，大部分是与太阳系内行星轨道相交的近地小行星，这些小行星因为存在对地球安全的潜在威胁而受到广泛关注。

近些年来，小天体探测逐渐受到各航天大国重视，其主要原因有：

(1) 小天体较好地保留了太阳系形成期的物质，可以为研究太阳系起源和演化提供重要的信息和线索，因而具有较高的科学研究价值。

(2) 某些近地小天体对地球存在撞击威胁，探测小天体对掌握小天体轨道演化机理，寻找防御小行星撞击方法具有极大的帮助。

(3) 一些近地小天体含有丰富的矿产资源，小天体资源的开发和利用对于缓解地球资源紧张，减轻因资源开采造成的环境污染都具有重要意义。

2) 类地行星的探测

类地行星指主要由硅酸盐岩石或金属构成的一类行星。太阳系内的类地行星包括水星、金星、地球和火星，其共同特点是距离太阳较近，半径和质量较小。由于类地行星距离地球较近，且结构与地球类似，成为人类探索行星的首选目的地。

水星是距离太阳最近的行星，由于太阳引力较强并且水星几乎没有大气层，进行水星环绕和着陆任务难度很大。另外，水星表面温差极大，宜居性不好，因此人类探测水星的热情并不高。目前，仅有水手 10 号等少数探测器进行过水星探测。然而，水星是太阳系类地行星中除地球之外唯一有显著磁场的行星，观测其磁场仍具有较大的探测价值。

金星是距离地球最近的行星，其体积和质量与地球最为接近，在探测以前曾被认为是最可能存在生命的太阳系行星。1962 年，美国的水手 2 号探测器成功飞越金星，完成了人类首次行星探测。测量数据表明，金星覆盖有厚重的二氧化碳大气层，表面温度高达 400℃以上。这些证据表明，金星存在生命的可能性非常小，一定程度上打击了人类探测金星的热情，仅发射了 6 颗金星探测器。苏联共进行了 33 次金星探测，在金星探测方面达到了领先地位。20 世纪 90 年代以来，仅欧洲航天局和日本各执行过一次金星探测任务。此后，美国将重点转向火星探测。

火星是距离地球第二近的行星，还是最可能存在生命的行星。目前，人类共进行了 40 多次火星探测。大量的探测数据都表明，火星曾存在液态水，很可能适合生命出现和生存。这进一步增加了人类对火星探测的兴趣，也使得火星成为载人深空探测的首个行星目的地。

3) 太阳系其他天体的探测

太阳探测活动对研究人类生存环境具有重大的意义，而深空太阳探测可以得到地面、近地观测难以获得的信息。深空太阳探测主要分为两类，一类为在环绕太阳轨道进行的探测，另一类为在日地拉格朗日点进行的探测。

巨行星包括气态巨行星和冰巨星，通常由气体或冰等低沸点的物质构成，体积都较大。太阳系内的巨行星包括木星、土星、天王星和海王星。这些巨行星距离地球较远，探测难度较大，目前仅有美国探测过这些行星。最近的研究表明，木星和土星的卫星具有生命存在的可能性，未来对于这些卫星的探测将成为寻找地外生命重要的组成部分。

柯伊伯带位于海王星轨道外，充满了大大小小的冰冻天体。这些冰冻天体保留了太阳系形成初期的物质形态，其探测任务有助于认识太阳系的起源。目前，只有新视野探测器完成了冥王星系统的探测。

8.1.2　深空探测的关键技术

深空探测任务的开展依赖于航天技术的进步和国家综合实力的提高。相对于近地航天任务，深空探测任务面对距离遥远、飞行时间长、数据传输速率有限、深空环境复杂等一系列难题，需要不断地进行技术创新与验证。未来，对深空及其中天体观测的深度和广度直接取决于一系列关键技术突破与支撑的程度。其中，深空轨道设计与优化、自主技术、能源与推进、深空测控通信、新型结构与机构、新型科学载荷等是急需突破和掌握的关键技术。

由于深空探测器距离地球远、所处环境复杂、任务周期长、与地球通信存在较大时延，迫切要求深空探测器具备自主能力。深空探测器自主技术是通过在探测器上构建智能自主管理软硬件系统，自主地进行工程任务与科学任务的规划调度、命令执行、星上状态监测与故障时的系统重构，完成无地面操控和无人参与情况下的探测器长时间自主安全运行。为了实现深空探测器在轨自主运行与管理，必须突破自主制导、自主导航、自主控制、自主故障处理等关键技术。

(1) 自主制导技术。深空探测器自主制导技术是实现自主技术的核心。它根据空间环境的感知和认识以及深空探测器本身的能力和状态，利用计算机知识建模技术、人工智能搜索技术等，依据一段时间内的任务目标，自动地生成一组时间上有序的制导序列。通过对星上已存知识、各种敏感器获得的探测器目前状态及周围环境知识的处理，得到可达到目标状态的合理活动序列。在轨制导技术不仅降低了深空探测任务由地面站收集信息、处理、形成命令序列的操作代价，同时也增加了任务应对深空多变环境的能力。但是深空探测领域中的一些复杂情况给传统的任务自主规划技术提出了新的挑战。这些特殊情况包括：复杂的资源约束、时间约束、活动之间并发性约束、探测环境的不确定性、星上资源有限等。因此，深空探测器自主制导中存在多项关键技术，主要包括：数值/逻辑混合规划知识建模技术、规划空间快速搜索技术、资源的优化和处理技术、时间约束的处理技术等。

(2) 自主导航技术。地面遥测遥控的方式无法满足交会飞越、下降着陆等任务阶段的实时性要求，需要深空探测器具备在轨自主导航能力。深空环境复杂、导航测量信息缺乏、动力学时变非线性等因素，给自主导航带来了挑战。导航信息获取与目标特征识别、多源信息融合与轨道快速自主估计等是实现深空探测器自主导航急需解决的技术难点。

(3) 自主控制技术。深空的特殊环境以及探测任务的要求对探测器自主控制提出了挑战，探测器只有具备自主快速控制能力，才能大幅提高应急水平、操作灵活性和多任务能力，减少对地面的依赖，克服大时延和测控遮挡所带来的影响。考虑深空探测器动力学及各种约束，快速实现位置信息和姿态信息的解耦，完成多约束条件下的轨道姿态规划、机动与执行，是急需解决的深空探测自主控制关键技术。

(4) 自主故障处理技术。利用遥测的航天器信息对星上各系统的运行状况进行判断，诊断航天器的健康状况，并利用航天器冗余和容错技术对出现的故障进行实时处理是目前常用的自主故障处理方法。但对于深空探测任务而言，由于其对可靠性提出更为苛刻的要求，需要探测器能够在轨进行模式识别和故障处置。自主故障处理技术的研究，主要集中在状态实时监测与故障模式识别、在轨故障处置与系统重构等方面。

由以上分析可知，深空探测自主制导是未来深空探测任务的必然要求和需要突破的关键技术。

8.2　深空探测自主制导典型任务

由于深空探测器距离地面距离遥远，大多数场景下通过地面离线设计的制导等方式无法满足深空探测器任务的需求，因此一般采用自主制导技术。与地面的离线制导相比，自主制导技术效果更好，因为只有飞行器自身才最了解当前最新的各种情况，但挑战也更大，因为这对制导系统提出了很高的处理要求，一方面飞行器上计算机的处理能力由于受到功耗、体积的限制以及对抗辐射的要求，其计算速度远低于地面计算机系统；另一方面，有些问题即使由地面中心的技术人员来处理也相当棘手，更何况让飞行器自主解决。但是，对探测的需求已经发展到若是没有自主制导几乎就无法完成任务这一层面，因此开展自主制导就显得十分迫切[35]。

目前深空探测自主制导主要包括以下几个典型任务：

1) 有重力影响且有大气的天体表面着陆任务

由于存在高动态的环境，较大的重力场，以及大气干扰，火星着陆的控制必须完全自主，以实现快速、闭环的姿态控制和轨迹规划及制导。在伞降段结束后的动力下降段，通过基于地标的导航、相对目标导航，将能确定距离目标点的距离，并实时规划大范围地调整轨迹，实施精确着陆。现有的着陆技术由于大气的干扰，降落点散布大(如火星上为 4～8km)，这就需要较大的安全着陆区，且要满足着陆车漫行到探测点的需求。如果预先确定的着陆区无法保证地形安全性的要求，需通过危险检测与避障实施自主安全着陆。

2) 有重力影响但没有大气的天体表面着陆任务

例如，月面着陆因为没有大气的影响，可以从很高的轨道探测月面的情况，也不存在黑障。与火星探测需求相同的是，探测器应能直接降落在被危险地形包围的探测点。

3) 微重力小型天体表面着陆任务

在微重力情况下，可能要多次着陆，因此存在再次上升的过程。一般不考虑大气影响，因此地标是容易辨识的，但仍需要复杂和实时的轨迹与姿态优化控制。在与表面接触时不能造成任何损坏，因为还需完成再次上升的过程，因此这类任务包含了再入、下降、着陆和上升全过程。它的难点还在于对小型天体缺乏足够的信息，有关地标和详细的重力模型很可能只有在接近该天体时才能逐步获取，有可能需要地面辅助。

4) 微重力小型天体接近操作任务

在微重力小型天体附近进行接近操作，其特点是低重力和缺乏大气，因此具有以下特点：

(1) 有足够的时间获取信息并对目标提取特征；

(2) 可以缓慢下降到目标；

(3) 存在多次着陆接触或上升；

(4) 关键的事件可以中止或重启。

缺乏大气减少了由此带来的不确定性和风的影响，可以采用基于地标的自主导航、相对目标导航。但对于彗星，由于其向外析气，可能会影响上述导航效果。避免碰撞和喷射的物质、复杂的重力和动力学模型是任务的关键，同时避免发动机排出的推进剂干扰或污染天体表面，都是实现自主制导所要考虑的问题。

5) 取样返回任务

此类任务的模式较多，例如：

(1) 火星取样返回；

(2) 软着陆和立即上升；

(3) 类似于火星取样返回任务，直接返回至地球，需要在线的导航和制导控制，设计高效的燃料最优返回轨迹；

(4) 类似于投射方式的取样，将样品喷射回等待的飞行器；

(5) 利用电推进的小型卫星进行取样并返回地球。

6) 多目标的星际航行任务

一般是低推力任务，配合使用电推进系统，需要很长的航行时间。在未来深空科学探测任务中，对自主制导的需求越发强烈，这主要是由高动态任务的特性决定的，天地之间链路的延时已不能满足实时控制的需求，现场瞬息万变，需要飞行器自行及时响应。随着航天器自主性不断增强，深空探测器也将逐步迈入智能化时代。

8.3 深空中途修正自主制导

自主中途轨道修正是深空探测器实现自主制导的关键技术之一。深空探测器进入转移轨道后，由于存在入轨误差、导航误差和机构执行误差等因素影响，不可避免偏离设计轨道，因此需要对其进行中途修正。自主中途轨道修正是指深空探测器在无地面干预的情况下利用导航信息自行计算修正轨道所需控制量，然后由推进系统执行的过程。需要注意的是，深空探测中途修正并不是把轨道修正为标称轨道，因为从燃料消耗角度考虑这样做不合算。中途修正是在有误差的位置上施加一个合适的速度增量，使探测器沿着一条新的转移轨道飞行来满足对最终状态的要求[36]。

中途修正时刻探测器的初始参数记为 $\boldsymbol{P}$，一般为位置和速度。探测器最终飞抵目标区域的终端参数记为 $\boldsymbol{Q}$，则深空转移轨道终端状态与初始状态的关系可表示为函数：

$$\boldsymbol{Q} = f(\boldsymbol{P}) \tag{8-1}$$

中途修正问题是利用一定的制导方法使探测器到达目标区域的实际状态 $\boldsymbol{Q}$ 与标称状态 $\boldsymbol{Q}_{\text{nom}}$ 之间的误差 $\Delta\boldsymbol{Q}$ 小于设定阈值，即

$$\|\Delta\boldsymbol{Q}\| < e_{\text{t}} \tag{8-2}$$

8.3.1 中途修正的线性制导方法

线性制导方法的思想为假设探测器的实际轨道与标称轨道的偏差为小量，将实际轨道在标称轨道附近泰勒展开保留线性项，得到如下线性控制方程：

$$\Delta\boldsymbol{Q} = \boldsymbol{K}\Delta\boldsymbol{P} \tag{8-3}$$

式中，$\Delta\boldsymbol{Q}$ 为终端时刻探测器标称状态与实际状态的偏差，即 $\Delta\boldsymbol{Q} = \boldsymbol{Q}_{\text{nom}} - \boldsymbol{Q}$；$\boldsymbol{K}$ 为状

态变量对控制参数的敏感矩阵；$\Delta\boldsymbol{P}$ 为控制向量。

求解控制方程的方法取决于控制向量的维数 M 和终端状态偏差向量的维数 N 。

1) $N = M$

此时方程组中方程的数量与控制参数的数量相同，只需对敏感矩阵 $\boldsymbol{K}$ 求逆便可得到控制方程的唯一解，即

$$\Delta\boldsymbol{P} = \boldsymbol{K}^{-1}\Delta\boldsymbol{Q} \tag{8-4}$$

2) $N > M$

此时控制参数的数量少于方程组中方程的数量，可以利用最小二乘方法求解控制向量 $\Delta\boldsymbol{P}$ ，使下面性能指标取得最小值的 $\Delta\boldsymbol{P}$ 便是所求的解：

$$\boldsymbol{J} = \frac{1}{2}(\Delta\boldsymbol{Q} - \boldsymbol{K}\Delta\boldsymbol{P})^{\mathrm{T}}(\Delta\boldsymbol{Q} - \boldsymbol{K}\Delta\boldsymbol{P}) \tag{8-5}$$

使 $\boldsymbol{J}$ 最小的控制方程的最小二乘解为

$$\Delta\boldsymbol{P} = (\boldsymbol{K}^{\mathrm{T}}\boldsymbol{K})^{-1}\boldsymbol{K}^{\mathrm{T}}\Delta\boldsymbol{Q} \tag{8-6}$$

此最小二乘解只保证性能指标 $\boldsymbol{J}$ 和控制向量 $\Delta\boldsymbol{P}$ 最小，并不能保证 $\Delta\boldsymbol{P}$ 一定小于阈值。

3) $N < M$

此时控制参数的数量多于终端状态维数，在 $\Delta\boldsymbol{Q} = \boldsymbol{K}\Delta\boldsymbol{P}$ 的约束下，选幅值最小的控制向量 $\Delta\boldsymbol{P}$ 为控制方程的解。性能指标如下：

$$\boldsymbol{J}(\Delta\boldsymbol{P}, \lambda) = \frac{1}{2}(\Delta\boldsymbol{P}^{\mathrm{T}}\Delta\boldsymbol{P}) + \lambda(\Delta\boldsymbol{Q} - \boldsymbol{K}\Delta\boldsymbol{P}) \tag{8-7}$$

式中，λ 为拉格朗日乘子。$\boldsymbol{J}(\Delta\boldsymbol{P}, \lambda)$ 相对 $\Delta\boldsymbol{P}$ 和 λ 的变分记为 $\delta\boldsymbol{J}$ ，即

$$\delta\boldsymbol{J} = \frac{1}{2}(\delta\Delta\boldsymbol{P}^{\mathrm{T}}\Delta\boldsymbol{P} + \Delta\boldsymbol{P}^{\mathrm{T}}\delta\Delta\boldsymbol{P}) - \lambda\boldsymbol{K}\delta\Delta\boldsymbol{P} + \delta\lambda(\Delta\boldsymbol{Q} - \boldsymbol{K}\Delta\boldsymbol{P}) \tag{8-8}$$

式中，$\delta\Delta\boldsymbol{P}^{\mathrm{T}}\Delta\boldsymbol{P} = \Delta\boldsymbol{P}^{\mathrm{T}}\delta\Delta\boldsymbol{P}$ 。根据变分原理，可以得到

$$\Delta\boldsymbol{P}^{\mathrm{T}} - \lambda\boldsymbol{K} = 0 \tag{8-9}$$

$$\Delta\boldsymbol{Q} - \boldsymbol{K}\Delta\boldsymbol{P} = 0 \tag{8-10}$$

于是，可以解得 λ 和 $\Delta\boldsymbol{P}$ 为

$$\lambda = (\boldsymbol{K}\boldsymbol{K}^{\mathrm{T}})^{-1}\Delta\boldsymbol{Q} \tag{8-11}$$

$$\Delta\boldsymbol{P} = \boldsymbol{K}^{\mathrm{T}}(\boldsymbol{K}\boldsymbol{K}^{\mathrm{T}})^{-1}\Delta\boldsymbol{Q} \tag{8-12}$$

8.3.2　以位置和速度为终端参数的制导方法

利用状态转移矩阵建立任意时刻 t_i 状态与初始时刻 t_0 状态的关系如下：

$$\boldsymbol{x}(t_i) = \begin{bmatrix} \boldsymbol{r}(t_i) \\ \boldsymbol{v}(t_i) \end{bmatrix} = \boldsymbol{\Phi}(t_i, t_0)\boldsymbol{x}(t_0) = \boldsymbol{\Phi}(t_i, t_0)\begin{bmatrix} \boldsymbol{r}(t_0) \\ \boldsymbol{v}(t_0) \end{bmatrix} \tag{8-13}$$

式中，$\boldsymbol{r}$ 是位置向量；$\boldsymbol{v}$ 是速度向量；$\boldsymbol{\Phi}$ 是状态转移矩阵。速度脉冲对终端状态的作用

如下：

$$x(t_f)=\boldsymbol{\Phi}(t_f,t_0)x(t_0)+\sum_i\boldsymbol{\Phi}(t_f,t_i)\begin{bmatrix}\mathbf{0}\\ \Delta\boldsymbol{v}_i\end{bmatrix} \tag{8-14}$$

则终端状态的变化如下：

$$\begin{aligned}\Delta x(t_f)&=x(t_f)-\boldsymbol{\Phi}(t_f,t_0)x(t_0)=\sum_i\boldsymbol{\Phi}(t_f,t_i)\begin{bmatrix}\mathbf{0}\\ \Delta\boldsymbol{v}_i\end{bmatrix}\\&=\sum_i\begin{bmatrix}\boldsymbol{\Phi}_{xx}&\boldsymbol{\Phi}_{xv}\\ \boldsymbol{\Phi}_{vx}&\boldsymbol{\Phi}_{vv}\end{bmatrix}\begin{bmatrix}\mathbf{0}\\ \Delta\boldsymbol{v}_i\end{bmatrix}\end{aligned} \tag{8-15}$$

由式(8-15)可知，施加一次速度脉冲只能控制 3 个终端参数。若目标仅限定终端时刻位置，则所需速度脉冲计算公式如下：

$$\Delta\boldsymbol{v}=\boldsymbol{\Phi}_{xv}^{-1}(t_f,t_0)\Delta\boldsymbol{r}(t_f) \tag{8-16}$$

式(8-16)给出的是深空中途修正的最简单制导方法。速度脉冲的大小与终端参数偏差和修正时机选择有关。如果控制目标多于3个终端状态参数，则需要进行多次脉冲控制。例如，与某天体交会任务，对位置和速度都有约束，则至少需要进行 2 次脉冲控制。

8.3.3 深空任务中途修正案例

2000 年以来，美国成功实施的环绕火星任务的探测器包括 2001 年发射的 Mars Odyssey 火星探测器和 2005 年发射的 MRO 侦察轨道器。两个探测器的整个轨道转移轨道采用轨道修正次数均为五次。成功实施着陆器的火星任务有 2003 年载有 Spirit(MER-A)和 Opportunity(MER-B)两辆火星探测车的“火星漫游者”任务，2007 年的火星探测器 Phoenix 等。另外，2001 年实施的“火星科学实验室”任务，于 2012 年 8 月 6 日在火星进行精准登陆。包含着陆任务的探测器，整个轨道转移过程中有六次轨道修正。其中，通过对入射误差、目标点偏置和其他主要存在的轨道误差的分析和优化设计，在日心段共进行了四次修正。第一次中途修正设计在发射后的第 9 天。第二次中途修正主要是为了避免探测器与火星碰撞。第三和四次中途修正主要是修正前期修正的执行误差和保证最终目标点精度。通常第一次中途修正量占总修正量的90%左右。然而在实际任务中，由于入轨偏差通常不是最恶劣情况，故根据实际情况，第一次中途修正的时间延后到了发射后第 46 天执行，大大节省了修正脉冲。中途修正设计时为中途修正分配了 21.9kg 燃料，实际只用了 3kg。在火心段，捕获前 6 小时，探测器进行了第五次中途修正，保证了捕获精度。

8.4 月面软着陆显式制导

深空探测软着陆制导除了要控制航天器满足要求的着陆速度外，还要实现燃料最优或次优。对于干扰和其他不确定因素具有的鲁棒性，则要求敏感器和执行机构的配置经济适用。此外，由于深空探测软着陆过程一般为自主完成，要求制导算法计算量小，可在机载计算机中实现。

对于深空天体，有些天体表面存在大气层，如金星、火星和木星等；有些天体表面无大气层，如月球、水星等。探测器在有大气层的深空天体表面着陆，可以利用天体表面的大气实现对探测器的减速，其工作原理与地球返回舱再入的过程类似。探测器在无大气层的深空天体表面着陆，没有大气对探测器的阻力可供利用，只能借助制动发动机进行减速。在有大气层的天体着陆，制导重点考虑着陆精度；在无大气层的天体着陆，制导不仅要考虑着陆精度，还要考虑着陆速度。本节将重点介绍针对无大气层天体的月面软着陆显式制导方法。

月面软着陆过程是从绕月椭圆轨道的近月点下降到月面的过程，主要包括月球轨道段、转移轨道段和动力下降段三个阶段，如图 8-2 所示。其中，动力下降制导方法直接决定了最终的着陆精度，以阿波罗登月为例，其动力下降段包含了三个阶段：制动段、接近段和终端着陆段。其中，制动段是登月舱高度由 15km 下降到 2.2km 的过程，在这一阶段探测器的速度由椭圆轨道速度降低至 200m/s 左右。接近段是高度从 2.2km 下降到 30m 的过程，这一阶段可以根据需要重新选择着陆点。接近段一直持续到着陆点的正上方，并且登月舱的姿态在这一阶段由水平调整为垂直。终端着陆段是由 30m 高度下降到月面的过程，这一起始高度使得登月舱有一定的时间裕度来规避月面的岩石等不利地形地貌。

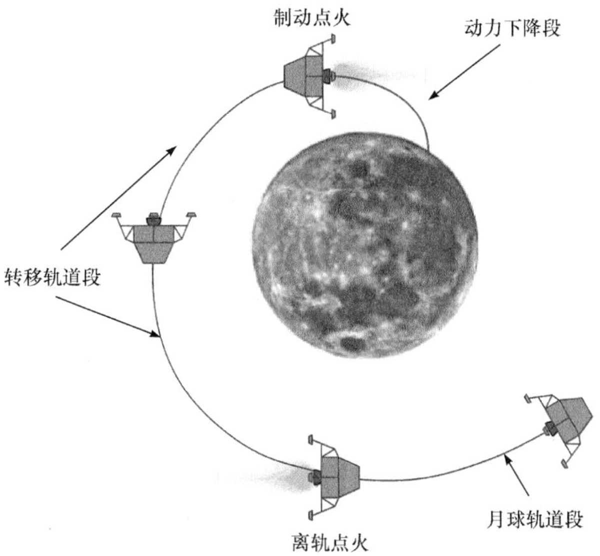

图 8-2　月面软着陆过程示意图

本节所介绍的月面软着陆显式制导主要是指动力下降段制导。为推导得到月面软着陆显式制导，首先对月面软着陆动力学模型进行近似简化处理。

8.4.1　月面软着陆动力学模型

月心惯性坐标系和月面固连坐标系如图 8-3 所示。其中，月心惯性坐标系 $O\text{-}XYZ$ 的原点 O 为月球中心，OXY 平面与月球的赤道平面重合，OX 轴由原点 O 指向 J2000 时刻的月球零子午线方向，OZ 轴垂直于 OXY 平面指向月球北极，OY 轴使得坐标系 O-XYZ 为右手坐标系。月面固连坐标系 o-xyz 的原点 o 为着陆点，oy 轴指向当地东向，oz 轴指向当地北向，ox 轴垂直月面指向上方。由于月球的自转角速度很小，而软着陆的过程又很短，一般在几分钟到几十分钟以内，在设计软着陆制导算法时可以不考虑月球的自转角速度。此时，月面固连坐标系可作为惯性坐标系。

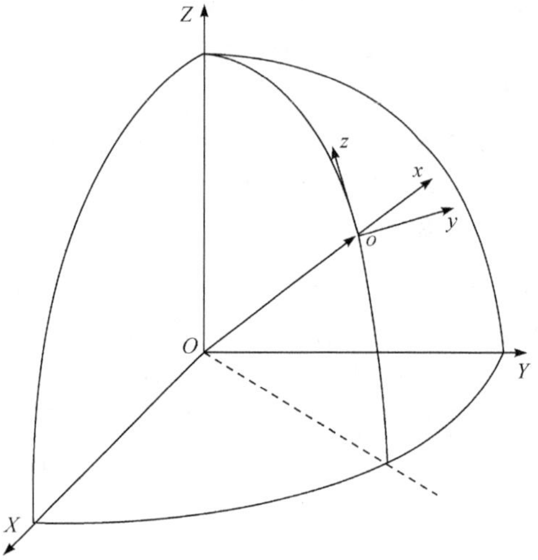

图 8-3　软着陆坐标系

假定月面软着陆过程为均匀引力场，引力加速度为常值，则在月面固连坐标系下软着陆动力学方程可以通过以下形式描述：

$$\begin{cases}\dot{\boldsymbol{r}}(t)=\boldsymbol{V}(t)\\ \dot{\boldsymbol{V}}(t)=\boldsymbol{g}+\boldsymbol{a}_{\mathrm{T}}(t)\end{cases} \tag{8-17}$$

式中，$\boldsymbol{r}\in\mathbb{R}^3$ 和 $\boldsymbol{V}\in\mathbb{R}^3$ 分别是航天器的位置向量和速度向量；$\boldsymbol{a}_{\mathrm{T}}\in\mathbb{R}^3$ 是航天器推力加速度向量；$\boldsymbol{g}=[g_{\mathrm{m}},0,0]^{\mathrm{T}}\in\mathbb{R}^3$ 是月面重力加速度向量，g_{m} 是剩余段引力加速度的平均值，如下式所示：

$$g_{\mathrm{m}}=\frac{1}{2}(g_{m_0}+g_{m_{\mathrm{f}}}) \tag{8-18}$$

式中，g_{m_0} 表示着陆瞬时点引力加速度；$g_{m_{\mathrm{f}}}$ 表示着陆目标点引力加速度。

给定着陆过程任意瞬时时刻 t 的状态 $\boldsymbol{r}(t)$ 和 $\boldsymbol{V}(t)$，终端状态一般要求在终端时刻 t_{f}，除其水平方向的速度为零，垂直方向的速度给定外，还要求飞行器的终端位置与着陆点重合，即

$$\boldsymbol{r}(t_{\mathrm{f}})=\boldsymbol{r}_{\mathrm{f}}^*=[r_{x_{\mathrm{f}}},0,0]^{\mathrm{T}},\quad \boldsymbol{V}(t_{\mathrm{f}})=\boldsymbol{V}_{\mathrm{f}}^*=[V_{x_{\mathrm{f}}},0,0] \tag{8-19}$$

8.4.2　E 制导

定义从当前时刻开始的后续飞行时间为 τ，到着陆点的剩余飞行时间为 t_{go}，则

$\tau \in [0, t_{go}]$。

根据预设控制函数方法，假设控制变量 $\boldsymbol{a}_T$ 具有以下形式：

$$\boldsymbol{a}_T = \boldsymbol{c}_0 + \boldsymbol{c}_1 \tau \tag{8-20}$$

式中，$\boldsymbol{c}_0 \in \mathbb{R}^3$ 和 $\boldsymbol{c}_1 \in \mathbb{R}^3$ 是待确定系数。将式(8-20)代入动力学方程(8-17)，可以得到

$$\begin{cases} \dot{\boldsymbol{r}}(\tau) = \boldsymbol{V}(\tau) \\ \dot{\boldsymbol{V}}(\tau) = \boldsymbol{g} + \boldsymbol{c}_0 + \boldsymbol{c}_1 \tau \end{cases} \tag{8-21}$$

式(8-21)具有解析解：

$$\begin{cases} \boldsymbol{r}(t+\tau) = \boldsymbol{r}(t) + \boldsymbol{V}(t)\tau + \dfrac{1}{2}\boldsymbol{g}\tau^2 + \dfrac{1}{2}\boldsymbol{c}_0\tau^2 + \dfrac{1}{6}\boldsymbol{c}_1\tau^3 \\ \boldsymbol{V}(t+\tau) = \boldsymbol{V}(t) + \boldsymbol{g}\tau + \boldsymbol{c}_0\tau + \dfrac{1}{2}\boldsymbol{c}_1\tau^2 \end{cases} \tag{8-22}$$

在终端时刻，其终端状态为

$$\begin{cases} \boldsymbol{r}(t_f) = \boldsymbol{r}(t) + \boldsymbol{V}(t)t_{go} + \dfrac{1}{2}\boldsymbol{g}t_{go}^2 + \dfrac{1}{2}\boldsymbol{c}_0 t_{go}^2 + \dfrac{1}{6}\boldsymbol{c}_1 t_{go}^3 \\ \boldsymbol{V}(t_f) = \boldsymbol{V}(t) + \boldsymbol{g}t_{go} + \boldsymbol{c}_0 t_{go} + \dfrac{1}{2}\boldsymbol{c}_1 t_{go}^2 \end{cases} \tag{8-23}$$

式中，$t_{go} = t_f - t$。将式(8-23)代入式(8-19)，可以确定 $\boldsymbol{c}_0$、$\boldsymbol{c}_1$ 的值：

$$\begin{cases} \boldsymbol{c}_0 = -\dfrac{6[\boldsymbol{r}(t) - \boldsymbol{r}_f^*]}{t_{go}^2} - \dfrac{2[2\boldsymbol{V}(t) + \boldsymbol{V}_f^*]}{t_{go}} - \boldsymbol{g} \\ \boldsymbol{c}_1 = \dfrac{12[\boldsymbol{r}(t) - \boldsymbol{r}_f^*]}{t_{go}^3} + \dfrac{6[\boldsymbol{V}(t) + \boldsymbol{V}_f^*]}{t_{go}^2} \end{cases} \tag{8-24}$$

将式(8-24)代入式(8-20)可以得到显式制导律：

$$\boldsymbol{a}_T(t) = \frac{6[\boldsymbol{r}_f^* - \boldsymbol{r}(t) - \boldsymbol{V}(t)t_{go}]}{t_{go}^2} - \frac{2[\boldsymbol{V}_f^* - \boldsymbol{V}(t)]}{t_{go}} - \boldsymbol{g} \tag{8-25}$$

式(8-25)就是在阿波罗登月计划中所发展的著名的 E 制导方法[37]。

下面先给出零控位置误差和零控速度误差的定义，然后进一步说明其和 E 制导方法的关联。

定义 8.1 零控位置误差(zero-effort-miss，ZEM)是指控制量为零时，航天器从当前瞬时状态飞行至终端时刻的位置误差。

定义 8.2 零控速度误差(zero-effort-velocity，ZEV)是指控制量为零时，航天器从当前瞬时状态飞行至终端时刻的速度误差。

根据上述定义，可以得到 **ZEM** 和 **ZEV** 向量：

$$\begin{cases} \mathbf{ZEM} = \boldsymbol{r}_f^* - [\boldsymbol{r}(t) + \boldsymbol{V}(t)t_{go} + \dfrac{1}{2}\boldsymbol{g}t_{go}^2] \\ \mathbf{ZEV} = \boldsymbol{V}_f^* - [\boldsymbol{V}(t) + \boldsymbol{g}t_{go}] \end{cases} \tag{8-26}$$

引入 **ZEM** 和 **ZEV** 向量，E 制导律式(8-25)可以表示为以下形式：

$$\boldsymbol{a}_{\mathrm{T}}(t)=\frac{6}{t_{\mathrm{go}}^{2}}\mathbf{ZEM}-\frac{2}{t_{\mathrm{go}}}\mathbf{ZEV} \tag{8-27}$$

上述形式的制导律称为 ZEM/ZEV 反馈制导，它本质上属于零控假设下的预估终端误差的比例、微分(proportional derivative，PD)反馈控制。

类似 ZEM 和 ZEV，给出逆零控位置误差和逆零控速度误差的定义。

定义 8.3 逆零控位置误差(retro-zero-effort-miss，RZEM)是指控制量为零时，航天器从终端状态逆时间飞行至当前瞬时时刻的位置误差。

定义 8.4 逆零控速度误差(retro-zero-effort-velocity，RZEV)是指控制量为零时，航天器从终端状态逆时间飞行至当前瞬时时刻的速度误差。

根据上述定义，可以得到 **RZEM** 和 **RZEV** 向量：

$$\begin{cases}\mathbf{RZEM}=\boldsymbol{r}(t)-[\boldsymbol{r}_{\mathrm{f}}^{*}-\boldsymbol{V}(t)t_{\mathrm{go}}-\dfrac{1}{2}\boldsymbol{g}t_{\mathrm{go}}^{2}]\\ \mathbf{RZEV}=\boldsymbol{V}(t)-(\boldsymbol{V}_{\mathrm{f}}^{*}-\boldsymbol{g}t_{\mathrm{go}})\end{cases} \tag{8-28}$$

对比式(8-28)和式(8-26)，可知：

$$\begin{cases}\mathbf{RZEM}=-\mathbf{ZEM}\\ \mathbf{RZEV}=-\mathbf{ZEV}\end{cases} \tag{8-29}$$

因此引入 **RZEM** 和 **RZEV** 向量，E 制导律式(8-25)可以表示为以下形式：

$$\boldsymbol{a}_{\mathrm{T}}(t)=-\frac{6}{t_{\mathrm{go}}^{2}}\mathbf{RZEM}+\frac{2}{t_{\mathrm{go}}}\mathbf{RZEV} \tag{8-30}$$

本书中将上述显式制导律命名为 RZEM/RZEV 反馈制导，它本质上属于零控假设下逆向飞行轨迹在当前瞬时时刻状态误差的 PD 反馈控制。

由上述分析可知，ZEM/ZEV 反馈制导和 RZEM/RZEV 反馈制导都是 E 制导的不同表述形式，其中 ZEM/ZEV 反馈制导是正向积分在终端的状态误差的 PD 反馈控制，而 RZEM/RZEV 反馈制导是逆向积分在当前瞬时时刻的状态误差的 PD 反馈控制。同一制导方法从不同的角度可能会有不同的理解和诠释，这有利于更为深刻地认识其本质属性。当然，一旦认识到其本质属性，又可从本质出发，能够设计出性能更优、形式更为多样的新的制导方法。例如，既然 E 制导本质上属于 PD 控制，则基于 PID 控制相对成熟的理论和方法体系，就能够设计出多种改进型的 E 制导方法。

8.4.3 动力下降制导

在 E 制导方法中，终端条件为终端时刻的位置向量和速度向量与着陆点状态一致。在载人登月任务中，通常会要求在终端时刻登月舱的推力向量垂直于着陆月面，以避免登月舱倾倒，即增加了一个终端约束：

$$\boldsymbol{a}_{\mathrm{T}}(t_{\mathrm{f}})=\boldsymbol{a}_{\mathrm{T_f}}^{*} \tag{8-31}$$

此时，E 制导方法显然无法满足上述终端约束。因此在阿波罗登月任务中发展了一种动力下降制导的方法，能够满足上述约束[38]。

动力下降制导方法同样是基于预设控制函数方法进行设计的，其形式如下：

$$\boldsymbol{a}_{\mathrm{T}} = \boldsymbol{c}_0 + \boldsymbol{c}_1\tau + \frac{1}{2}\boldsymbol{c}_2\tau^2 \tag{8-32}$$

式中，$\boldsymbol{c}_0 \in \mathbb{R}^3$、$\boldsymbol{c}_1 \in \mathbb{R}^3$ 和 $\boldsymbol{c}_2 \in \mathbb{R}^3$ 都是待确定系数。将式(8-32)代入动力学方程(8-17)，可以得到

$$\begin{cases} \dot{\boldsymbol{r}}(\tau) = \boldsymbol{V}(\tau) \\ \dot{\boldsymbol{V}}(\tau) = \boldsymbol{g} + \boldsymbol{c}_0 + \boldsymbol{c}_1\tau + \dfrac{1}{2}\boldsymbol{c}_2\tau^2 \end{cases} \tag{8-33}$$

其解析解为

$$\begin{cases} \boldsymbol{r}(t+\tau) = \boldsymbol{r}(t) + \boldsymbol{V}(t)\tau + \dfrac{1}{2}\boldsymbol{g}\tau^2 + \dfrac{1}{2}\boldsymbol{c}_0\tau^2 + \dfrac{1}{6}\boldsymbol{c}_1\tau^3 + \dfrac{1}{24}\boldsymbol{c}_2\tau^4 \\ \boldsymbol{V}(t+\tau) = \boldsymbol{V}(t) + \boldsymbol{g}\tau + \boldsymbol{c}_0\tau + \dfrac{1}{2}\boldsymbol{c}_1\tau^2 + \dfrac{1}{6}\boldsymbol{c}_2\tau^3 \end{cases} \tag{8-34}$$

同样，在终端时刻，它的状态和控制值为

$$\begin{cases} \boldsymbol{r}(t_{\mathrm{f}}) = \boldsymbol{r}(t) + \boldsymbol{V}(t)t_{\mathrm{go}} + \dfrac{1}{2}\boldsymbol{g}t_{\mathrm{go}}^2 + \dfrac{1}{2}\boldsymbol{c}_0 t_{\mathrm{go}}^2 + \dfrac{1}{6}\boldsymbol{c}_1 t_{\mathrm{go}}^3 + \dfrac{1}{24}\boldsymbol{c}_2 t_{\mathrm{go}}^4 \\ \boldsymbol{V}(t_{\mathrm{f}}) = \boldsymbol{V}(t) + \boldsymbol{g}t_{\mathrm{go}} + \boldsymbol{c}_0 t_{\mathrm{go}} + \dfrac{1}{2}\boldsymbol{c}_1 t_{\mathrm{go}}^2 + \dfrac{1}{6}\boldsymbol{c}_2 t_{\mathrm{go}}^3 \\ \boldsymbol{a}_{\mathrm{T}}(t_{\mathrm{f}}) = \boldsymbol{c}_0 + \boldsymbol{c}_1 t_{\mathrm{go}} + \dfrac{1}{2}\boldsymbol{c}_2 t_{\mathrm{go}}^2 \end{cases} \tag{8-35}$$

将式(8-35)代入式(8-19)和式(8-31)，通过求解线性方程组，可以确定动力下降显式制导律：

$$\boldsymbol{a}_{\mathrm{T}}(t) = \frac{12[\boldsymbol{r}_{\mathrm{f}}^* - \boldsymbol{r}(t) - \boldsymbol{V}(t)t_{\mathrm{go}}]}{t_{\mathrm{go}}^2} - \frac{6[\boldsymbol{V}_{\mathrm{f}}^* - \boldsymbol{V}(t)]}{t_{\mathrm{go}}} + \boldsymbol{a}_{\mathrm{T_f}}^* \tag{8-36}$$

式(8-36)就是阿波罗登月舱在动力下降阶段实际使用的制导律。

如果采用 ZEM/ZEV 反馈制导形式，式(8-36)可以表示为

$$\boldsymbol{a}_{\mathrm{T}}(t) = \frac{12}{t_{\mathrm{go}}^2}\mathbf{ZEM} - \frac{6}{t_{\mathrm{go}}}\mathbf{ZEV} + \boldsymbol{a}_{\mathrm{T_f}}^* \tag{8-37}$$

因此，动力下降制导也可称为偏置 ZEM/ZEV 反馈制导方法。

8.5　小行星绕飞制导

小行星的探测方式可分为飞越、伴飞、绕飞和着陆等。绕飞是在一定距离持续对小行星进行探测的方式。通常小行星的形状不是很规则且伴随着自旋，如果对小行星的各种信息展望较少，可先进行较远距离的探测。在掌握小行星的引力场及其自旋状态等

信息后，再进一步采用绕飞轨道或定点悬浮对小行星进行近距离的观测。

8.5.1 小行星引力场模型

小行星引力场的建模方法很多，且每种方法都具有各自的特点，其中最为常用的是球谐函数模型方法。球谐函数形式简单、计算量小、引力势能和引力加速度易于解析表达，而且可以方便地根据航天器的绕飞轨道数据确定中心天体的各阶次球谐系数，不必考虑中心天体的实际形状和质量分布，因此该方法可以获得高精度的引力场模型。

球谐函数模型主要具有以下两个缺点[39]：

(1) 理论上需要无穷级数来逼近中心天体的引力势能，但在实际计算中只能取有限项，因此实际计算结果必然存在截断误差，且球谐函数模型的截断误差随检验点与小天体间距离的减小而增大，这使得在小天体附近区域内的计算结果存在较大误差。

(2) 勒让德多项式只能在布里渊球(包围小天体的最小球体，见图 8-4)之外收敛，也就是说当航天器位于小行星布里渊球之内时，无论多少阶次的球谐函数展开式，都无法准确逼近小天体的引力势函数。这个特点对于大行星引力场建模并无影响，因为类球形大行星的形状与布里渊球差别极小，但对于形状不规则的小行星而言，其附近相当一部分区域位于布里渊球范围之内，因此无法应用球谐函数模型方法建立小行星的引力场模型，对于小行星着陆、近距离绕飞或是盘旋轨道等情况，球谐函数模型无法准确给出小行星的引力势能与引力加速度。

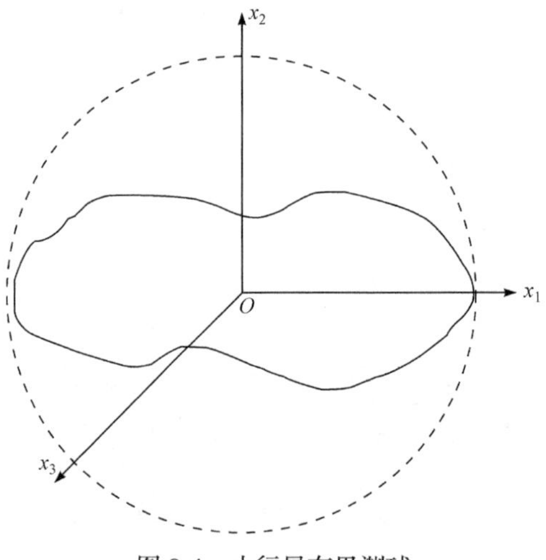

图 8-4 小行星布里渊球

球谐函数模型的引力势能方程可被表示为与之相关联的勒让德多项式 $P_{n,m}$ 和谐波系数 $C_{n,m}$ 、 $S_{n,m}$ 的多重求和[40]：

$$U=\frac{\mu}{r}\sum_{n=0}^{\infty}\sum_{m=0}^{n}\left(\frac{R}{r}\right)^{n}P_{n,m}(\sin\phi)[C_{n,m}\cos(m\lambda)+S_{n,m}\sin(m\lambda)] \tag{8-38}$$

$$P_{n,m}(\sin\phi)=\frac{1}{2^{n}n!}\left[(1-\sin^{2}\phi)^{m/2}\frac{d^{n+m}}{d\sin\phi^{n+m}}(\sin^{2}\phi-1)\right]^{n} \tag{8-39}$$

式中，μ 是引力参数；R 是参考半径；ϕ 是纬度；λ 是经度。图 8-5 显示了球面坐标系与固连坐标系之间的转换关系。

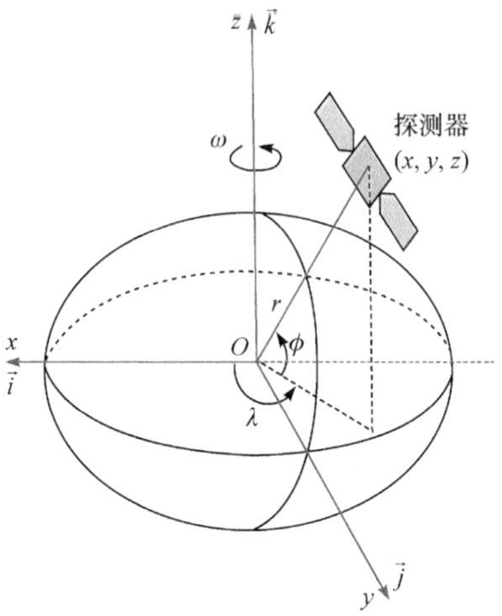

图 8-5　球面坐标系与固连坐标系示意图

值得注意的是，所有的 $S_{n,0}$ 均等于 0，$C_{n,0}$ 均等于 1。如果坐标系的原点在引力体的质心处，则系数 $C_{1,0}$、$C_{1,1}$ 和 $S_{1,1}$ 都为 0。此时，式(8-38)可以表示为

$$U=\frac{\mu}{r}\left\{1+\sum_{n=0}^{\infty}\sum_{m=0}^{n}\left(\frac{R}{r}\right)^{n}P_{n,m}(\sin\phi)[C_{n,m}\cos(m\lambda)+S_{n,m}\sin(m\lambda)]\right\} \tag{8-40}$$

为便于研究，考虑更为一般的情形，计算在球面坐标系中引力势能的梯度，以得到引力加速度向量：

$$\vec{g}=\frac{\partial U}{\partial r}\hat{e}_r+\frac{1}{r}\frac{\partial U}{\partial \phi}\hat{e}_\phi+\frac{1}{r\cos\phi}\frac{\partial U}{\partial \lambda}\hat{e}_\lambda \tag{8-41}$$

式中，

$$\frac{\partial U}{\partial r}=-\frac{\mu}{r^2}\sum_{n=0}^{\infty}\sum_{m=0}^{n}\left(\frac{R}{r}\right)^{n}(n+1)P_{n,m}(\sin\phi)[C_{n,m}\cos(m\lambda)+S_{n,m}\sin(m\lambda)] \tag{8-42}$$

$$\begin{aligned}\frac{\partial U}{\partial \phi}=&\frac{\mu}{r}\sum_{n=0}^{\infty}\sum_{m=0}^{n}\left(\frac{R}{r}\right)^{n}(n+1)[P_{n,m+1}(\sin\phi)-m\tan\phi P_{n,m}(\sin\phi)]\\&\cdot[C_{n,m}\cos(m\lambda)+S_{n,m}\sin(m\lambda)]\end{aligned} \tag{8-43}$$

$$\frac{\partial U}{\partial \lambda}=\frac{\mu}{r}\sum_{n=0}^{\infty}\sum_{m=0}^{n}\left(\frac{R}{r}\right)^{n}mP_{n,m}(\sin\phi)[S_{n,m}\sin(m\lambda)-C_{n,m}\cos(m\lambda)] \tag{8-44}$$

通过以下转换矩阵，可以将引力加速度向量由球面坐标形式转化为固连坐标形式：

$$\boldsymbol{T}=\begin{bmatrix}\cos\phi\cos\lambda & -\sin\phi\cos\lambda & -\sin\lambda\\ \cos\phi & -\sin\phi\sin\lambda & \cos\lambda\\ \sin\phi & \cos\phi & 0\end{bmatrix} \tag{8-45}$$

8.5.2 简化动力学模型

因为小行星引力项是高度非线性且幅值较小，所以可以将其作为动力学模型中一个简单的扰动项($\boldsymbol{w}$)。因此，小行星简化动力学模型为

$$\dot{\boldsymbol{x}}(t)=\boldsymbol{A}\boldsymbol{x}(t)+\boldsymbol{B}\boldsymbol{u}(t)+\boldsymbol{w} \tag{8-46}$$

式中，$\boldsymbol{x}=[X,Y,Z,V_x,V_y,V_z]^{\mathrm{T}}$ 是航天器运动的位置和状态向量；$\boldsymbol{u}=[u_x,u_y,u_z]^{\mathrm{T}}$ 是实现绕飞任务的控制变量。此外，$\boldsymbol{A}$ 、$\boldsymbol{B}$ 和 $\boldsymbol{w}$ 定义如下：

$$\boldsymbol{A}=\begin{bmatrix}0&0&0&1&0&0\\0&0&0&0&1&0\\0&0&0&0&0&1\\0&0&0&0&0&0\\0&0&0&0&0&0\\0&0&0&0&0&0\end{bmatrix},\quad \boldsymbol{B}=\begin{bmatrix}0&0&0\\0&0&0\\0&0&0\\1&0&0\\0&1&0\\0&0&1\end{bmatrix},\quad \boldsymbol{w}=\begin{bmatrix}0\\0\\0\\g_x\\g_y\\g_z\end{bmatrix} \tag{8-47}$$

8.5.3 基于 LQR 的绕飞制导

1996 年 2 月 17 日，NASA 发射探测器 NEAR Shoemaker 对近地小行星进行交会探测，并成功着陆 433 Eros 小行星，其外形如图 8-6 所示[41]。由于 NASA 在其行星数据系统(https://pds.nasa.gov)中提供了 433 Eros 小行星数据，因此本节中以 433 Eros 小行星为例建立不规则小行星球谐函数引力模型。绕飞任务是深空探测器在 433 Eros 小行星附近的周期轨道上飞行，周期轨道定义如下：

$$\begin{cases}X_r(t)=A_x\cos(\omega_x t)\\Y_r(t)=A_y\sin(\omega_y t)\\Z_r(t)=A_z\cos(\omega_z t)\\\dot{X}_r(t)=-A_x\omega_x\sin(\omega_x t)\\\dot{Y}_r(t)=A_y\omega_y\cos(\omega_y t)\\\dot{Z}_r(t)=A_z\omega_z\cos(\omega_z t)\end{cases} \tag{8-48}$$

式中，A_x 、A_y 和 A_z 分别是参考轨迹在 X、Y 和 Z 方向上的振幅。

在本节中，采用线性二次型调节器(linear quadratic regulator，LQR)实现绕飞制导[42]。LQR 是一种现代控制理论中设计状态反馈控制器的方法，其对象是现代控制理论中以状态空间形式给出的线性系统，而目标函数为对象状态和控制输入的二次型函数。

定义 8.5 (LQR 问题) 对于线性系统：

$$\dot{\boldsymbol{x}}(t)=\boldsymbol{A}\boldsymbol{x}(t)+\boldsymbol{B}\boldsymbol{u}(t) \tag{8-49}$$

其初始时间 t_0 、终端时间 t_{f} 和初始状态 $\boldsymbol{x}(t_0)$ 均给定，要设计控制向量 $\boldsymbol{u}(t)$ 使得性能指标：

$$J(\boldsymbol{u})=\frac{1}{2}\boldsymbol{x}^{\mathrm{T}}(t_{\mathrm{f}})\boldsymbol{F}\boldsymbol{x}(t_{\mathrm{f}})+\frac{1}{2}\int_{t_0}^{t_{\mathrm{f}}}[\boldsymbol{x}^{\mathrm{T}}(t)\boldsymbol{Q}\boldsymbol{x}(t)+\boldsymbol{u}(t)^{\mathrm{T}}\boldsymbol{R}\boldsymbol{u}(t)]\mathrm{d}t \tag{8-50}$$

达到最小。

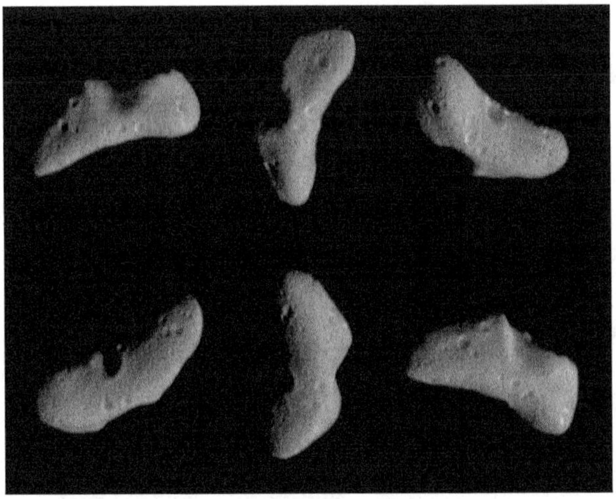

图 8-6　433 Eros 小行星外形

定义 8.6 (有限时间 LQR 问题)　如果终端时间 $t \neq \infty$，此时 LQR 问题称为有限时间 LQR 问题。

定义 8.7 (无限时间 LQR 问题)　如果终端时间 $t = \infty$，此时 LQR 问题称为无限时间 LQR 问题。

无限时间 LQR 问题求解步骤整理如下：

(1) 根据系统要求和工程实际经验，选取加权矩阵 $\boldsymbol{Q}$ 和 $\boldsymbol{R}$。

(2) 根据里卡蒂代数方程求得常值矩阵 $\boldsymbol{S}_\infty$：

$$-\boldsymbol{A}^{\mathrm{T}}\boldsymbol{S}_\infty - \boldsymbol{S}_\infty\boldsymbol{A} + \boldsymbol{S}_\infty\boldsymbol{B}\boldsymbol{R}^{-1}\boldsymbol{B}^{\mathrm{T}}\boldsymbol{S}_\infty - \boldsymbol{Q} = 0 \tag{8-51}$$

(3) 求常值反馈增益矩阵 $\boldsymbol{K}_\infty$ 和最优控制向量 $\boldsymbol{u}(t)$：

$$\boldsymbol{K}_\infty = \boldsymbol{R}^{-1}\boldsymbol{B}^{\mathrm{T}}\boldsymbol{S}_\infty \tag{8-52}$$

$$\boldsymbol{u}(t) = -\boldsymbol{K}_\infty\boldsymbol{x}(t) = -\boldsymbol{R}^{-1}\boldsymbol{B}^{\mathrm{T}}\boldsymbol{S}_\infty\boldsymbol{x}(t) \tag{8-53}$$

(4) 求解最优轨迹 $\boldsymbol{x}(t)$。

在 MATLAB 的控制系统工具箱中提供了求解里卡蒂代数方程的 LQR 函数，其调用的格式为

```
[K,P,E]=LQR(A,B,Q,R)
```

LQR 函数的输入矩阵为 $\boldsymbol{A}$、$\boldsymbol{B}$、$\boldsymbol{Q}$、$\boldsymbol{R}$，其中 $\boldsymbol{A}$ 和 $\boldsymbol{B}$ 为给定的对象状态方程模型，$\boldsymbol{Q}$ 和 $\boldsymbol{R}$ 为加权矩阵；输出 $\boldsymbol{K}$ 为状态反馈矩阵，$\boldsymbol{P}$ 为里卡蒂代数方程的解，$\boldsymbol{E}$ 为闭环系统的极点。

根据实际任务分析，小行星探测任务的科学回报与除轨道控制剩余的燃料正相关。小行星绕飞制导系统的性能指标需要考虑最小燃料消耗，因此其指标形式为

$$J(u) = \frac{1}{2}\int_0^\infty (\boldsymbol{x}^{\mathrm{T}}(t)\boldsymbol{Q}\boldsymbol{x}(t) + \boldsymbol{u}^{\mathrm{T}}(t)\boldsymbol{R}\boldsymbol{u}(t))\mathrm{d}t \tag{8-54}$$

显然，性能指标(8-54)和动力学方程(8-46)构成了一个典型的无限时间 LQR 问题，可以根据上述求解步骤进行求解。求得系数矩阵 $\boldsymbol{K}_\infty$ 后，小行星绕飞 LQR 制导律为

$$\boldsymbol{u}(t) = -\boldsymbol{K}_\infty \boldsymbol{x}(t) \tag{8-55}$$

式(8-55)在形式上与 PD 控制相似，但两种制导律之间存在明显的不同。PD 控制可以作为小行星绕飞的轨迹跟踪制导方法，但其系数矩阵 $\boldsymbol{K}_\infty$ 一般由采用设计的方式确定；在 LQR 制导方法中，系数矩阵 $\boldsymbol{K}_\infty$ 是通过求解无限时间 LQR 问题得到。下面给出小行星绕飞 LQR 制导的 MATLAB 仿真代码：

```
function main
   global mu_ero Cnm Snm ae K w
   load('eros1708.mat')
   load('normalized_coeff.mat')
   polys = poly_xyz;
   poly_xyz = 1000*poly_xyz;
   rfc = 1000*rfc;
   % 定义仿真参数
   mu_ero = 446300;                    % 小行星引力常数(m^3/s^2)
   r = 1000*35;                        % 航天器初始位置(m)
   V = sqrt(mu_ero/r);                 % 航天器初始速度(m/s)
   angle = 0*pi/180;
   inc = 0*pi/180;
   rho = 2.67e3;                       % 小行星密度(kg/m^3)
   w = 3.311457671464083e-004;
   omega = [0;0;w];
   ae = 16000;
   orb = 1;                      % 轨道类型, 1=顺行轨道; -1=逆行轨道
   period = 2*pi*sqrt(r^3/mu_ero);
   orbfreq = 1/period;
   rotfreq = w/(2*pi);
   tmax = 3600*(168);
   step = 1000;
   r0 = [r*cos(angle);r*sin(angle);0];
   V0 = orb*[-V*cos(inc)*sin(angle);V*cos(inc)*cos(angle);V*sin
(inc)];
   % 控制器系数
```

```
    A = [zeros(3,3),eye(3);zeros(3,6)];  B = [zeros(3,3);eye (3)];
    Q = eye(6)./100;  R = 5*eye(3);  N = zeros(6,3);
    [K,S,e] = lqr(A,B,Q,R,N);
    z0 = [r0;V0;r0;V0];
    options = odeset('MaxStep',step,'Events',@harmonic_event);
    [t,q] = ode23t(@harmonic_grav_PD,[0 tmax],z0,options);
    x = q(:,1)./1000;     y = q(:,2)./1000;     z = q(:,3)./1000;
    xr = q(:,7)./1000;  yr = q(:,8)./1000;  zr = q(:,9)./1000;
    diffx = q(:,1)-q(:,7);    diffy = q(:,2)-q(:,8);    diffz =
q(:,3)-q(:,9);
    diffvx = q(:,4)-q(:,10);  diffvy = q(:,5)-q(:,11);  diffvz
= q(:,6)-q(:,12);

    for j=1:length(t)
        u(:,j) = -K*[diffx(j);diffy(j);diffz(j);diffvx(j);diffvy
(j);diffvz(j)];
        utot(j) = norm(u(:,j));
    end
end

function f = harmonic_grav_PD(t,z)
    global mu_ero Cnm Snm ae K w
    rfp = [z(1);z(2);z(3)];
    theta=t*w;
    T = [cos(theta) -sin(theta) 0;sin(theta) cos(theta) 0;0 0 1];
    rfp=(T^(-1))*rfp;
    xp = rfp(1);    yp = rfp(2);    zp = rfp(3);
    [lambda,phi,r] = cart2sph(xp,yp,zp);
    xr = z(7);  yr = z(8);  zr = z(9);   vxr = z(10);    vyr =
z(11);   vzr = z(12);
    rr = sqrt(xr^2+yr^2+zr^2);
    k = 15;
    sum1 = 0;   sum2 = 0;   sum3 = 0;
    for n=0:k
        nn=n+1;
        Pnm = legendre(n,sin(phi));
        frac = (ae/r)^n;
```

```
        for m=0:n,
            mm=m+1;
            if(m==0)
                num = (2*n+1)*factorial(n-m);
            else
                num = (4*n+2)*factorial(n-m);
            end
            den = factorial(n+m);
            normal = sqrt(num/den);
            dum = ((-1)^m)*Pnm(mm);
            temp = normal*(Cnm(nn,mm)*cos(m*lambda) + Snm(nn,mm)*
sin(m*lambda));
            temp2 = normal*(Snm(nn,mm)*cos(m*lambda) - Cnm(nn,mm)*
sin(m*lambda));
            sum1 = sum1 - mu_ero*(n+1)*frac*dum*temp/r^2;
            if(m+1<=n)
                dum2 = ((-1)^mm)*Pnm(mm+1);
                sum2 = sum2 + mu_ero*frac*(dum2-m*tan(phi)*dum)*
temp/r;
            else
                sum2 = sum2 - mu_ero*frac*m*tan(phi)*dum*temp/r;
            end
            sum3 = sum3 + mu_ero*m*frac*dum*temp2/r;
        end
    end
    Ur = sum1;
    Uphi = sum2/r;
    Ulambda = sum3/(r*cos(phi));
    f(1) = z(4);
    f(2) = z(5);
    f(3) = z(6);
    T2 = [cos(phi)*cos(lambda) -sin(phi)*cos(lambda) -sin(lambda);...
        cos(phi)*sin(lambda) -sin(phi)*sin(lambda) cos(lambda);...
        sin(phi) cos(phi) 0];
    F = T2*[Ur;Uphi;Ulambda];
    F = T*F;
    diffx = z(1)-xr;    diffy = z(2)-yr;    diffz = z(3)-zr;
    diffvx = z(4)-vxr;  diffvy = z(5)-vyr;  diffvz = z(6)-vzr;
```

```
    u = -K*[diffx;diffy;diffz;diffvx;diffvy;diffvz];
    f(4)=F(1)+u(1);
    f(5)=F(2)+u(2);
    f(6)=F(3)+u(3);
    f(7)=vxr;
    f(8)=vyr;
    f(9)=vzr;
    f(10)=-xr*mu_ero/rr^3;
    f(11)=-yr*mu_ero/rr^3;
    f(12)=-zr*mu_ero/rr^3;
    f=f';
    return
end
```

小行星绕飞轨迹跟踪制导仿真曲线如图 8-7 所示，可以明显看出，LQR 制导能够很好地实现小行星附近周期轨道的绕飞飞行。

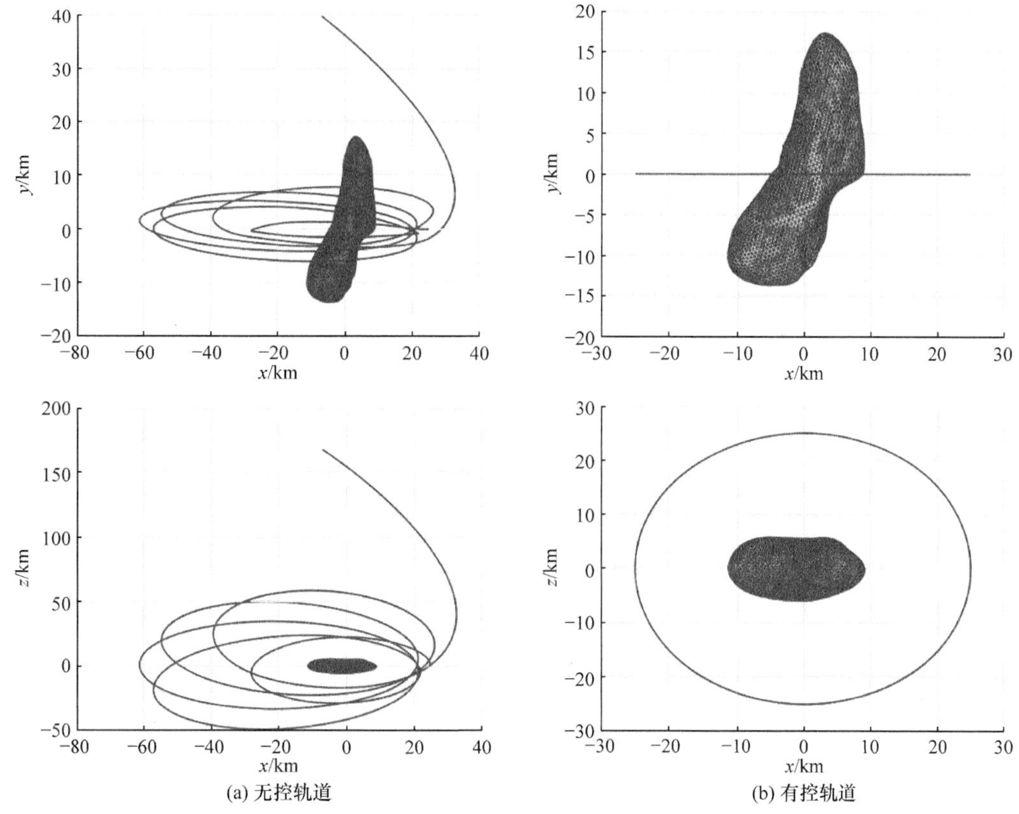

图 8-7　小行星绕飞轨迹跟踪制导仿真曲线

思 考 题

1. 比较近地航天器制导与深空探测器制导的特点。
2. 分析深空探测中途修正线性制导方法与摄动制导之间的关联。
3. 比较 E 制导和动力下降制导的特点。
4. 推导证明 E 制导是能量最优问题的最优控制。
5. 根据式(8-35)，推导 $\boldsymbol{c}_0$ 、$\boldsymbol{c}_1$ 和 $\boldsymbol{c}_2$ 的表达式。
6. E 制导和动力下降制导能否应用于小行星软着陆制导?
7. 采用 PD 控制实现小行星绕飞的轨迹跟踪制导存在什么困难?

第 9 章

航天器再入制导

9.1 再入过程

航天器沿其运行轨道直接到达，或者离开它原来运行的轨道沿转变后的轨道到达它要着陆的天体的大气层，安全通过大气层并利用大气减速最终安全着陆在天体上的过程，称为航天器进入天体大气层的过程，或简称进入过程。进入过程的实现涉及相当广的科学和技术领域，主要有航天动力学、空气动力学、防热结构、导航制导控制、火箭发动机技术、测控技术、回收和着陆技术等[43]。

对于返回地球的航天器来说，由于航天器是由地球发射进入轨道的，这些航天器进入地球大气层并着陆在地球上，因此将进入地球的过程称为再入过程。再入过程是进入过程的一种特殊情况，从理论上来说，进入过程与再入过程在本质上没有区别，所不同的只是进入过程的航天器所要着陆的天体为有大气层的目标天体，如火星等；再入过程的目标天体特指为地球。在很多文献中，讨论进入地球大气层过程时将“进入”、“返回”和“再入”三个词通用，而讨论进入其他天体大气层的过程时只用“进入”一词。在本书中，为便于描述，把具有进入地球大气层功能的整个航天器统称为再入航天器，航天器中进入地球大气层的部分称为再入器。

由于航天活动而形成的、在某一天体作用范围内运行的人造天体(航天器和太空垃圾)，受地球的引力和大气阻力等作用，按航天动力学规律组建减速下降并通过地球的大气层，最终硬着陆在地球上的进入过程，是天然的、无目的的和不受控的进入过程，这种过程称为陨落。陨落的人造天体进入大气层后往往因剧烈的气动力加热而烧毁、解体或变质。即使有的人造天体或者它的一部分能顺利通过大气层，也必然以很高的速度硬撞着地而损坏。因此，相对陨落而言，航天器再入过程则是一种人为的、有目的的和受控的过程。

在人类还没有在地球以外的其他天体上建立起适合于自己生存和发展的社会以前，进入太空的人(航天员)终归是要回到地面上的。具有载人返回地面功能的航天器肯定是再入航天器，其再入地面的部分也可称为载人再入器。载人再入器除利用再入技术实现人和再入器安全进入大气层、安全减速、防热和安全着陆之外，还要考虑如何尽可能地利用它作为应急救生系统的基础设备[44]。

再入过程一般可分为离轨段、过渡段、再入段和着陆段四个阶段。每个阶段的交接点分别称为离轨点、再入点和着陆点，其中：

(1) 离轨段通过航天器制动改变其运动速度的大小与方向，使它脱离原来的运行轨道转入再入轨道。

(2) 过渡段是离轨点和再入点之间的过渡轨道，如果过渡段不再执行轨道制动，那么它是一段开普勒轨道。

(3) 再入段是航天器从再入点减速下降到降落伞着陆系统开始工作的这一阶段。再入点是气动力起明显作用的稠密大气层的最高点，从这点开始气动力对再入器的运动影响就不能忽略。再入段是进入轨道中环境最恶劣和最复杂的一段。在设计再入器的最初阶段，对进入段的特性，特别是减速过载、气动压力和表面温度的上限值的确定，要作仔细研究和分析。这几个上限值对再入航天器的结构、气动力外形、控制和防热的设计都有重大的影响。按照航天器进入大气后是否再次跳出大气，其再入方式可以分为直接再入轨迹和跳跃轨迹两种方式，如图 9-1 所示。

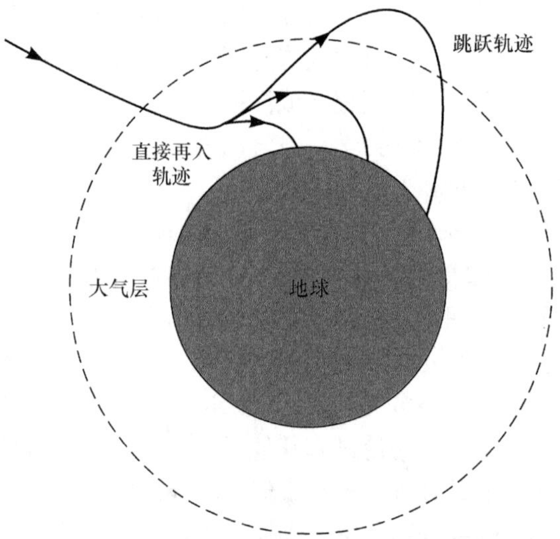

图 9-1 直接再入轨迹与跳跃轨迹示意图

(4) 着陆段按着陆方式分为垂直着陆和水平着陆两种，其垂直着陆采用降落伞系统，从降落伞开始工作点到再入器的软着陆点这段轨道称为着陆段，也称为降落伞着陆段。水平着陆的再入器具有足够的升力，能够以水平方式在跑道上降落。在水平着陆情况下，从再入器到达着陆导引范围，并开始操纵活动的翼面控制升力和阻力分布机动飞行时起，到再入器到达着陆点这段轨道称为着陆段，也称为导引着陆段。

9.2 再入航天器分类

再入航天器的分类有多种方式。例如，按是否载人，可分为载人再入航天器和不载人再入航天器；按用途不同，可分为试验再入航天器、考察再入航天器和应用再入航天器；按是否可重复使用，又可分为一次性再入航天器和多次重复使用再入航天器等。

根据再入航天器在再入段的气动特征的不同，再入航天器可以分为三类：

(1) 弹道式再入航天器；

(2) 弹道-升力式再入航天器；

(3) 升力式再入航天器。

9.2.1　弹道式再入航天器

再入航天器再入大气层后只产生阻力不产生升力，其升阻比为 0，或者虽然产生的升力不大，但对升力的大小和方向均不加以控制和利用的航天器，称为弹道式再入航天器。它的再入轨道又称为弹道式再入段。当升阻比约为 0 时，再入航天器的进入段参数完全由初始参数，即由再入速度和再入角所决定。再入点的位置、再入角和再入速度由过渡段轨道决定。从 9.1 节的分析可知过渡段轨道是由离轨点的位置和离轨速度所决定。因此对于弹道式再入航天器而言，一旦离轨状态确定之后，整个进入轨道也就确定了。这类再入航天器的再入轨道是不能够进行调整的。这样运行轨道的偏差、离轨点位置的偏差、离轨制动姿态的偏差、制动速度的偏差和大气参数的偏差等都会累积到再入轨道的终点(着陆点)，使得再入航天器的着陆点有很大的散布。

由于弹道式再入航天器再入大气层不产生升力或不控制升力，其再入段比较陡峭，所经历的航程和时间较短，因而气动加热的总量也较小，防热问题较易处理。此外它的气动外形不复杂，可做成简单的旋成体。上述两点都使它的结构和防热设计大为简化，因此成为最先发展的一类再入航天器。

虽然弹道式再入航天器在进入再入段受到的总热量较小，但它的热流密度峰值却最大。为了降低热流密度峰值，这类再入航天器的迎气流面都做成直径相当大的球面的一部分。

弹道式再入航天器减速快，出现的最大过载值高，理论上，适当控制再入角和再入速度的大小，可以使最大过载不超过容许值。实际上，用减小再入速度的办法来减小最大过载值是不可取的。因为再入速度的减小有赖于制动速度的增大。这将使制动火箭发动机的总冲增加，使航天器和运载器体积增大。因此，控制弹道式再入航天器最大过载的主要办法就是控制再入角。例如，为了使航天员返回地球所承受的短时过载值不超过容许值($8g_0 \sim 10g_0$)，再入角要控制在$3°$以下。对于不载人的再入航天器允许的最大过载容许值可高达$20g_0$以上，因此再入角可放宽到$6° \sim 7°$。即使再入角是$6° \sim 7°$，对离轨控制的要求也很高。

根据弹道式再入航天器再入轨道的特点，其着陆方式属垂直着陆类，着陆系统采用降落伞着陆系统。采用这种着陆系统着陆时有相当大的冲击过载。如果要减小冲击过载，在着陆系统上要增加缓冲装置，但这样会增加航天器的质量和复杂性。

9.2.2　弹道-升力式再入航天器

在弹道式再入航天器的基础上，通过配置质心的办法，使再入航天器再入大气层产生一定的升力就成为弹道-升力式再入航天器。弹道-升力式再入航天器的质心不配置在再入航天器的中心轴线上，而配置在偏离中心轴线一小段距离的地方。这样配置质心，使再入航天器再入大气时会产生一个不大的攻角，同时也就产生了一个不大的升力。由这样偏离中心轴线配置质心所产生的攻角称为配平攻角，所产生的升力一般不大于阻力的一半，即升阻比小于 0.5。

再入航天器具有一定的升力，可以增大再入走廊的宽度，改善它的再入性能。在相同的进入条件下，增大升阻比还可以减小最大过载值和降低热流密度峰值。此外，具有升力的再入航天器，在再入段通过它的滚动控制可以改变升力的方向，从而能在一定程度上调整再入航天器在大气中运动的轨道，使再入航天器有一定的机动飞行能力。这样可以大大减小再入航天器的着陆点散布，有可能将再入航天器的着陆点控制在一定的区域之内。与弹道式再入航天器相比，有升力的再入航天器通过大气层的时间和路程相对更长，因此受到的总热量也较大。总的说来利用升力可以带来很多好处。在弹道式再入航天器不能适应的情况下，如要求较低的最大过载值、在再入段有一定的机动能力和水平着陆时，就得利用升力。

弹道-升力式再入航天器是一种既保持弹道式再入航天器结构简单和防热易于处理的特点，又能适当地利用升力，在一定程度上克服弹道式再入航天器缺点的再入航天器。因此，在需要降低最大过载和减少着陆点散布的场合下，如载人飞船的返回舱，以及再入速度很大的直接进入任务，弹道-升力式再入航天器都被广为采用。例如，神舟飞船的返回舱是一头大、一头小的钟形外形，返回舱返回地面时是采取大头朝前飞的姿态，也是一种典型的弹道-升力式再入航天器。

弹道-升力式再入航天器产生的升力不大，还不能使再入轨道的着陆段平缓到可以使再入航天器水平着陆的程度。因此，和弹道式再入航天器一样，这种再入航天器也是垂直着陆再入航天器，着陆系统也是降落伞着陆系统。

9.2.3 升力式再入航天器

当要求再入航天器水平着陆时，必须给再入航天器足够大的升力，使再入轨道，特别是着陆段平缓到适合水平着陆的程度。再入航天器的升力增大，在再入段调整升力，可以增大调整轨道的能力。平缓再入段和增大机动飞行的范围，使再入航天器水平着陆和着陆到指定的机场跑道成为可能。

要求再入航天器水平着陆是为了回避垂直着陆的两大缺点，即往往造成再入航天器及其有效载荷损伤的着陆冲击过载和令人困扰的不易控制的着陆点散布。克服垂直着陆的这两大缺点，过去还没有找到适当的途径和办法。近年虽然提出了一些办法，如采用可控翼伞，但也还不够成熟。要求再入航天器水平着陆的目的，在于实现无损和定点的着陆，为再入航天器的多次重复使用创造条件。迄今水平着陆的再入航天器都是多次重复使用的。

能够实现水平着陆的升力式再入航天器的升阻比一般都大于 1，也就是说再入航天器在再入段的升力大于阻力，这样大的升力不能再用偏离对称中心轴线配置质心的办法获得。因此升力式再入航天器不能再用旋成体，只能采用不对称的升力体。升力体又可分为带翼和不带翼两种，两种都能产生大于 1 的升阻比。但是不带翼的升力体升力全靠体形产生，会使体形复杂化，增大了尺寸和质量。带翼的升力体形状与飞机类似，如美国空间运输系统的可多次重复使用的轨道器，就是一个带翼的升力式再入航天器。带翼的升力式再入航天器主要由机翼产生控制升力以形成它的机动飞行、下滑和水平着陆的能力。

升力式再入航天器由于再入段比较平缓，再入段航程和经历的时间都比弹道式和弹道-升力式再入航天器长得多。虽然热流密度峰值和最大减速过载值都小，但总的加热热量大、加热时间长。此外这种再入航天器构形比弹道式再入航天器的复杂得多，再加上多次重复使用的要求，使得这种再入航天器的气动力问题、防热问题和结构问题变得十分复杂。解决这些问题要付出很大的代价。

9.3　航天器再入制导方法

航天器再入制导的目的是控制其在着陆点(开伞点)附近着陆，并使航天器满足过载和热环境等要求。航天器再入制导方法一般可以分为三类[45-46]：

(1) 跟踪预先设计好的标称轨迹制导(或轨迹跟踪制导)；

(2) 利用预测能力对着陆点航程进行预测，并实时校正控制量的预测校正制导；

(3) 基于在线数值优化迭代求解的数值优化闭环制导。

9.3.1　标称轨迹制导

标称轨迹制导的原理是将离线计算的标准再入轨道的轨道参数预先存储到航天器的计算机中，这些参数既可以是时间的函数，也可以是速度或其他自变量的函数。航天器进入大气层后，在各种偏差的影响下，其飞行轨迹会偏离标准轨道参数，由机载加速度计和陀螺仪测量出当前的飞行状态，计算得到飞行器的实际位置和速度信息，对比标准轨道参数，获得误差信号，姿态控制系统以该误差信号为输入值调整姿态角，对航天器轨道实现控制。这一类传统的再入制导方法已经在航天器的实际再入飞行中得到应用，最具有代表性的例子是航天飞机。作为再入飞行器，航天飞机的升阻比相对较大，且航天飞机的飞行航迹角在再入阶段一直很小，它的飞行时间更久，航程更远，此外，航天飞机的另一个主要特征是它最终要水平降落。在制导算法中，纵向参考轨迹在高马赫数和低马赫数时分别由阻力—地球相对速度曲线和阻力—能量曲线确定，然后通过 PID 控制方法实现轨迹跟踪。侧向制导采用基于漏斗曲线的开关控制方式，通过调整倾侧角的符号来保证航向角的精度。

航天器再入标称轨迹制导的参考轨迹，主要通过直接或者间接优化算法取得。由于目前轨迹优化算法在收敛性、求解速度等方面存在很大不确定性，标称轨迹的获得一般为离线进行。在得到再入标称轨迹后，将标称轨迹参数存入机载计算机作为参考轨道。在飞行器再入飞行过程中，参考轨道参数与导航系统获得的飞行状态参数实时进行比较，从而给姿态控制系统提供制导指令，以修正飞行轨道。

9.3.2　预测校正制导

预测校正制导是以消除实际轨道的预报着陆点和预定着陆点位置之间的偏差为目的的制导方法。与标称轨迹制导不同，它着眼于每时每刻实际再入轨道对应的着陆点和理论着陆点的误差，并根据这一误差值，以满足最大过载和最大热流的约束限制而产生控制指令，对航天器实现轨道控制。预测校正制导法可以达到比标称轨迹制导法更高的着陆点精度，并且对再入初始条件不敏感，其主要的制约条件是需要在轨实时计算。随着高性能计算机的出现，预测校正制导法越来越有可能得到实际的应用。

预报着陆点位置和制导方法的选择是实施预测校正制导法需要解决的两大问题。

就预报着陆点位置而言，可以采用快速数值积分法和闭环解析法两种方法。快速数值积分法是利用机载计算机对运动方程组进行数值积分，该方法的优点是能处理任何可能的飞行条件，且预报精度高，对航程、加速度和热流等均能进行预测。但由于要进行数值积分运算，因此对机载计算机的快速运算能力和存储能力要求很高。闭环解析法是指通过对再入运动方程组进行合理简化，得到飞行器运动方程组的显式解。由于飞行器再入段运动的复杂性，求解过程一般要基于很多假设，因此得到的解只是运动方程组的近似解，且不能获得所有情况下的运动方程组的解析解。闭环解析法由于限制条件较多、预报精度较差，同时也不能对任意飞行条件进行处理，适应能力也较差，但该方法计算量小，对机载计算机计算能力和存储能力的要求较低。

预测校正制导与标称轨迹制导的不同点在于：预测校正制导并不着眼于使实际轨道接近标称轨道来消除着陆点偏差，而是从当前的状态出发，选择一条轨道使飞行器实际着陆点不断接近理论着陆点。其纵向制导律主要包括轨迹预测和控制量校正两大部分：轨迹预测是根据飞行器当前状态以及假定的控制剖面对运动方程组进行积分，得到预测的轨迹；控制量校正是根据预测轨迹的终端状态与目标状态之间的偏差，按照一定的校正策略，对给定的控制剖面进行校正，以期得到满意的轨迹。其侧向制导律主要是根据预测轨迹的横程偏差或方位角偏差，通过一定的侧向策略，在恰当的时间或位置使倾侧角反转，从而使飞行器在再入末端达到需要的横程要求。

9.3.3 数值优化闭环制导

数值优化闭环制导的基本原理在 6.1 节中已进行了较为详细的介绍。近年来，随着新型再入航天器，特别是可重复使用运载火箭的快速发展，数值优化闭环制导方法在实际工程中也开始得到了成功应用。例如，美国太空探索技术公司(SpaceX)所发展的一级火箭垂直回收制导，就是采用数值优化闭环制导方法。火箭回收主要面临的四大挑战：

(1) 环境极端复杂，火箭从高空返回速度快，大气阻力和气动加热明显；

(2) 任务容错率低，返回必须一次成功，几乎没有二次尝试的机会；

(3) 着陆困难，需要设计可折叠着陆缓冲装置等复杂的辅助机构；

(4) 要克服风力等扰动，精确到达回收场地。

传统的标称轨迹制导方法和预测校正制导方法显然都无法满足上述任务要求，因此 SpaceX 能够成功实现一级火箭垂直回收，很大程度上是依赖于数值优化闭环制导方法的突破。

9.4 基于序列凸优化的一级火箭垂直回收制导原理

9.4.1 凸优化方法

凸优化是数学规划领域中具有非常重要地位的一个分支。它是研究非线性规划问题的一个主要手段。在现在已有的算法可以迅速求解大规模凸优化问题的基础上，相较于非凸问题，凸优化问题最大的特点就是一旦将一个问题描述为凸优化问题，那么基本上可以认为这个问题已经解决了。

定义 9.1 (凸函数)　函数 $f:\mathbb{R}^n \to \mathbb{R}$ 是凸的，如果 $\mathrm{dom} f$ 是凸集，且对于任意 $x, y \in \mathrm{dom} f$ 和任意 $0 \leqslant \theta \leqslant 1$，有

$$f(\theta x + (1-\theta)y) \leqslant \theta f(x) + (1-\theta) f(y) \tag{9-1}$$

那么称 f 为凸函数。

基于凸函数的定义，凸优化问题可以描述为

$$\begin{cases} \min \ \ f_0(\boldsymbol{x}) \\ \text{s.t.} \ \ f_i(\boldsymbol{x}) \leqslant 0, \quad i = 1, 2, \cdots, m \\ \qquad \boldsymbol{a}_i^{\mathrm{T}} x = b_i, \quad i = 1, 2, \cdots, p \end{cases} \tag{9-2}$$

式中，$\boldsymbol{x} \in \mathbb{R}^n$ 为需要优化的变量；$f_0, f_1, \cdots, f_m$ 都是凸函数。

在凸优化问题中，二阶锥规划(second-order cone programming，SOCP)问题是很重要的一类，其标准形式为

$$\begin{cases} \min \ \ \boldsymbol{f}^{\mathrm{T}} \boldsymbol{x} \\ \text{s.t.} \ \ \|\boldsymbol{A}_i \boldsymbol{x} + \boldsymbol{b}_i\|_2 \leqslant \boldsymbol{c}_i^{\mathrm{T}} \boldsymbol{x} + d_i, \quad i = 1, 2, \cdots, m \\ \qquad \boldsymbol{F}\boldsymbol{x} = g \end{cases} \tag{9-3}$$

式中，$\boldsymbol{x} \in \mathbb{R}^n$ 为需要优化的变量；$\boldsymbol{A}_i \in \mathbb{R}^{n_i \times n}$；$\boldsymbol{F} \in \mathbb{R}^{p \times n}$。形如 $\|\boldsymbol{A}\boldsymbol{x} + \boldsymbol{b}\|_2 \leqslant \boldsymbol{c}^{\mathrm{T}} \boldsymbol{x} + d$ 的约束称为二阶锥约束。

SOCP 问题复杂性较低，且求解较迅速，用现有的算法，如内点法，可以根据给定的精度得到优化解。也就意味着，可以在有限的迭代次数内计算出任意给定精确度所对应的优化解。

9.4.2　动力学模型

考虑火箭回收过程为平面运动，其动力学模型为

$$\begin{cases} \dot{r}(t) = V(t) \sin \gamma(t) \\ \dot{s}(t) = V(t) \cos \gamma(t) \\ \dot{V}(t) = \dfrac{-T\cos\varepsilon - D}{m(t)} - g \sin \gamma(t) \\ \dot{\gamma}(t) = \dfrac{-T \sin \varepsilon + L}{m(t) V(t)} - g \cos \gamma(t) \\ \dot{m}(t) = -\dfrac{T}{g_0 I_{\mathrm{sp}}} \end{cases} \tag{9-4}$$

式中，r 为火箭的地心半径；s 为纵程；V 为速度；γ 为俯仰角(图 9-2)；g 为位于 r 处的重力加速度；g_0 为海平面处的重力加速度；m 为火箭的质量；I_{sp} 为发动机比冲；T 为推力幅值；ε 为推力方向角；L 和 D 分别为火箭受到的升力和阻力大小。

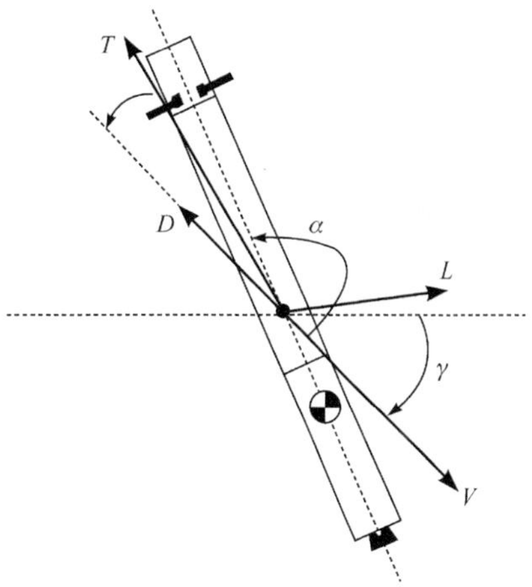

图 9-2　火箭几何示意图

为了简化计算过程，对火箭的动力学方程做无量纲化处理。距离单位为地球半径 R_e，时间单位为 $t_{scale}=\sqrt{R_e/g_0}$，由距离和时间的单位可导出速度单位为 $V_{scale}=\sqrt{R_e g_0}$，质量单位为 $m_{scale}=m_0$，其他单位相应导出。无量纲化后的火箭动力学方程为

$$\begin{cases}\dot{r}(\tau)=V(\tau)\sin\gamma(\tau)\\ \dot{s}(\tau)=V(\tau)\cos\gamma(\tau)\\ \dot{V}(\tau)=\dfrac{-T\cos\varepsilon-D}{m(\tau)}-\dfrac{\sin\gamma(\tau)}{r^2(\tau)}\\ \dot{\gamma}(\tau)=\dfrac{-T\sin\varepsilon+L}{m(\tau)V(\tau)}-\dfrac{\cos\gamma(\tau)}{r^2(\tau)V(\tau)}\\ \dot{m}(\tau)=-\dfrac{T}{I_{sp}}\end{cases} \tag{9-5}$$

注意此时式(9-5)中的 r、s、V、γ、m 均为无量纲参数，且 $\tau=t/t_{scale}$。L 和 D 分别由无量纲表达式来描述：

$$L=0.5R_e\rho V^2 S_{ref}C_L/m_0 \tag{9-6}$$

$$D=0.5R_e\rho V^2 S_{ref}C_D/m_0 \tag{9-7}$$

式中，V 为无量纲的速度；ρ 为有量纲的空气密度；S_{ref} 为有量纲的火箭参考面积；m_0 为有量纲的飞行器质量；C_L 和 C_D 分别为升力系数和阻力系数。

控制不等式约束为

$$\alpha_{min}\leqslant\alpha\leqslant\alpha_{max} \tag{9-8}$$

$$T_{min}\leqslant T\leqslant T_{max} \tag{9-9}$$

$$\varepsilon_{min}\leqslant\varepsilon\leqslant\varepsilon_{max} \tag{9-10}$$

式中，α 为攻角。

终端约束为

$$\begin{cases}r(t_f)=1,\quad s(t_f)=s_f^*,\quad \gamma(t_f)=-\dfrac{\pi}{2}\\ |\alpha(t_f)-\pi|\leqslant\alpha_f^*,\quad \varepsilon(t_f)=0\end{cases} \tag{9-11}$$

9.4.3 最优控制问题及其序列凸化

火箭回收制导过程中燃料是一个重要因素，考虑燃料最优问题：

$$J=-m(t_f) \tag{9-12}$$

因此最优控制问题为

$$\begin{cases}\min\quad -m(t_f)\\ \text{s.t.}\quad 式(9\text{-}5)\end{cases} \tag{9-13}$$

上述最优控制问题明显是非凸优化问题，需要通过序列凸优化方法将其转化为 SOCP 问题。如图 9-3 所示，序列凸优化方法采用逐次线性化法等方法进行凸化，将原

问题转化为一系列子凸优化问题，然后采用内点法求解子问题，并将该次迭代求得的子问题的解作为下一次迭代的初值。序列凸优化方法本质上是一个双层优化方法，其外层为数值迭代算法，以更新求解变量序列；内层将原来的非凸问题转化为凸问题并采用内点法进行求解。

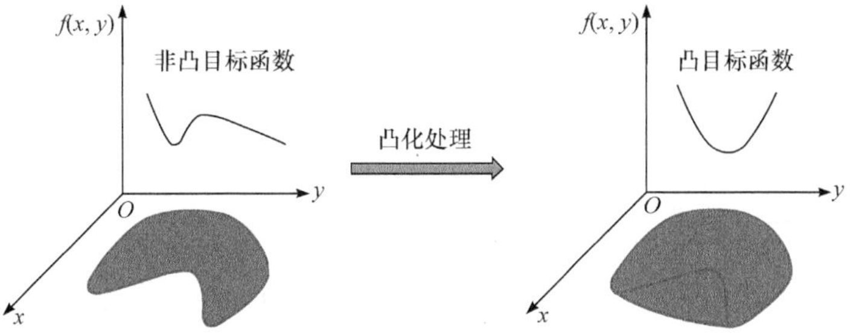

图 9-3　非凸问题凸化处理过程示意图

下面给出 SOCP 算法的计算步骤(计算流程图如图 9-4 所示)：

(1) 令迭代步数 $k=0$，给定初始轨迹 $\boldsymbol{X}^0$。

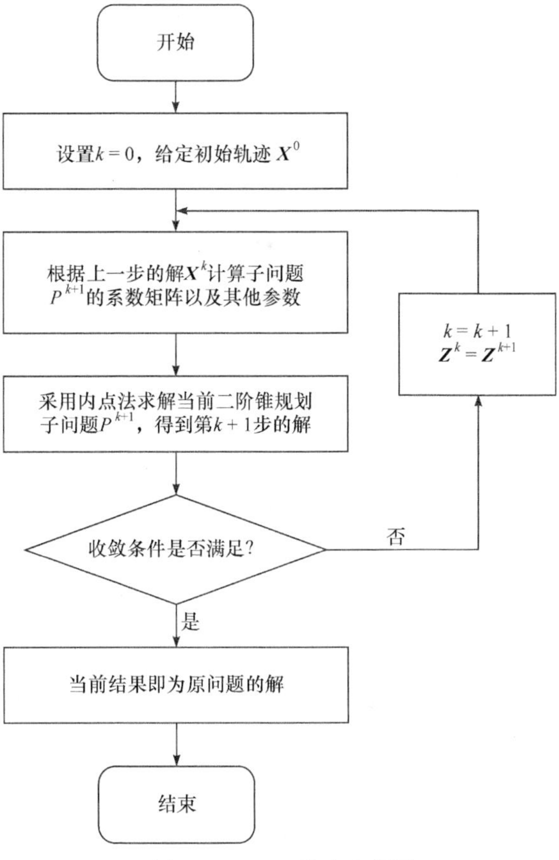

图 9-4　SOCP 算法流程图

(2) 在第 $k+1$ 步迭代过程中，根据第 k 步所得的轨迹 $\boldsymbol{X}^k$ 计算当前子问题 P^{k+1} 的系数矩阵以及其他参数，然后采用内点法求解该二阶锥规划子问题，可以得到解 $\boldsymbol{Z}^{k+1}=\{\boldsymbol{X}^{k+1},\boldsymbol{U}^{k+1}\}$。

(3) 判断收敛条件是否满足：$\max_i\left|\boldsymbol{X}_i^{k+1}-\boldsymbol{X}_i^k\right|\leqslant\boldsymbol{\varepsilon}$。若该条件成立，则执行第(4)步；否则令 $\boldsymbol{Z}^k=\boldsymbol{Z}^{k+1}$，$k=k+1$，返回第(2)步继续进行计算。

(4) $\boldsymbol{Z}^{k+1}$ 即为原问题的解，结束。

上述 SOCP 问题可采用 CVX 优化软件包(http://cvxr.com/cvx/)进行求解，其 MATLAB 核心代码如下：

```
cvx_solver
while                                  (iter<50)&&((Error(1)>epsilon_
x(1))||(Error(2)>epsilon_x(2))...
        ||(Error(3)>epsilon_x(3))||(Error(4)>epsilon_x(4))||
(Error(5)>epsilon_x(5)))

    iter=iter+1;
    % 求解矩阵 MFC
    [M,F,C,Gb,Gu,Hb,Hu]=Calcu_MFC(ti_0,xi_k,ui_k);
    % 清除计算空间
    cvx_clear
    % 开始 CVX 解算
    cvx_begin
    % 定义求解变量
    n=(nx+nu)*(N+1)+4;
    variable z(n)
    % 性能指标
    minimize (C*z)
    subject to
    % 动力学方程约束
    M*z==F;
    % 初始状态约束
    z(1:nx)==xi_0(:,1);
    % 线性化收敛域约束
    abs(z(1:nx*(N+1))-reshape(xi_k,[],1))<=repmat(delta_ x,N+1,1);
    abs(z(nx*(N+1)+1:nx*(N+1)+nu*(N+1))-reshape(ui_k,[],1))<=
repmat(delta_u,N+1,1)
    % 控制量约束
    Gb*z                                                     >=  Hb;
```

```
    Gu*z                                                    <=  Hu;
    % 终端状态约束
    (z(nx*N+1)-rf)-z(end-3)                                 <=  0;
    (z(nx*N+1)-rf)+z(end-3)                                 >=  0;
    (z(nx*N+2)-sf)-z(end-2)                                 <=  0;
    (z(nx*N+2)-sf)+z(end-2)                                 >=  0;
    (z(nx*N+3)-vf)-z(end-1)                                 <=  0;
    (z(nx*N+3)-vf)+z(end-1)                                 >=  0;
    (z(nx*N+4)-gamaf)-z(end)                                <=  0;
    (z(nx*N+4)-gamaf)+z(end)                                >=  0;

    %结束 CVX 解算
    cvx_end
    %k+1 次状态量
    xi_k1=reshape(z(1:nx*(N+1)),nx,[]);
    ui_k1=reshape(z(nx*(N+1)+1:nx*(N+1)+nu*(N+1)),nu,[]);
    %迭代误差
    Error=max(abs(xi_k-xi_k1),[],2);  %返回每行的最大值
    Erroru=max(abs(ui_k(1,:)-ui_k1(1,:)),[],2);
    %更新迭代变量
    xi_k=xi_k1;
    ui_k=ui_k1;
end
```

基于序列凸优化的一级火箭回收制导仿真曲线如图 9-5 所示。在数值优化闭环制导作用下，火箭自 3km 高度下降，在终端以零速降落在地面上，从而成功实现垂直着陆。

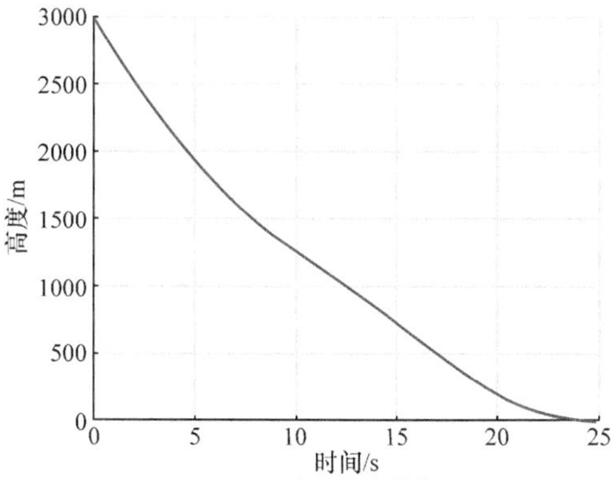

(a) 高度仿真曲线

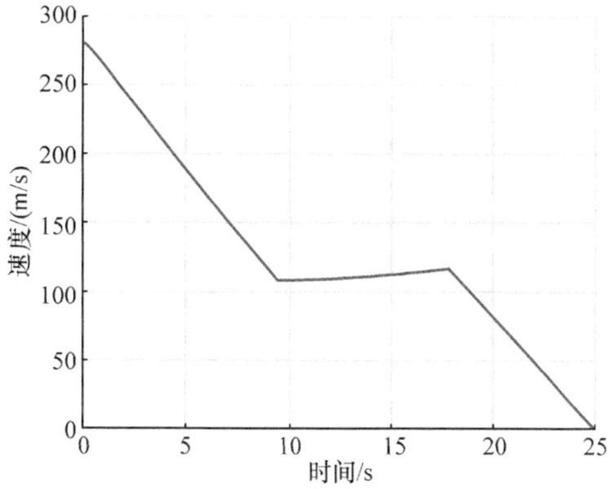

(b) 速度仿真曲线

图 9-5 一级火箭回收制导仿真曲线

思 考 题

1. 2021 年 9 月 17 日，神舟十二号载人飞船成功返回，问：

   (1) 神舟十二号载人飞船属于何种再入航天器?

   (2) 神舟十二号载人飞船再入采用什么方式改变再入过程轨迹?

   (3) 我国航天专家发展了新一代载人飞船全数字全系数自适应预测校正制导方法。这种方法能够根据返回舱的飞行状态及当前的制导策略，预报飞到终点时的误差，根据这个误差和飞行过程中的过载等约束，自主计算下一次的制导策略，如此反复并将飞船控制到目标点。这种制导方式与传统的标称轨迹制导方法相比有何优越性?

2. 2021 年 5 月 15 日，我国天问一号火星着陆巡视器成功着陆在火星北半球的乌托邦平原。着陆巡视器从进入火星大气到最终着陆成功，大约经历了 9 分钟的时间，而当时地火通信时延约为 18 分钟。因此火星进入制导全过程采用的是全自主方式，整个过程主要分为气动减速、降落伞减速和动力减速三个阶段。请与阿波罗月面着陆过程(分为刹车段、接近段和末端下降段)进行对比，分析两种地外天体着陆过程制导方式的不同之处。

3. 弹道式再入航天器在再入段采用何种制导方法?

4. 比较标称轨迹制导、预测校正制导和数值优化闭环制导的特点。

5. 基于序列凸优化的制导方法是否能够保证有限时间内求得优化问题的解?

第 10 章

航天器神经网络智能制导

近年来，国内外发展了多种基于机器学习技术的航天器制导方法[47]，按其所采用的机器学习方法的不同，主要可以分为基于深度学习的制导方法和基于强化学习的制导方法两大类。由于其所涉及的内容较广，深度和难度也较大，本章仅以一个相对简单的、基于深度学习的月面软着陆制导为例说明机器学习在航天器制导问题中的应用。

10.1 月面软着陆制导最优控制问题

考虑月面软着陆平面动力学模型：

$$\begin{cases} \dot{\boldsymbol{r}}(t)=\boldsymbol{v}(t) \\ \dot{\boldsymbol{v}}(t)=\dfrac{\alpha T_{\max}}{m(t)}\boldsymbol{1}_{\mathrm{T}}(t)+\boldsymbol{g} \\ \dot{m}(t)=-\dfrac{\alpha T_{\max}}{c} \end{cases} \tag{10-1}$$

式中，$\boldsymbol{r}=(x,y)^{\mathrm{T}}$；$\boldsymbol{v}=(v_x,v_y)^{\mathrm{T}}$；$\boldsymbol{g}=(0,-1.6229\mathrm{m/s^2})^{\mathrm{T}}$ 为月面重力加速度向量；$c=I_{\mathrm{sp}}g_0$，其中比冲 $I_{\mathrm{sp}}=311\mathrm{s}$，$g_0=9.8\mathrm{m/s^2}$；最大推力 $T_{\max}=44000\mathrm{N}$；控制量 $\alpha\in[0,1]$ 主要控制推力幅值大小；$\boldsymbol{1}_{\mathrm{T}}$ 为控制力单位向量，主要用以确定推力方向。

初始条件给定，定义为

$$\boldsymbol{r}(0)=\boldsymbol{r}_0,\quad \boldsymbol{v}(0)=\boldsymbol{v}_0,\quad m(0)=m_0 \tag{10-2}$$

终端位置和速度给定，定义如下：

$$\boldsymbol{r}(t_{\mathrm{f}})=\boldsymbol{r}_{\mathrm{f}},\quad \boldsymbol{v}(t_{\mathrm{f}})=\boldsymbol{v}_{\mathrm{f}} \tag{10-3}$$

式中，$\boldsymbol{r}_{\mathrm{f}}=[0,0]^{\mathrm{T}}$；$\boldsymbol{v}_{\mathrm{f}}=[0,0]^{\mathrm{T}}$。

月面软着陆制导考虑能量最优和燃料最优两个不同的最优目标，因此性能指标定义为

$$J_\kappa=\frac{T_{\max}}{c}\int_{t_0}^{t_{\mathrm{f}}}\left[\kappa u_1+(1-\kappa)u_1^2\right]\mathrm{d}t \tag{10-4}$$

式中，κ 为权重参数。当 $\kappa=0$ 时为最小能量问题；当 $\kappa=1$ 时为最小燃料问题。哈密顿

函数定义如下：

$$
\begin{aligned}
H &= \boldsymbol{\lambda}_r^{\mathrm{T}}\boldsymbol{v} + \boldsymbol{\lambda}_r^{\mathrm{T}}\left(\frac{\alpha T_{\max}}{m}\mathbf{1}_{\mathrm{T}} + \boldsymbol{g}\right) - \lambda_m\frac{\alpha T_{\max}}{c} + \frac{1}{c}\left[\kappa\alpha T_{\max} + (1-\kappa)(\alpha T_{\max})^2\right] \\
&= \boldsymbol{\lambda}_r^{\mathrm{T}}\boldsymbol{v} + \boldsymbol{\lambda}_r^{\mathrm{T}}g + \left(\frac{\boldsymbol{\lambda}_r^{\mathrm{T}}\mathbf{1}_{\mathrm{T}}c}{m} - \lambda_m + \kappa\right)\frac{T_{\max}}{c}\alpha + \frac{(1-\kappa)T_{\max}{}^2}{c}\alpha^2
\end{aligned}
\tag{10-5}
$$

为便于描述，定义：

$$
S = \frac{\boldsymbol{\lambda}_r^{\mathrm{T}}\mathbf{1}_{\mathrm{T}}c}{m} - \lambda_m + \kappa \tag{10-6}
$$

根据最优控制理论，其协态方程为

$$
\begin{cases}
\dot{\boldsymbol{\lambda}}_r(t) = \mathbf{0} \\
\dot{\boldsymbol{\lambda}}_v(t) = -\boldsymbol{\lambda}_r(t) \\
\dot{\lambda}_m(t) = \dfrac{\alpha T_{\max}}{m^2(t)}\boldsymbol{\lambda}_v^{\mathrm{T}}\mathbf{1}_{\mathrm{T}}
\end{cases}
\tag{10-7}
$$

此外，可以得到最优控制方程：

$$
\mathbf{1}_{\mathrm{T}}^* = -\frac{\boldsymbol{\lambda}_v}{\|\boldsymbol{\lambda}_v\|} \tag{10-8}
$$

当$\kappa \in [0,1)$时，有

$$
\alpha^* = \max\left(\min\left(-\frac{S}{2(1\text{-}\kappa)T_{\max}}, 1\right), 0\right) \tag{10-9}
$$

而当$\kappa = 1$时，α^*为

$$
\alpha^* = \begin{cases} 1, & S < 0 \\ 0, & S > 0 \end{cases} \tag{10-10}
$$

由于终端质量和终端飞行时间自由，可以得到以下横截条件：

$$
\begin{cases}
H(t_{\mathrm{f}}) = 0 \\
\lambda_m(t_{\mathrm{f}}) = 0
\end{cases}
\tag{10-11}
$$

到此，上述最优控制问题已转化为求解两点边值问题，即求解下列非线性方程组的解：

$$
\boldsymbol{\Phi}(\boldsymbol{\lambda}, \kappa) = \left[\left(\boldsymbol{r}(t_{\mathrm{f}}) - \boldsymbol{r}_{\mathrm{f}}\right)^{\mathrm{T}}, \left(\boldsymbol{v}(t_{\mathrm{f}}) - \boldsymbol{v}_{\mathrm{f}}\right)^{\mathrm{T}}, H(t_{\mathrm{f}}), \lambda_m(t_{\mathrm{f}})\right]^{\mathrm{T}} = 0 \tag{10-12}
$$

待求解变量为$\boldsymbol{z} = \left[\boldsymbol{\lambda}_r^{\mathrm{T}}(0), \boldsymbol{\lambda}_v^{\mathrm{T}}(0), \lambda_m(0), t_{\mathrm{f}}\right]^{\mathrm{T}}$。

10.2 能量最优和燃料最优问题数值优化求解

10.2.1 能量最优问题数值优化求解

当$\kappa = 0$时，所求解的最优控制问题为能量最优。打靶法是求解常微分方程边值问

题的一种数值方法，它的基本思想是将微分方程的边值问题转化为初值问题来求解，具有精度高、程序简单、实用性强等优点。

下面给出基于打靶法求解能量最优问题的 MATLAB 代码，主函数代码为

```
function main_energy
    global g Tmax c k
    g=1.6229;%重力
    Tmax=44000;
    c=9.81*311;
    k = 0;
    % 初始位置和终端位置
    X0_start = [-30,1000,10,10,10000]; %位置，速度，质量
    Xf_target = [0,0,0,0];%位置，速度
    options_fsolve  = optimset('TolX',1e-16','TolFun',1e-9,
        'Max Iter',5000,...
        'MaxFunEvals',3000,'FunValCheck ','on','Display','iter');
    xGuess =[-0.1,0.1,-1,1,0.1,50];
    [gX,fval,exitflag,output]  = fsolve(@fsolvex,xGuess,options
_fsolve,X0_start,Xf_target);
end
```

打靶函数 fsolvex 代码如下：

```
function F = fsolvex(X,X0_start,Xf_target)
    global g Tmax c k
    Prv0 = X(1:5);
    t = X(6);
    x0po  = [X0_start,Prv0];
    tspan = [0,t];
    options = odeset('RelTol',1e-12,'AbsTol',1e-12);
    [t1,x1] = ode113(@ode2BodyT,tspan,x0po,options);
    x1f = x1(end,:);
    xf  = x1f(1);
    yf  = x1f(2);
    vxf = x1f(3);
    vyf = x1f(4);
    m_f = x1f(5);
    Pxf = x1f(6);
    Pyf = x1f(7);
```

```
    Pvxf = x1f(8);
    Pvyf = x1f(9);
    Pm_f = x1f(10);
    npv = norm([Pvxf,Pvyf]);
    stheta = -Pvxf/npv;
    ctheta = -Pvyf/npv;
    if k==1
        if -npv*c/m_f-Pm_f+k<0
            alpha=1;
        else
            alpha=0;
        end
    else
        uu0 = (npv*c/m_f+Pm_f-k)/(2*Tmax*(1-k));
        alpha  = min(max(uu0,0),1);
    end
    % 终端约束,时间自由
    F(1:4,1) = x1f(1:4);
    F(5,1)=x1f(10);
    F(6,1)=[Pxf,Pyf]*[vxf,vyf]'+[Pvxf,Pvyf]*(Tmax*alpha/m_f*
[stheta,ctheta]'-[0,g]')-Pm_f*Tmax*alpha/c+((1-k)*(Tmax*Tmax*
alpha*alpha)+k*Tmax*alpha)/c;
end
```

正则方程 ode2BodyT 函数代码为

```
function dx = ode2BodyT(t,x)
    global g Tmax c k
    x1 = x(1);%x
    x2 = x(2);%z
    x3 = x(3);%vx
    x4 = x(4);%vz
    x5 = x(5);%m
    x6 = x(6);%Px
    x7 = x(7);%Pz
    x8 = x(8);%Pvx
    x9 = x(9);%Pvz
    x10 = x(10);%Pm
```

```
    npv = norm([x8,x9]);
    if k==1
        if (-npv*c/x5-x10+k)<0
            alpha=1;
        else
            alpha=0;
        end
    else
        alpha=min(max((npv*c/x5+x10-k)/(2*Tmax*(1-k)),0),1);
    end
    stheta = -x8/npv;
    ctheta = -x9/npv;
    dx = zeros(10,1);
    dx(1)  = x3;
    dx(2)  = x4;
    dx(3)  = Tmax*alpha*stheta/x5;
    dx(4)  = Tmax*alpha*ctheta/x5-g;
    dx(5)  = -Tmax*alpha/c;
    dx(6)  = 0;
    dx(7)  = 0;
    dx(8)  = -x6;
    dx(9)  = -x7;
    dx(10)  = Tmax*alpha*[x8,x9]*[stheta,ctheta]'/(x5^2);
end
```

能量最优问题仿真曲线如图 10-1 所示。

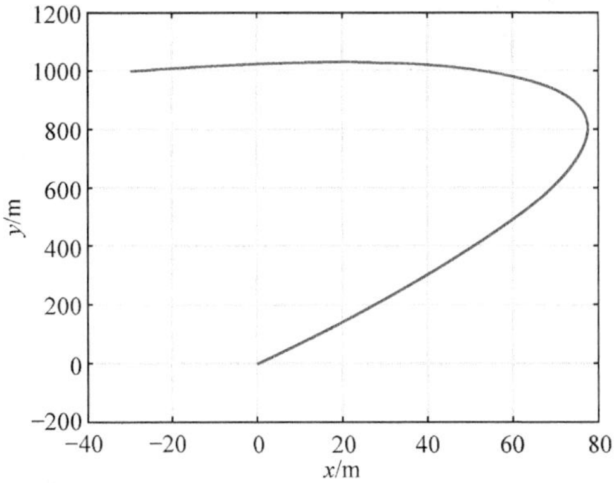

(a) 最优飞行轨迹

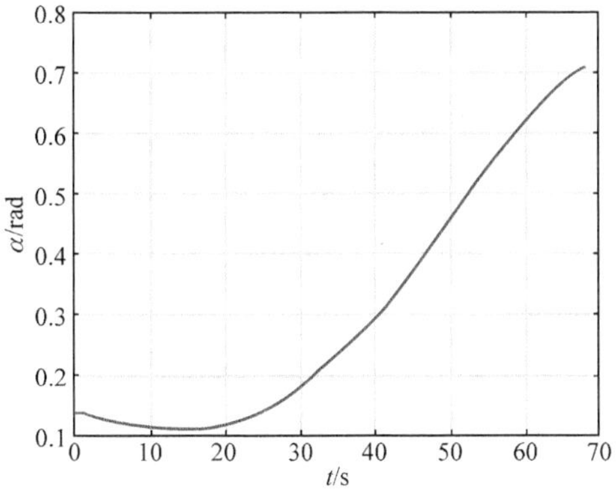

(b) 最优控制

图 10-1 能量最优问题仿真曲线

10.2.2 燃料最优问题数值优化求解

与能量最优问题相比，燃料最优问题更难以求解，存在非线性强、初值敏感、收敛域窄等问题。其主要原因在于燃料最优问题的推力幅值为 Bang-Bang 控制，如式(10-10)所示。因此通常会引入同伦方法，以提高燃料最优问题的收敛性。

1) 同伦概念

同伦是拓扑学中关于映射之间的过渡或形变的一个基本概念。拓扑学中同伦的定义可以描述为

定义 10.1 设$\boldsymbol{F},\boldsymbol{G}:\mathbb{R}^n\to\mathbb{R}^n$都是欧氏空间的连续映射，如果存在连续映射$\boldsymbol{H}:[0,1]\times\mathbb{R}^n\to\mathbb{R}^n$，使得对所有的$z\in\mathbb{R}^n$都满足：

$$\boldsymbol{H}(0,z)=\boldsymbol{G}(z),\quad \boldsymbol{H}(1,z)=\boldsymbol{F}(z) \tag{10-13}$$

则认为$\boldsymbol{H}$是从映射$\boldsymbol{G}$到映射$\boldsymbol{F}$的一个同伦，并认为映射$\boldsymbol{G}$和映射$\boldsymbol{F}$是同伦的。

2) 同伦函数

同伦的概念本质上是映射之间的连续过渡或连续形变的概念，因此映射$\boldsymbol{H}$、$\boldsymbol{G}$、$\boldsymbol{F}$都必须是连续的，同伦才有意义。为描述连续映射$\boldsymbol{G}$和$\boldsymbol{F}$之间的连续过渡或连续形变过程，首先需要构造一个满足式(10-13)的映射$\boldsymbol{H}:[0,1]\times\mathbb{R}^n\to\mathbb{R}^n$，并将同伦定义中位于$[0,1]$区间的变量称为同伦参数，记为$\kappa\in[0,1]$。因此，同伦映射可以表示为$\boldsymbol{H}(\kappa,z)$，即同时依赖于同伦参数$\kappa$和变量$z$。在本书中，也将同伦映射$\boldsymbol{H}$称为同伦函数。

在利用同伦求解目标映射$\boldsymbol{F}:\mathbb{R}^n\to\mathbb{R}^n$的零点时，需要先选择一个零点已知或容易求解的辅助映射$\boldsymbol{G}:\mathbb{R}^n\to\mathbb{R}^n$，构造两者之间的同伦映射$\boldsymbol{H}(\kappa,z)$。最简单的同伦映射为

$$\boldsymbol{H}(\kappa,z)=(1-\kappa)\boldsymbol{G}(z)+\kappa\boldsymbol{F}(z) \tag{10-14}$$

对于式(10-14)中的同伦映射$\boldsymbol{H}$，有$\boldsymbol{H}(0,z)=\boldsymbol{G}(z)$，$\boldsymbol{H}(1,z)=\boldsymbol{F}(z)$，即同伦映射$\boldsymbol{H}$在$\kappa=0$处的零点与辅助映射$\boldsymbol{G}$的零点相同，在$\kappa=1$处的零点与目标映射$\boldsymbol{F}$的零点相同。简而言之，利用同伦方法求解目标映射的零点，主要包括两个内容：选择较简单的辅助映射，并构造连接辅助映射和目标映射的同伦映射；然后从辅助映射的零点出发，跟踪同伦映射的零点曲线，最终得到目标映射的零点。

3) 同伦路径

同伦方法的主要思想就是借助同伦映射的零点集，从辅助映射$\boldsymbol{G}$的零点集出发，跟踪同伦映射$\boldsymbol{H}$零点集的路径分支，到达目标映射的零点集。因此，当路径中的同伦参数从 0 增加到 1 时，同伦路径从辅助映射$\boldsymbol{G}$的一个零点出发，得到目标映射$\boldsymbol{F}$的一个零点。

在同伦路径方法中，经典延拓方法是最为典型的方法之一。在经典延拓方法中，将同伦空间$[0,1]\times\mathbb{R}^n$按同伦参数κ的值划分若干个节点，依次对κ值增加的每个节点的子问题进行求解。经典延拓同伦路径跟踪方法如图 10-2 所示，选取$m+1$个节点，即$0=\kappa_0<\cdots<\kappa_i<\cdots<\kappa_m=1$，先求得$\boldsymbol{H}(\kappa,z)$在边界$\{0\}\times\mathbb{R}^n$的零点$z_0$，然后依次迭代求解，直至得到$\kappa=1$处的解，即得到$\boldsymbol{H}(\kappa,z)$在边界$\{1\}\times\mathbb{R}^n$上目标映射的

零点 z^*。

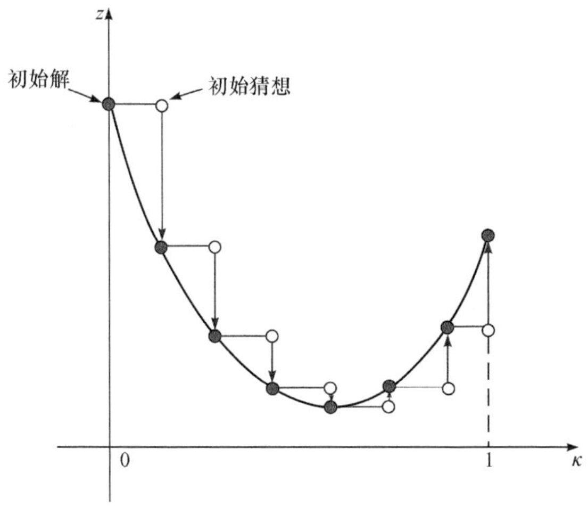

图 10-2　经典延拓同伦路径跟踪方法的示意图

经典延拓方法的计算量依赖于同伦离散节点的数量。对于路径曲线较为平滑的同伦映射，即使相邻两个节点 κ_i 和 κ_{i+1} 之间距离较远，只要 z_i 与 z_{i+1} 的值较为接近，就能迭代求解，此时所需的离散节点数量较少，计算量也较少；反之，路径曲线越不平滑，则所需离散节点越多，计算量越大。需要注意的是，由于存在奇异点，经典延拓方法并不能保证能够求得原问题的解。

4) 基于同伦方法的数值优化求解

基于同伦方法的基本思想，式(10-14)中的权重参数 κ 可以作为同伦参数。因此，当同伦参数 $\kappa=0$ 时，最优控制问题为能量最优问题；当同伦参数 $\kappa=1$ 时，最优控制问题为燃料最优问题。在本小节前文中给出了燃料最优问题的数值优化求解过程，在得到其数值优化解后，根据经典延拓方法同伦路径，可以最终得到燃料最优问题的数值优化解。其核心 MATLAB 代码如下所示：

```
function main_fuel
   global g Tmax c k
   g=1.6229;
   Tmax=44000;
   c=9.81*311;
   k=0;
   X0_start=[-30,1000,10,10,10000];
   Xf_target=[0,0,0,0];
   options_fsolve=optimset('TolX',1e-16','TolFun',1e-9,
'MaxIter',5000,...
      'MaxFunEvals',3000,'FunValCheck','on','Display','iter');
   xGuess =[-0.1,0.1,-1,1,0.1,50];
```

```
    for i=0:100
        k=0.01*i;
        [gX,fval,exitflag,output]=fsolve(@fsolvex,xGuess,options
_fsolve,X0_start,Xf_target);
        xGuess=gX;
    end
end
```

燃料最优问题数值优化仿真曲线如图 10-3 所示。比较图 10-1 和图 10-3 可以发现，能量最优问题的最优推力幅值为连续控制函数，而燃料最优问题的最优推力幅值是 Bang-Bang 控制。

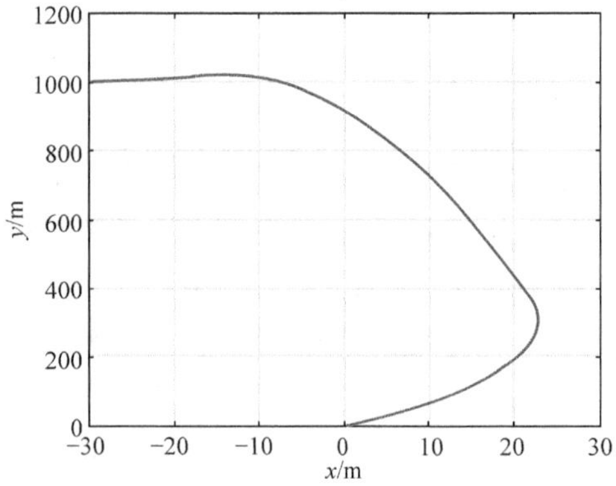

(a) 最优飞行轨迹

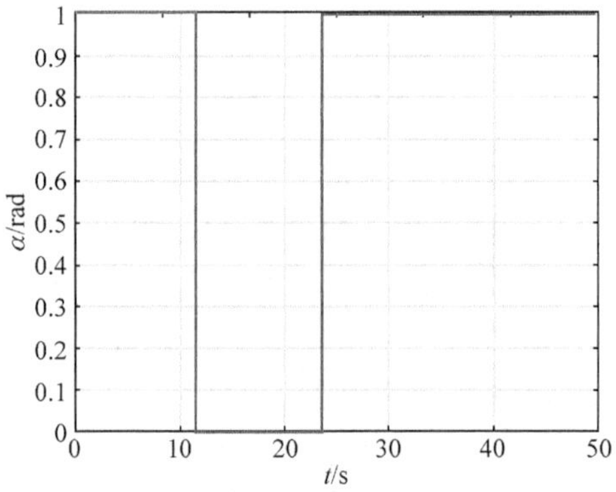

(b) 最优控制

图 10-3 燃料最优问题数值优化仿真曲线

10.3 训练数据生成

对于基于神经网络的最优控制问题，需要得到大量的状态变量和控制量训练数据集。因状态变量取值区间较广且求解过程较慢，考虑状态变量的覆盖区域广以及计算机的处理能力，可采用正交设计和随机游走的方法得到训练数据[48]。

正交设计是一种以概率论和数理统计为理论基础，利用一套现成的规格化表——正交表，研究多因素多水平的实验设计科学方法。这种方法从全面实验中挑选出具有代表性的点进行实验，是一种高效、快速而经济的方法。

随机游走是一种数学统计模型，由一连串的轨迹所组成，其中每一步都是随机的。随机游走根据状态转移矩阵的随机性选择下一个状态，从一点向其他点转移的概率与绝对时间无关，而且当 t_k 时刻的状态已知时，在 $t > t_k$ 时刻的状态只与 t_k 时刻的状态有关，而与时刻 t_k 之前的状态无关。

基于正交设计和随机游走的训练数据生成过程如下：

(1) 确定初始点状态的训练范围，如表 10-1 所示。

表 10-1　初始点状态的训练范围

x / m	z / m	v_x / (m / s)	v_z / (m / s)	m / kg
[−200,200]	[500,2000]	[−10,10]	[−30,10]	[8000,12000]

(2) 设计多状态变量、多水平数正交表，得到实验点。本例中，设计 81 个实验点，如图 10-4 所示。

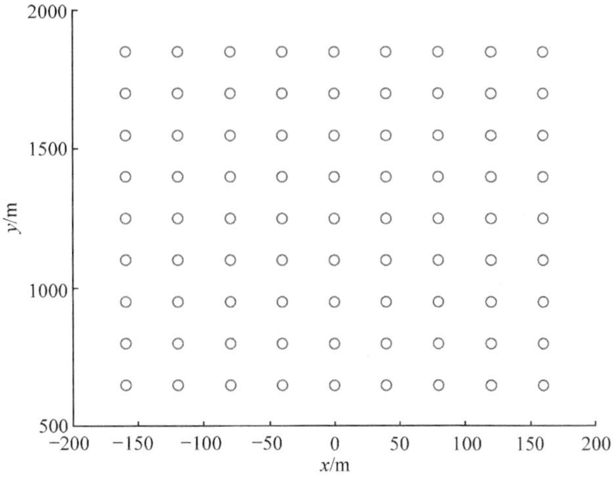

图 10-4　实验点分布图

(3) 求解实验点处的能量最优问题和燃料最优问题的数值优化解。

(4) 在实验点附近的小区间内改变状态变量值，求解其附近的能量最优问题和燃料最优问题的数值最优解。

(5) 在实验点附近的大区间内随机改变状态变量值，如图 10-5 所示，以得到大规模训练数据。

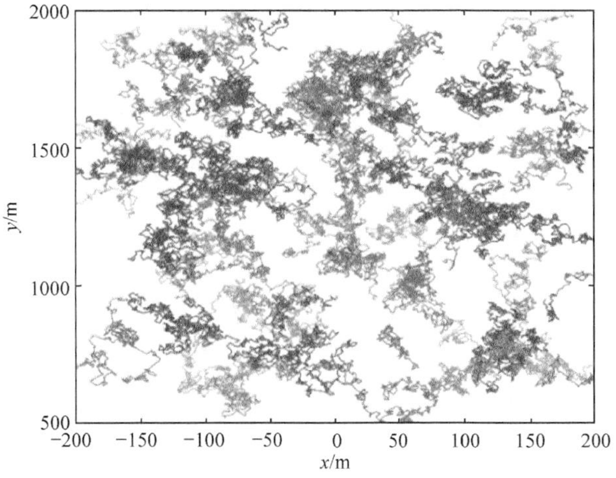

图 10-5　实验点附近游走分布图

10.4 神经网络学习

神经网络的结构和参数一般需要进行精心设计。在本例中，神经网络模型隐藏层采用 ReLU 函数，输出层采用 Tanh 函数；神经网络层数设计为 5 层，每层 32 个神经元。下面给出一个示例代码，说明在 Keras 中如何利用训练数据进行神经网络学习。以能量最优问题为例，下面给出训练最优控制变量 α 的 Python 代码：

```
sfrom keras.models import Sequential
from keras.layers.core import Dense #, Dropout
import scipy.io as sio
import numpy as np
from keras.utils.vis_utils import plot_model
model = Sequential()
model.add(Dense(32,activation="relu",input_dim=5))
model.add(Dense(32,activation="relu"))
model.add(Dense(32,activation="relu"))
model.add(Dense(32,activation="relu"))
model.add(Dense(1,activation="tanh"))
model.compile(loss='mae', optimizer='Adam')
# 神经网络可视化
plot_model(model, to_file='model.png',show_shapes=True)
#导入数据
matfn=u'QC7.mat'
datazu=sio.loadmat(matfn)['QC7']
cols=datazu.shape[0]
rows=datazu.shape[1]
#得到平均值和方差
maxzu=[0]*rows;minzu=[0]*rows;abszu=[0]*rows
for count in range(rows):
    maxzu[count]=max(datazu[:,count])
    minzu[count]=min(datazu[:,count])
    if abs(maxzu[count])>abs(minzu[count]):
        abszu[count]=abs(maxzu[count])
    else:
        abszu[count]=abs(minzu[count])
for i in range(cols):
    for j in range(rows):
        if j>=5:
```

```
            datazu[i,j]=datazu[i,j]/abszu[j]
#分成训练数据和测试数据
trainDa = datazu[:3000000,:5]
trainBl  = datazu[:3000000,5:6]
testDa =datazu[3000000:3010000,:5]
testBl =datazu[3000000:3010000,5:6]
#训练模型
history=model.fit(trainDa,trainBl,batch_size=10000,epochs=10)
testda=model.evaluate(testDa, testBl)
#测试集平均绝对误差
print ('test cost',testda)
#测试集预测的控制
predictda=model.predict(testDa)
#保存模型
model.save('qcu11.h5')
```

上述代码中 QC7.mat 为神经网络训练库，qcu11.h5 为训练好的神经网络模型参数。仿真输出为

```
Epoch 1/10
300/300 [==================] - 14s 10ms/step - loss: 0.0934
Epoch 2/10
300/300 [==================] - 3s 10ms/step - loss: 0.0135
Epoch 3/10
300/300 [==================] - 3s 10ms/step - loss: 0.0108
Epoch 4/10
300/300 [==================] - 3s 10ms/step - loss: 0.0096
Epoch 5/10
300/300 [==================] - 3s 10ms/step - loss: 0.0089
Epoch 6/10
300/300 [==================] - 3s 10ms/step - loss: 0.0083
Epoch 7/10
300/300 [==================] - 3s 10ms/step - loss: 0.0079
Epoch 8/10
300/300 [==================] - 3s 10ms/step - loss: 0.0076
Epoch 9/10
300/300 [==================] - 3s 10ms/step - loss: 0.0073
Epoch 10/10
300/300 [==================] - 3s 9ms/step - loss: 0.0070
```

```
313/313 [==================] - 1s 598us/step - loss: 0.0068
test cost 0.006810645107179988
```

plot_model 函数绘制的神经网络可视化图如图 10-6 所示。

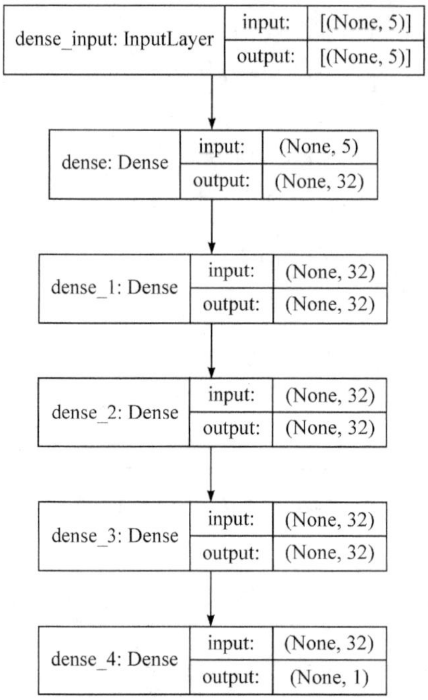

图 10-6 plot_model 函数绘制的神经网络可视化图

10.5 神经网络智能制导

得到神经网络训练模型后，便可采用所学习的模型进行月面软着陆制导。在验证集中随机抽取 100 个初始状态，采用神经网络模型进行制导，轨迹仿真曲线如图 10-7 所示。从图中可以看出，对于随机初始状态，神经网络模型都能到达预定目标点，这也说明了神经网络智能制导方法的有效性。

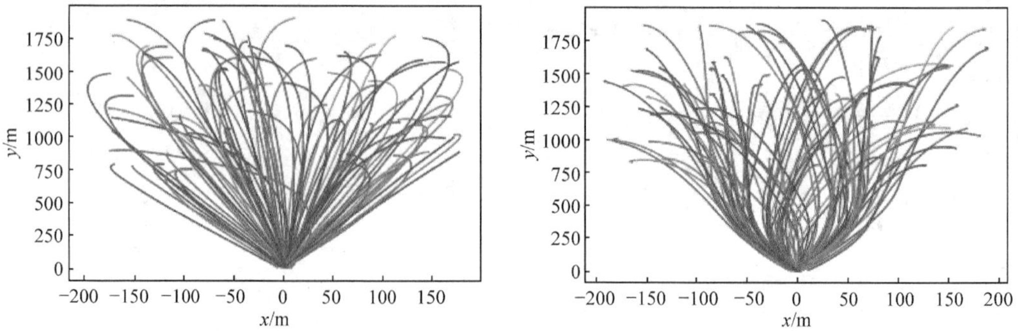

(a) 能量最优问题 (b) 燃料最优问题

图 10-7 100 个随机初始状态下神经网络智能制导轨迹仿真曲线

图 10-8 和图 10-9 为单个随机初始状态下，神经网络智能制导轨迹与数值优化结果的仿真对比曲线图。由图中可以看出，神经网络智能制导的飞行轨迹和控制曲线与最优解基本重合，由此说明神经网络智能制导方法具有较高的精度。

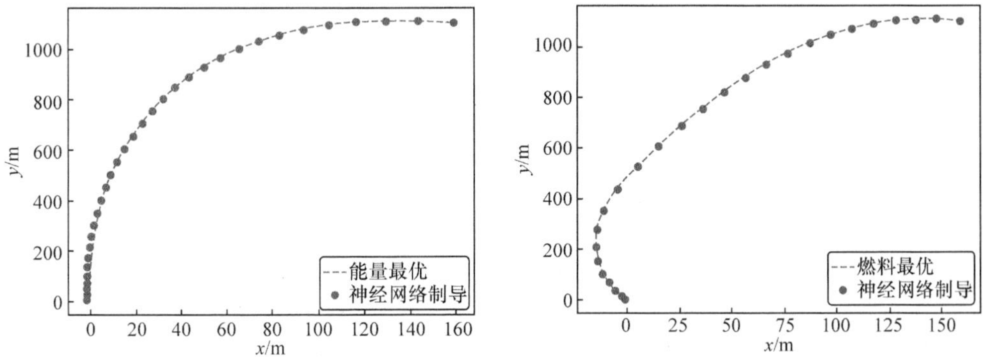

(a) 能量最优问题　　(b) 燃料最优问题

图 10-8　神经网络智能制导轨迹与最优轨迹仿真对比图

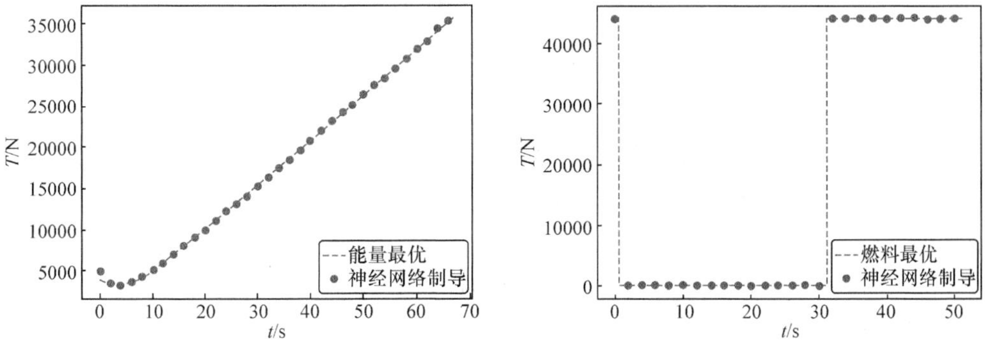

(a) 能量最优问题　　(b) 燃料最优问题

图 10-9　神经网络智能制导控制与最优控制仿真对比图

思　考　题

1. 调研分析基于深度学习的制导方法和基于强化学习的制导方法的区别。
2. 神经网络智能制导属于数值优化闭环制导的子类，该说法是否正确？
3. 神经网络智能制导方法的制导精度比数值优化制导方法更高，该说法是否正确？
4. 采用神经网络智能制导方法生成制导指令，如果当前状态不在训练集范围内，该方法是否有效？
5. 神经网络层级越多，神经网络智能制导方法的制导精度是否越高？

参 考 文 献

[1] 蔡鹤, 刘屿. 经典控制理论与应用[M]. 北京: 科学出版社, 2022.

[2] 周军, 周凤岐, 郭建国. 现代控制理论基础[M]. 2 版. 西安: 西北工业大学出版社, 2020.

[3] 师黎. 智能控制理论及应用[M]. 北京: 清华大学出版社, 2009.

[4] 刘金琨. 智能控制——理论基础、算法设计与应用[M]. 北京: 清华大学出版社, 2019.

[5] 李国勇. 智能控制及其 Matlab 实现[M]. 北京: 电子工业出版社, 2005.

[6] 杨保华. 航天器制导、导航与控制[M]. 北京: 中国科学技术出版社, 2011.

[7] 毕开波, 王晓东, 刘智平. 飞行器制导与控制及其 MATLAB 仿真技术[M]. 北京: 国防工业出版社, 2009.

[8] 泮斌峰. 空天飞行器闭环制导理论与应用研究[D]. 西安: 西北工业大学, 2010.

[9] 张鹏, 周军红. 精确制导原理[M]. 北京: 电子工业出版社, 2009.

[10] 袁亚湘, 孙文瑜. 最优化理论与方法[M]. 北京: 科学出版社, 1997.

[11] 程国采. 弹道导弹制导方法与最优控制[M]. 长沙: 国防科技大学出版社, 1987.

[12] 胡寿松, 王执铨, 胡维礼. 最优控制理论与系统[M]. 3 版. 北京: 科学出版社, 2017.

[13] 泮斌峰. 飞行力学最优控制理论与方法[M]. 西安: 西北工业大学出版社, 2021.

[14] 张杰, 王飞跃. 最优控制：数学理论与智能方法(上册)[M]. 北京: 清华大学出版社, 2017.

[15] 邓力, 俞栋. 深度学习：方法及应用[M]. 北京: 机械工业出版社, 2016.

[16] 吕新广, 宋征宇. 长征运载火箭制导方法[J]. 宇航学报, 2017, 38(9):895-902.

[17] 刘林. 人造地球卫星轨道力学[M]. 北京: 高等教育出版社, 1992.

[18] 陈克俊, 刘鲁华, 孟云鹤. 远程火箭飞行动力学与制导[M]. 北京: 国防工业出版社, 2014.

[19] 陈新民, 余梦伦. 迭代制导在运载火箭上的应用研究[J]. 宇航学报, 2003, 24(5):484-489.

[20] 周国财. 运载火箭迭代制导方法研究[D]. 西安: 西北工业大学, 2003.

[21] 李伟. 基于精确控制解的运载火箭迭代制导自适应性分析研究[D]. 哈尔滨: 哈尔滨工业大学, 2012.

[22] 钱剑辉. 空间轨道转移迭代制导方法研究[D]. 西安: 西北工业大学, 2016.

[23] LU P. Iterative Guidance [EB/OL]. [2021-04-20]. [2021-08-20]. https://gitee.com/olupengo/IterativeGuidance.

[24] PAN B, CHEN Z, LU P. Reduced transversality conditions in optimal space trajectories[J]. Journal of Guidance, Control, and Dynamics, 2013, 36(5): 1289-1300.

[25] PAN B, LU P, CHEN Z. Coast arcs in optimal multiburn orbital transfers[J]. Journal of Guidance, Control, and Dynamics, 2012, 35(2): 451-461.

[26] 袁建平, 和兴锁, 等. 航天器轨道机动动力学[M]. 北京: 中国宇航出版社, 2010.

[27] PAN B, MA Y. Lambert's problem and solution by non-rational bezier functions [J]. Proceedings of the Institution of Mechanical Engineers Part G-Journal of Aerospace Engineering, 2018, 232(2): 227-245.

[28] 张刚. 飞行器轨道交会和轨道转移的两点边值问题[D]. 哈尔滨: 哈尔滨工业大学, 2012.

[29] 周须峰, 唐硕. 固定时间拦截变轨段制导的摄动修正方法[J]. 飞行力学, 2006(4): 46-49.

[30] 刘鲁华. 航天器自主交会制导与控制方法研究[D]. 长沙: 国防科学技术大学, 2007.

[31] 唐国金, 罗亚中, 张进. 空间交会对接任务规划[M]. 北京: 科学出版社, 2008.

[32] 胡军, 解永春, 张昊, 等. 神舟八号飞船交会对接制导、导航与控制系统及其飞行结果评价[J]. 空间控制技术与应用, 2011, 37(6): 1-5, 13.

[33] CURTIS D H. 轨道力学[M]. 周建华, 徐波, 冯全胜, 译. 北京: 科学出版社, 2009.

[34] 吴伟仁, 于登云. 深空探测发展与未来关键技术[J]. 深空探测学报, 2014, 1(1): 5-17.

[35] 彭玉明. 新型火星 EDL 导航、制导与控制技术研究[D]. 南京: 南京航空航天大学, 2011.
[36] 张晓文, 王大铁, 黄翔宇. 深空探测转移轨道自主中途修正方法研究[J]. 空间控制技术与应用, 2009, 35(4): 27-33.
[37] 王大轶. 月球软着陆的制导控制研究[D]. 哈尔滨: 哈尔滨工业大学, 2000.
[38] 蔡艳芳. 月球探测器软着陆制导控制方法研究[D]. 西安: 西北工业大学, 2006.
[39] 李俊峰, 宝音贺西, 蒋方华. 深空探测动力学与控制[M]. 北京: 清华大学出版社, 2014.
[40] 刘林, 侯锡云. 深空探测器轨道力学[M]. 北京: 电子工业出版社, 2012.
[41] 崔平远, 乔栋, 崔祜涛. 深空探测轨道设计与优化[M]. 北京: 科学出版社, 2013.
[42] 彭湃. 绕不规则小行星轨道运动反馈控制研究[D]. 西安: 西北工业大学, 2016.
[43] 赵汉元. 飞行器再入动力学和制导[M]. 长沙: 国防科技大学出版社, 1997.
[44] 胡正东, 唐雪梅. 天基对地打击武器轨道规划与制导技术[M]. 北京: 国防工业出版社, 2013.
[45] 董晨. 可重复使用飞行器再入制导方法研究[D]. 哈尔滨: 哈尔滨工业大学, 2010.
[46] 李惠峰. 高超声速飞行器制导与控制技术[M]. 北京: 中国宇航出版社, 2012.
[47] 于登云, 张哲, 泮斌峰, 等. 深空探测人工智能技术研究与展望[J]. 深空探测学报, 2020, 7(1): 11-23.
[48] 马少先. 基于深度神经网络的实时最优控制[D]. 西安: 西北工业大学, 2017.

附　　录

附录 A　飞行仿真环境模型

航天器相对于地球的运动状态，不仅与地球的形状和运动规律有关，而且与压强、密度、声速等大气状态参数也有着密切的关系。因此，在进行航天器制导算法设计与仿真计算时，需要模拟飞行环境，建立飞行环境的仿真模型。

A.1　地球模型

地球是一个非均匀的形状复杂的物体，为了用数学方法来描述，通常采用椭球模型和圆球模型这两种近似模型来代替地球形状。椭球模型的主要物理参数如下所示：

(1) 长半轴(赤半径)为 $R_a = 6378.140\text{km}$；

(2) 短半轴(极半径)为 $R_b = 6356.755\text{km}$；

(3) 地球扁率为 $f_\text{e} = \dfrac{R_a - R_b}{R_a} = 0.00335281$；

(4) 地球平均半径为 $\tilde{R}_0 = 6371.000\text{km}$；

(5) 地球二阶带谐系数为 $J_2 = 1.08263\times10^{-3}$；

(6) 质量和重量换算常数为 $\tilde{g}_0 = 9.80665\text{m/s}^2$；

(7) 地球纵剖面椭圆偏心率为 $e = 0.180820$；

(8) 地球自旋角速度为 $\omega_\text{E} = 7.292115\times10^{-5}\text{rad/s}$；

(9) 地球引力常数为 $\mu = 3.986004418\times10^{14}\text{m}^3/\text{s}^2$。

在进行制导方法设计时，为了简化问题的研究，一般将地球视为圆球模型，其引力加速度计算公式如下：

$$\boldsymbol{g}(\boldsymbol{r}) = -\frac{\mu}{r^3}\boldsymbol{r} = -\frac{\mu}{r^2}\mathbf{1}_r \tag{A-1}$$

但是在仿真计算时，则一般采用较为精确的标准椭球体引力模型，使用该模型求解引力最常用的方法就是球谐函数展开法。简单起见，只考虑由地球扁率引入的修正项(具体表现在包含 J_2 的项上)。在实际计算中，将引力沿径向 r 和地球自旋角速度方向 ω_E 投影，可得到

$$\begin{cases} g_r = -\dfrac{\mu}{r^2} + \dfrac{\mu R_a^2 J}{r^4}(5\sin\varphi_s^2 - 1) \\ g_\omega = -2\dfrac{\mu R_a^2 J}{r^4}\sin\varphi_s \end{cases} \tag{A-2}$$

式中，$J=1.5J_2$。应用方向余弦定理，将 g_r 和 g_ω 投影到发射惯性坐标系各轴上：

$$\begin{bmatrix} g_X \\ g_Y \\ g_Z \end{bmatrix} = \frac{g_r}{r}\begin{bmatrix} r_X \\ r_Y \\ r_Z \end{bmatrix} + \frac{g_\omega}{\omega_{\mathrm{E}}}\begin{bmatrix} \omega_{\mathrm{E}X} \\ \omega_{\mathrm{E}Y} \\ \omega_{\mathrm{E}Z} \end{bmatrix} \tag{A-3}$$

式中，$\omega_{\mathrm{E}X}$、$\omega_{\mathrm{E}Y}$ 和 $\omega_{\mathrm{E}Z}$ 是 ω_{E} 在发射惯性坐标系中的三轴分量，并且有

$$\begin{bmatrix} \omega_{\mathrm{E}X} \\ \omega_{\mathrm{E}Y} \\ \omega_{\mathrm{E}Z} \end{bmatrix} = \omega_{\mathrm{E}} \mathbf{1}_{z_I} = \omega_{\mathrm{E}} \begin{bmatrix} \sin\varphi_0 \\ -\cos\varphi_0 \sin A_0 \\ \cos\varphi_0 \cos A_0 \end{bmatrix} \tag{A-4}$$

式中，$\mathbf{1}_{z_I}$ 是发射惯性坐标系下的地心惯性坐标系 Z 轴单位向量。

A.2　大气模型

航天器大气层内飞行状态是随高度变化的连续函数，在飞行过程中主要受密度、压强、温度和声速等大气参数的影响。由于真实的大气模型十分复杂，不仅随高度变化，还与地理纬度、季节、昼夜及其他偶然因素有关，因此通常采用标准大气来反映大气的平均状况，然后考虑实际大气条件与标准大气的偏差对试验结果的影响来对火箭的运动进行分析。1976年发布的美国标准大气模型USSA76是最为常用的标准大气模型。该模型以地理纬度为45°32′33″地区海平面为基准，以全年实际大气参数的统计平均值作为标准大气参数。大气基准值为压强 $P_0=101325\mathrm{Pa}$，温度 $T_0=288.15\mathrm{K}$，密度 $\rho_0=1.225\mathrm{kg/m^3}$，声速 $V_{s0}=340.294\mathrm{m/s}$。

定义位势高度：

$$h_{\mathrm{p}} = \frac{1}{g_0}\int_0^h g\mathrm{d}h \tag{A-5}$$

式中，h 是几何高度；$g_0=9.80665\mathrm{m/s^2}$ 是标准重力加速度。几何高度 h 和位势高度 h_{p} 有如下关系：

$$h = \frac{R_0 h_{\mathrm{p}}}{R_0 - h_{\mathrm{p}}} = \frac{h_{\mathrm{p}}}{1-h_{\mathrm{p}}/R_0} \tag{A-6}$$

式中，$R_0=6356766\mathrm{m}$ 是与 g_0 对应的地球半径。

大气参数分段计算公式如下所示。

1) $0\mathrm{km} \leqslant h \leqslant 11.0191\mathrm{km}$

$$\begin{cases} W = 1-\dfrac{h_{\mathrm{p}}}{44.3308} \\ T = 288.15W \\ P = P_0 W^{5.2559} \\ \rho = \rho_0 W^{4.2559} \end{cases} \tag{A-7}$$

2) $11.0191\text{km} < h \leqslant 20.0631\text{km}$

$$\begin{cases} W = \exp\left(\dfrac{14.9647 - h_{\text{p}}}{6.3416}\right) \\ T = 216.650W \\ P = 1.1953 \times 10^{-1} P_0 W \\ \rho = 1.5898 \times 10^{-1} \rho_0 W \end{cases} \tag{A-8}$$

3) $20.0631\text{km} < h \leqslant 32.1619\text{km}$

$$\begin{cases} W = 1 + \left(\dfrac{h_{\text{p}} - 24.9021}{221.552}\right) \\ T = 221.552W \\ P = 2.5158 \times 10^{-2} P_0 W^{-34.1629} \\ \rho = 3.2722 \times 10^{-2} \rho_0 W^{-35.1629} \end{cases} \tag{A-9}$$

4) $32.1619\text{km} < h \leqslant 47.35\text{km}$

$$\begin{cases} W = 1 + \left(\dfrac{h_{\text{p}} - 39.7499}{89.4107}\right) \\ T = 250.350W \\ P = 2.8338 \times 10^{-3} P_0 W^{-12.2011} \\ \rho = 3.2618 \times 10^{-3} \rho_0 W^{-13.2011} \end{cases} \tag{A-10}$$

5) $47.35\text{km} < h \leqslant 51.4125\text{km}$

$$\begin{cases} W = \exp\left(\dfrac{48.6252 - h_{\text{p}}}{7.9223}\right) \\ T = 270.650W \\ P = 8.9155 \times 10^{-4} P_0 W \\ \rho = 9.4920 \times 10^{-4} \rho_0 W \end{cases} \tag{A-11}$$

6) $51.4125\text{km} < h \leqslant 71.802\text{km}$

$$\begin{cases} W = 1 - \left(\dfrac{h_{\text{p}} - 59.4390}{88.2218}\right) \\ T = 247.021W \\ P = 2.1671 \times 10^{-4} P_0 W^{12.2011} \\ \rho = 2.5280 \times 10^{-4} \rho_0 W^{11.2011} \end{cases} \tag{A-12}$$

7) $71.802\text{km} < h \leqslant 86\text{km}$

$$\begin{cases} W = 1 - \left(\dfrac{h_{\text{p}} - 78.0303}{100.2950}\right) \\ T = 200.590W \\ P = 1.2274 \times 10^{-5} P_0 W^{17.0816} \\ \rho = 1.7632 \times 10^{-5} \rho_0 W^{16.0816} \end{cases} \tag{A-13}$$

声速 V_s 可用下式求出：

$$V_{\mathrm{s}} = 20.0468\sqrt{T} \tag{A-14}$$

在制导算法仿真过程中，一般采用分层模型进行插值计算。但是在制导律的设计中，考虑到算法对快速性的要求，使用插值计算速度较慢。更为重要的是，制导算法的推导过程中，涉及密度、当地声速以及压强对高度求偏导数，所以使用分层模型会给问题的求解带来诸多不便。因此，分别针对密度、声速、压强和温度采用拟合公式来代替 USSA76 标准大气模型。密度的拟合公式如下表示：

$$\rho = \rho_0 \mathrm{e}^{y} \tag{A-15}$$

式中，y 为高度 h 的函数：

$$y = D_A + D_B h + D_C h^2 + D_D h^3 + D_E h^4 + D_F h^5 + D_G h^6 + D_H h^7 \tag{A-16}$$

式中，

$$\begin{cases} D_A = -0.009334500409893852 \\ D_B = -0.07713480853494097 \\ D_C = -0.00382948508292597 \\ D_D = 5.242803244759748 \times 10^{-5} \\ D_E = 6.454862591920205 \times 10^{-7} \\ D_F = -2.031133609734722 \times 10^{-8} \\ D_G = 1.568378909033718 \times 10^{-10} \\ D_H = -3.928350728483702 \times 10^{-13} \end{cases} \tag{A-17}$$

温度使用多项式拟合公式：

$$T = T_A + T_B h + T_C h^2 + T_D h^3 + T_E h^4 + T_F h^5 + T_G h^6 + T_H h^7 + T_I h^8 + T_J h^9 + T_K h^{10} \tag{A-18}$$

式中，

$$\begin{cases} T_A = 2.936401151158815 \times 10^{2} \\ T_B = -1.021516098259248 \times 10^{1} \\ T_C = 3.945066728419974 \times 10^{-1} \\ T_D = 4.749816725129546 \times 10^{-3} \\ T_E = -1.099099393957613 \times 10^{-3} \\ T_F = 5.518316837175826 \times 10^{-5} \\ T_G = -1.455607436473210 \times 10^{-6} \\ T_H = 2.187556847183892 \times 10^{-8} \\ T_I = -1.875816678092705 \times 10^{-10} \\ T_J = 8.550053734374751 \times 10^{-13} \\ T_K = -1.608232910878293 \times 10^{-15} \end{cases} \tag{A-19}$$

声速的拟合公式为

$$V_s = \frac{y_1}{y_2} \tag{A-20}$$

式中，y_1 和 y_2 是高度的函数，即

$$\begin{cases} y_1 = S_A + S_B h + S_C h^2 + S_D h^3 + S_E h^4 + S_F h^5 \\ y_2 = 1 + S_G h + S_H h^2 + S_I h^3 + S_J h^4 + S_K h^5 \end{cases} \tag{A-21}$$

式中，

$$\begin{cases} S_A = 340.291107177734 \\ S_B = -300.102539062500 \\ S_C = 106.655181884766 \\ S_D = -18.2731723785400 \\ S_E = 1.48565804958344 \\ S_F = -4.520141705870628 \times 10^{-2} \\ S_G = -0.872454643249512 \\ S_H = 0.307768791913986 \\ S_I = -5.209144577383995 \times 10^{-2} \\ S_J = 4.143207799643278 \times 10^{-3} \\ S_K = -1.212484785355628 \times 10^{-4} \end{cases} \tag{A-22}$$

压强的多项式拟合公式表示如下：

$$P = P_0 e^y \tag{A-23}$$

式中，

$$y = P_A + P_B h + P_C h^2 + P_D h^3 + P_E h^4 + P_F h^5 + P_G h^6 + P_H h^7 + P_I h^8 + P_J h^9 + P_K h^{10} \tag{A-24}$$

$$\begin{cases} P_A = 2.399375312625345 \times 10^{-3} \\ P_B = -1.205592102927971 \times 10^{-1} \\ P_C = 7.091469862226522 \times 10^{-4} \\ P_D = -5.154024843770282 \times 10^{-4} \\ P_E = 4.700069931822028 \times 10^{-5} \\ P_F = -2.171495087616005 \times 10^{-6} \\ P_G = 5.956569604146449 \times 10^{-8} \\ P_H = -1.000244980532763 \times 10^{-9} \\ P_I = 1.005888411013694 \times 10^{-11} \\ P_J = -5.557440355909987 \times 10^{-14} \\ P_K = 1.297038868820851 \times 10^{-16} \end{cases} \tag{A-25}$$

附录B　常用坐标系及坐标转换

B.1　常用坐标系定义

常用坐标系主要包括：地心惯性坐标系、地心坐标系、发射坐标系、发射惯性坐标系、箭体坐标系、速度坐标系。下面将对这些坐标系和欧拉角的定义以及坐标系间的转换进行介绍。

1) 地心惯性坐标系 $O_E\text{-}X_IY_IZ_I$

如图 B-1 所示，地心惯性坐标系的原点在地心 O_E 处。O_EX_I 轴在赤道平面内指向平春分点(以 2000 年 1 月 1.5 日的平春分点为基准)；O_EZ_I 轴垂直于赤道平面，与地球自转轴重合，指向北极；O_EY_I 轴与 O_EX_I 轴和 O_EZ_I 轴垂直，且指向使得 $O_E\text{-}X_IY_IZ_I$ 构成右手直角坐标系的方向。

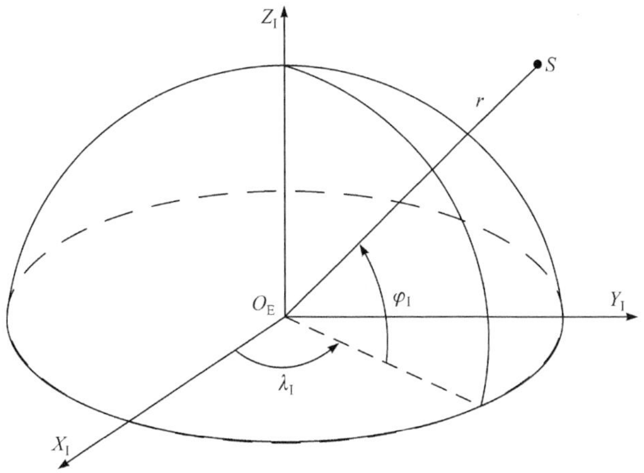

图 B-1　地心惯性坐标系示意图

2) 地心坐标系 $O_E\text{-}X_EY_EZ_E$

如图 B-2 所示，地心坐标系的原点在地心 O_E 处。O_EX_E 轴在赤道平面内指向起始本初子午线(格林尼治子午线)；O_EZ_E 轴垂直于赤道平面指向北极；O_EY_E 轴与 O_EX_E 轴和 O_EZ_E 轴垂直，且指向使得 $O_E\text{-}X_EY_EZ_E$ 构成右手直角坐标系的方向。

3) 发射坐标系 $O_L\text{-}X_LY_LZ_L$

如图 B-3 所示，坐标原点 O_L 在发射点；O_LY_L 轴与发射点的铅垂线重合，向上为正；O_LX_L 轴在发射平面内指向瞄准方向，与 O_LY_L 轴垂直；O_LZ_L 轴垂直于发射平面，与 O_LX_L 轴和 O_LY_L 轴构成右手直角坐标系。

4) 发射惯性坐标系 $O_G\text{-}X_GY_GZ_G$

如图 B-3 所示，该坐标系在发射瞬间与发射坐标系重合，运载火箭起飞后，坐标原点 O_G 在惯性空间固定不动，各坐标轴在空间保持定向。

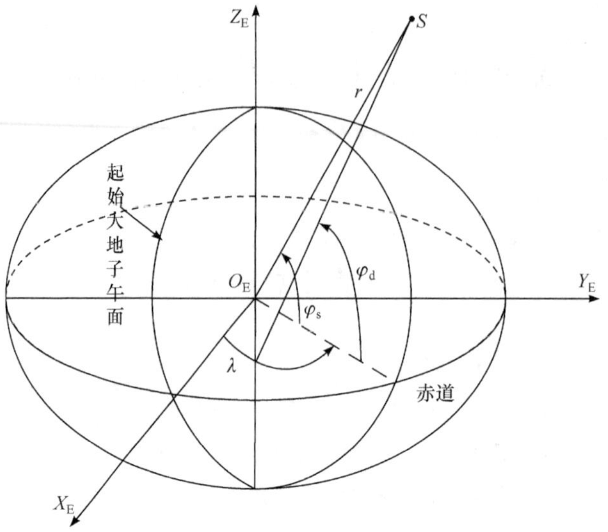

图 B-2　地心坐标系示意图

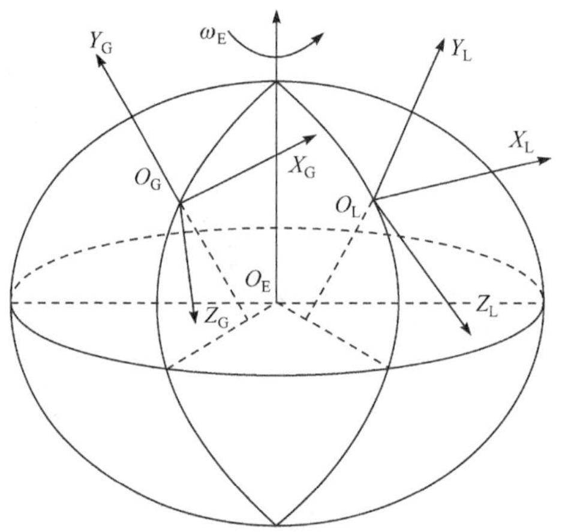

图 B-3　发射坐标系和发射惯性坐标系示意图

5) 箭体坐标系 O_B-$X_BY_BZ_B$

如图 B-4 所示，箭体坐标系的原点 O_B 为火箭的质心；O_BX_B 轴为箭体外壳的对称轴，指向火箭头部；O_BY_B 轴在火箭的主对称面内，且垂直于 O_BX_B 轴；O_BZ_B 轴垂直于主对称面，顺着发射方向看去，O_BZ_B 轴指向右方。

6) 速度坐标系 O_B-$X_VY_VZ_V$

如图 B-4 所示，速度坐标系的原点 O_B 为火箭的质心；O_BX_V 轴沿火箭的飞行速度方向；O_BY_V 轴在火箭的主对称面内，垂直于 O_BX_V 轴；O_BZ_V 轴垂直于平面 $X_VO_BY_V$，顺着飞行方向看去，O_BZ_V 轴指向右方。速度坐标系为动坐标系，通常用其与其他坐标系的关系反映出火箭的飞行速度向量。

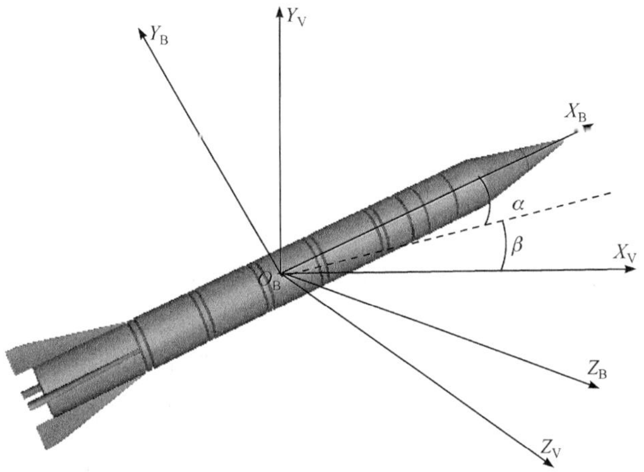

图 B-4　箭体坐标系和速度坐标系示意图

B.2　常用欧拉角定义

1) 箭体坐标系与发射坐标系间的欧拉角

(1) 俯仰角 (φ)：箭体坐标系的 O_BX_B 轴在 $X_LO_LZ_L$ 平面上的投影线与 O_LZ_L 轴间的夹角，向上为正。俯仰角描述了火箭相对地面上仰(抬头)或下俯(低头)的程度。

(2) 偏航角 (ψ)：箭体坐标系的 O_BX_B 轴与 $X_LO_LZ_L$ 平面之间的夹角，顺 O_BX_B 轴看去，左偏为正。偏航角是一个描述火箭偏离发射平面程度的物理量。

(3) 滚转角 (γ)：箭体坐标系的 O_BZ_B 轴与平面 $Y_LO_LZ_L$ 间的夹角，向下为正。滚转角实质上是描述火箭绕其纵轴旋转程度的物理量。

2) 速度坐标系与发射坐标系间的欧拉角

(1) 速度倾角 (θ)：相对速度向量 V_r 在 $X_LO_LZ_L$ 平面内的投影与 O_LZ_L 轴间的夹角，向上为正。速度倾角主要用于衡量速度向量相对发射点水平面倾斜程度。

(2) 航迹偏航角 (ψ_V)：相对速度向量 V_r 与 $X_LO_LZ_L$ 平面间的夹角，顺 O_LZ_L 轴看去，左偏为正。航迹偏航角是描述速度向量偏离发射平面程度的物理量。

(3) 倾侧角 (σ)：速度坐标系 O_BZ_V 轴与 $Y_LO_LZ_L$ 平面间夹角。当 O_BZ_V 轴在 $Y_LO_LZ_L$ 平面下方时为正。倾侧角主要用来衡量火箭纵向对称平面内 O_BY_V 轴相对发射平面倾斜程度。

3) 箭体坐标系与速度坐标系间的欧拉角

(1) 攻角 (α)：相对速度向量 V_r 在火箭的纵对称平面上的投影与箭体坐标系的 O_BX_B 轴间的夹角，向下为正。攻角是描述火箭速度向量相对其纵轴上下倾斜程度的物理量。

(2) 侧滑角 (β)：相对速度向量 V_r 与火箭的纵对称平面间的夹角，顺 O_BX_B 轴看去，右偏为正。侧滑角主要用于衡量火箭速度向量相对其纵对称平面的左右偏离程度。

4) 发射方位角、大地经度和大地纬度

(1) 发射方位角 (A)：从发射点当地水平面的正北方向到发射坐标系 O_LZ_L 轴之间的角度。

(2) 大地经度 (λ)：从本初子午面到过当前位置的子午面之间的角度。

(3) 大地纬度 (φ_d)：发射坐标系 O_LX_L 轴与赤道平面之间的角度。

B.3 坐标系之间的转换

1) 地心惯性坐标系(I)与地心坐标系(E)之间的转换矩阵

$$T_{\mathrm{I}}^{\mathrm{E}}=\begin{bmatrix}\cos\lambda_{\mathrm{I}} & \sin\lambda_{\mathrm{I}} & 0\\ -\sin\lambda_{\mathrm{I}} & \cos\lambda_{\mathrm{I}} & 0\\ 0 & 0 & 1\end{bmatrix} \tag{B-1}$$

式中，λ_{I}是平春分点和赤道面内地心的连线与子午面和赤道面交线之间的夹角。

2) 发射坐标系(L)与地心坐标系(E)之间的转换矩阵

$$T_{\mathrm{L}}^{\mathrm{E}}=\begin{bmatrix}\cos\varphi_0\cos\lambda_0 & \cos\varphi_0\sin\lambda_0 & \sin\varphi_0\\ -\cos A_0\sin\lambda_0+\sin A_0\sin\varphi_0\cos\lambda_0 & \cos A_0\cos\lambda_0+\sin A_0\sin\varphi_0\sin\lambda_0 & -\sin A_0\cos\varphi_0\\ -\sin A_0\sin\lambda_0-\cos A_0\sin\varphi_0\cos\lambda_0 & \sin A_0\cos\lambda_0-\cos A_0\sin\varphi_0\sin\lambda_0 & \cos A_0\cos\varphi_0\end{bmatrix} \tag{B-2}$$

式中，λ_0、φ_0和A_0分别为发射大地经度、发射大地纬度和发射方位角。

3) 发射坐标系(L)到箭体坐标系(B)之间的转换矩阵

$$T_{\mathrm{L}}^{\mathrm{B}}=\begin{bmatrix}\sin\varphi\cos\psi & -\sin\psi & \cos\varphi\cos\psi\\ \sin\varphi\sin\psi\sin\gamma+\cos\varphi\cos\gamma & \cos\psi\sin\gamma & \cos\varphi\sin\psi\sin\gamma-\sin\varphi\cos\gamma\\ \sin\varphi\sin\psi\cos\gamma-\cos\varphi\sin\gamma & \cos\psi\cos\gamma & \cos\varphi\sin\psi\cos\gamma+\sin\varphi\sin\gamma\end{bmatrix} \tag{B-3}$$

式中，φ、ψ和γ分别是俯仰角、偏航角和滚转角。由$T_{\mathrm{L}}^{\mathrm{B}}$类比可以得到发射惯性坐标系(G)和箭体坐标系(B)的转换矩阵$T_{\mathrm{G}}^{\mathrm{B}}$。

4) 发射坐标系(L)至速度坐标系(V)的转换矩阵

$$T_{\mathrm{L}}^{\mathrm{V}}=\begin{bmatrix}\sin\theta\cos\psi_{\mathrm{V}} & -\sin\psi_{\mathrm{V}} & \cos\theta\cos\psi_{\mathrm{V}}\\ \sin\theta\sin\psi_{\mathrm{V}}\sin\sigma+\cos\theta\cos\sigma & \cos\psi_{\mathrm{V}}\sin\sigma & \cos\theta\sin\psi_{\mathrm{V}}\sin\sigma-\sin\theta\cos\sigma\\ \sin\theta\sin\psi_{\mathrm{V}}\cos\sigma-\cos\theta\sin\sigma & \cos\psi_{\mathrm{V}}\cos\sigma & \cos\theta\sin\psi_{\mathrm{V}}\cos\sigma+\sin\theta\sin\sigma\end{bmatrix} \tag{B-4}$$

式中，θ、ψ_{V}和σ分别为速度倾角、航迹偏航角和倾侧角。

5) 速度坐标系(V)到箭体坐标系(B)的转换矩阵

$$T_{\mathrm{V}}^{\mathrm{B}}=\begin{bmatrix}\cos\beta\cos\alpha & \sin\alpha & -\sin\beta\cos\alpha\\ -\cos\beta\sin\alpha & \cos\alpha & \sin\beta\sin\alpha\\ \sin\beta & 0 & \cos\beta\end{bmatrix} \tag{B-5}$$

式中，α和β分别为攻角和侧滑角。

6) 发射惯性坐标系(G)至发射坐标系(L)的转换矩阵

$$T_{\mathrm{G}}^{\mathrm{L}}=\begin{bmatrix}T_c\cos^2 A_0\cos^2\varphi_0+T_b & \dfrac{T_c}{2}\cos A_0\sin 2\varphi_0+T_e & -\dfrac{T_c}{2}\sin 2A_0\cos^2\varphi_0+T_a\\ \dfrac{T_c}{2}\cos A_0\sin 2\varphi_0-T_e & T_c\sin^2\varphi_0+T_b & -\dfrac{T_c}{2}\sin A_0\sin 2\varphi_0-T_d\\ -\dfrac{T_c}{2}\sin 2A_0\cos^2\varphi_0-T_a & -\dfrac{T_c}{2}\sin A_0\sin 2\varphi_0+T_d & T_c\sin^2 A_0\cos^2\varphi_0+T_b\end{bmatrix} \tag{B-6}$$

式中，$T_a=\sin(\omega_E t)\sin\varphi_0$；$T_b=\cos(\omega_E t)$；$T_c=1-\cos(\omega_E t)$；$T_d=\sin(\omega_E t)\cos A_0\cos\varphi_0$；$T_e=\sin(\omega_E t)\sin A_0\cos\varphi_0$，其中$\omega_E$为地球自转角速度，$t$为从起飞开始到当前状态所用的时间。

7) 大地经度、大地纬度和发射方位角计算

依据球面三角形的知识可知：发射方位角A_0可由发射点的大地纬度和轨道倾角i得到

$$A_0=\begin{cases}\sin^{-1}\dfrac{\cos i}{\cos\varphi_0}, & \text{上升轨道}\\ \dfrac{\pi}{2}+\sin^{-1}\dfrac{\cos i}{\cos\varphi_0}, & \text{下降轨道}\end{cases} \tag{B-7}$$

先根据地心坐标系三轴坐标(X_E,Y_E,Z_E)得到地心纬度φ_s和地心经度λ_s：

$$\begin{cases}r=\sqrt{X_E^2+Y_E^2+Z_E^2}\\ \varphi_s=\sin^{-1}\dfrac{Z_E}{r}\\ \lambda_s=\dfrac{Y_E}{|Y_E|}\left(\dfrac{\pi}{2}-\sin^{-1}\dfrac{X_E}{\sqrt{X_E^2+Y_E^2}}\right)\end{cases} \tag{B-8}$$

随后计算大地经纬度λ、φ_d：

$$\begin{cases}\tan\varphi_d=\dfrac{\tan\varphi_s}{(1-f_e)^2}\\ \lambda=\lambda_s\end{cases} \tag{B-9}$$

式中，f_e为地球扁率。

8) 俯仰角、偏航角和滚转角计算

定义发射惯性坐标系下箭体坐标系下三轴的单位向量：轴向单位向量1_b，法向单位向量1_n和侧向单位向量1_z，而且1_b，1_n，$1_z\in\mathbb{R}^3$。箭体坐标系到发射惯性坐标系的转换矩阵$T_B^G=(T_G^B)^T$，则有关系式$T_B^G=[1_b\ 1_n\ 1_z]$。得到三轴单位向量1_b、1_n和1_z后，可以得到发射惯性坐标系下的欧拉角$\bar{\varphi}$、$\bar{\psi}$和$\bar{\gamma}$：

$$\begin{cases}\bar{\varphi}=\tan^{-1}\dfrac{1_{bx}}{1_{bz}}\\ \bar{\psi}=-\sin^{-1}1_{by}\\ \bar{\gamma}=\tan^{-1}\dfrac{1_{ny}}{1_{zy}}\end{cases} \tag{B-10}$$

对于发射坐标系下的φ、ψ和γ，可由$\bar{\varphi}$、$\bar{\psi}$和$\bar{\gamma}$根据坐标系转换关系确定。